I0030510

爱科学丛书

生活中的趣味化学

张 平 ◎著

上海教育出版社
SHANGHAI EDUCATIONAL
PUBLISHING HOUSE

《生活中的趣味化学》编委会

主　编　张　平

副主编　刘艳琴　王　海

编　委　杨海霞　徐　荣　薛惠玉　张卫良　钱连英　阮宗杰

王　强　叶仪琳　黄健敏　赵　骏　李　静　吴　伟

许秀华　汪忆萍　唐海波　彭慧慧　陈　书

为你打开化学之门

（代序）

有趣的故事，人人爱听；趣味小实验，人人喜欢做。本书以故事和趣味小实验形式为大家呈现精彩纷呈的化学世界。为了使你对本书有个感性认识，先讲三个有趣的小故事。

化肥的问世

李比希，德国化学家，对有机化学、农业化学有非常大的贡献。他培养了一大批优秀的化学家，如霍夫曼、凯库勒、范托夫、费歇尔、阿累尼乌斯、拜尔等。到 1960 年，获诺贝尔化学奖的 60 人中有 44 人出自李比希的门下。

农业化学是一片无人涉足的处女地。

这是一种十分奇怪的现象：尽管每个人都离不了穿衣吃饭，而衣服和粮食又都离不了农业。可是，在化学家之中几乎没有人愿意研究农业！为什么呢？据说那是因为农业化学没有"理论价值"。

由于没有人愿意研究农业上的化学问题，所以千百年来，一直流传着十分奇怪的"理论"："人和动物总是以有机物（即植物和动物）为食物，庄稼也是以有机物为'食物'（即肥料）。"

图 0.1　丰收

于是，人们只往田里施绿肥和施粪肥。可是，光施这些有机肥料，庄稼的产量并没有明显的提高。

庄稼喜欢"吃"什么呢？

庄稼是"哑巴"，不会回答。

李比希对农业产生了兴趣，他转而研究农业化学。为了探索庄稼的秘密，1837 年，他在吉森大学校园附近雇人开垦荒地，种上了庄稼。他给庄稼"吃"各种各样的"菜"——无机盐，弄清庄稼的"胃口"。

哪块地里的庄稼长得茂盛，就说明庄稼喜欢"吃"什么。

很快，李比希发现，庄稼非常喜欢吃"钾"和"磷"。

在农业化学上，这是具有重大历史意义的发现！

为了给庄稼大量供应钾肥，李比希办起了钾肥厂。农民们听说钾肥能增产，闻讯而来，向李比希订购钾肥。

就这样，李比希申请了专利并获得了生产钾肥的专利权。

消息传到英国，一个叫莫斯普拉特的商人向李比希购买了专利权，办起了钾肥厂。

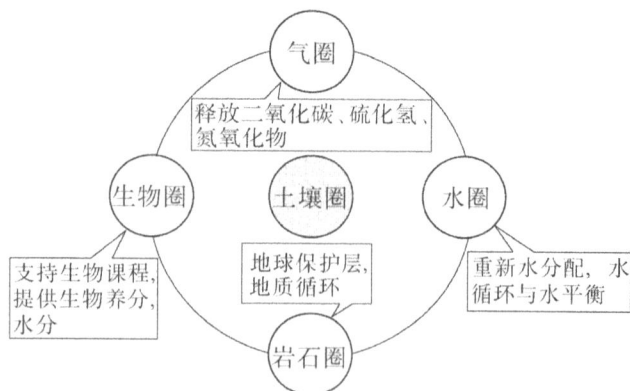

图 0.2　土壤圈

李比希还发明制造磷肥的方法。

随着钾肥、磷肥、氮肥的相继问世，以粮食为例，1946 年全世界粮食总产量仅 5.33 亿吨，1985 年则猛增至 18.41 亿吨，增长了约 2.45 倍，平均每年递增约 3.2％。这样快的农业生产增长速度是历史上从来没有过的。尽管世界人口从 1946 年的近 23 亿增加到 1985 年的 48 亿多，增加了 1.1 倍，但世界人均粮食产量还是大大增加了，由 1946 年的人均 234 千克增加到 1985 年的 380 千克。

溴元素的发现

1822 年，李比希就做过把海藻烧成灰，用热水浸泡，再往里面通氯气的实验。在实验中，他发现在烧瓶底部沉淀着一种棕红色的液体。李比希没有做任何化学分析，想当然地认为，棕红色液体是通了氯气后得到的，说明是由海藻中的碘和氯发生化学反应生成的，于是把这种棕红色液体命名为氯化碘。并且，他在瓶子上贴了一个标签，上面写着"氯化碘"，再把这瓶液体放在柜子里，一放就是四年。

1826 年 8 月 14 日，法国化学家巴拉尔宣布，发现了新元素——溴，并说明这种新元素性质介于氯和碘之间。这一发现，震惊了化学界。李比希看了巴拉尔的报告后，顿时想起四年前他放到柜子里的那瓶"氯化碘"，他赶紧翻箱倒柜，找出那瓶棕红色液体，认真地进行了化学分析，分析结果使他既激动又痛心。原来，那瓶棕色液体既不含有氯，也不含有碘，更不是他猜测的"氯化碘"，其成分正是巴拉尔发现的新元素溴。

图 0.3　液溴

如果四年前李比希采取严格的科学态度，认真分析那瓶棕色液体，那么发现溴元素的不是巴拉尔，而是李比希。

李比希失之交臂，他懊悔极了，恨自己粗心大意，恨自己进行了大半辈子的化学研究，却缺乏严格的科学态度。

为了警戒自己，他特别把那瓶棕色液体放在原来的柜子里，并把柜子搬到大厅中央，在上面贴上一张书写工整的字条："错误之柜"。他还把瓶子上的标签揭下来，装上镜框，挂在床头，不但自己看，还给朋友们看。

居里夫人

居里夫人是法籍波兰物理学家、化学家。

1898 年，法国物理学家贝可勒尔发现含铀矿物能放射出一种神秘射线，但未能揭示这种射线的奥秘。玛丽和她的丈夫皮埃尔·居里共同承担了研究这种射线的工作。他们在极其困难的条件下，对沥青铀矿进行分离和分析，终于在 1898 年 7 月和 12 月先后发现两种新元素。

Chemistry in Life

为了纪念她的祖国波兰，她将一种元素命名为钋（polonium），另一种元素命名为镭，意思是"赋予放射性的物质"。为了制得纯净的含镭化合物，居里夫人又历时四载，从数以吨计的沥青铀矿的矿渣中提炼出 100 mg 氯化镭，并初步测出镭的相对原子质量是 225。这个简单的数字中凝聚着居里夫妇的心血和汗水。

1903 年 6 月，居里夫人以《放射性物质的研究》作为博士答辩论文获得巴黎大学物理学博士学位。

科技精英

居里夫人
1867.11.7—1934.7.4
科学家

玛丽·居里

图 0.4　居里夫人

Chemistry in Life

同年 11 月，居里夫妇被英国皇家学会授予戴维金质奖章。12 月，他们又与贝可勒尔共获 1903 年诺贝尔物理学奖。

1910 年，她的名著《论放射性》一书出版。同时，她与别人合作分析纯金属镭，并测出它的性质。她还发表了一系列关于放射性的重要论著。鉴于上述重大成就，1911 年她获得了诺贝尔化学奖，成为历史上第一位两次获得诺贝尔奖的伟大科学家。

图 0.5　居里夫人在做实验

三个故事表达了三层意思：

第一个故事，说明化学是何等的重要；

第二个故事，说明研究化学一定要非常细心；

第三个故事，说明化学成果来之不易。

三个故事合起来，就是要向你表达一个意思，即：化学是一门非常有用的科学，化学使我们的生活更美好。本书向你讲述的一个个有趣的故事和趣味小实验，不仅陪伴你度过美好的时光，让你对学生时代留下难忘的记忆，在读得开怀大笑之际，感悟创新的火花，在看得入迷时，感悟化学家思维的真谛，这一个个有趣的故事和趣味小实验将助你跨进化学之门，走上创新之路，踏上锦绣前程。

如果你读了本书，对化学产生了兴趣，自愿学习化学，自主探究化学，成了一个化学爱好者和化学迷，长大后立志成为一名化学工作者，化学研究者，经过努力成长为一个化学家或大学教授，"一不小心"获得了诺贝尔化学奖……那么，编者和作者就感到莫大的欣慰。

编　者
2015 年 2 月

目 录

第一章
化学的起源

在错综复杂的生活环境中,人们对自然界的认识经历了由具象到抽象、由简单到复杂、由宏观到微观的漫长过程。开始人类想知道这些物质是从哪里来的。后来又研究这些物质的组成,猜测这些物质是不是由一种或几种基本的微粒构成。

我国古代的"五行说"认为:宇宙间的一切事物都是由金、木、水、火、土五种元素所组成的,自然界中各种事物和现象的发展变化,都是这五种元素不断运动和相互作用的结果。天地万物的运动秩序都要受五行生克制化法则的统一支配。"五行说"用金、木、水、火、土五种元素来说明世界万物的起源和多样性的统一。

古希腊则流传着一种把世界万物的本原归结为四种基本原始性质,冷、热、干、湿。这四种物性两两结合形成了四种元素:土、水、气和火。这四种元素再按不同的比例结合,就组成了各种各样的物质。在古希腊也有人认为世界万物的本源归结为一种物,一切都由它衍生出来。

在古印度有些哲学家认为世界上万物都是由地、水、火、风(气)和"以太"构成的。

在古埃及则把空气、水和土看成是世界的主要组成元素。

第一节　黄　金　梦

黄金,漂亮,不锈不烂,灿烂夺目的光芒,很早就引起人们的注意。而黄金在大自然中又那么稀少,"物以稀为贵",于是黄金便成了非常宝贵的东西,成了货币,成了财富的象征。英国著名剧作家莎士比亚在《雅典的泰门》中,用这样生动的语言,勾画黄金在人们心目中的形象:"金子! 黄黄的、发光的、宝贵的金子! ……只这一点点儿,就可以使黑的变成白的,丑的变成美的,错的变成对的,卑贱变成尊贵,老人变成少年,懦夫变成勇士……这黄色的奴隶可以使异教联盟,同宗分裂;它可以使窃贼得到高爵显位,和元老们分庭抗礼……"

黄金如此珍贵,有人就想"点石成金"。

有这么一个神话:

据说,有一位国王,虽然已经有了许多黄金,可是他的心像无底洞似的,永远也填不满。他贪得无厌,想得到更多的黄金。于是,他向神仙祈求,结果神仙让他的一个手指能"点石成金",告诉他这个手指不管摸到什么,马上会变成黄金。于是:

他摸了一下椅子,结果椅子马上变成了金椅子;

他又摸了一下柱子,结果柱子马上变成了金柱子;

他再摸了一下花,结果花马上变成了金花;

……

图 1.1　黄金梦

他高兴极了,王宫里到处金灿灿的。

这时候,他最心爱的小女儿朝他跑来,他兴高采烈地抱起小女儿……

神话只能是神话,世界上不存在"点石成金"的手指头,也不存在点金石。

自古以来,无论中外,却有许许多多的人在寻找"点金石"(也有的叫"哲人石")。有人做着"点石成金"的美梦;有人在探索着种种"点石成金"的方法。

据说,英王亨利六世为了能够得到大批黄金,竟然招募了三千名炼金术士来"炼金"。唉,帝王们做着可笑的黄金梦!

炼金术士们为了制造黄金,用水银、铅之类作为原料,进行了许许多多化学实验。

也许使你吃惊的是,在古代,"化学"一词的含义,便是"炼金术"!据人们考证,"化学"一词最早见于公元296年古罗马皇帝戴克里先关于严禁制造假金银的告示之中,他把制造假金银的技术,称为"化学"。

1594年秋天,在德国某城市的街头,挤满了看热闹的人。众目睽睽,盯着一个从街上缓缓走过的穿着金色外衣的人。此人双手被反绑着,低着头。一群士兵押着他,走向广场。广场上矗立着绞刑架。那穿金色外衣的人一见到绞刑架,双腿直哆嗦,再也走不动了。士兵们把他拉上了绞刑架。照例,在执行绞刑之前,一位军官当众宣读了犯人的罪状:"大公爵谕,立即用绞刑处死大骗子奥斯卡·伦菲尔德。该犯自称发现了制造黄金的秘密,向我骗取大量金钱进行实验,炼得类似黄金的小块金属。经检验,该犯制得的所谓黄金全是假的。经将伦菲尔德逮捕并用火刑审问,该犯对诈骗行为供认不讳,为此判处该犯绞刑!"

秦始皇幻想帝位永在,龙体长存,日思长生药,夜做金银梦。于是各路仙家大炼金丹,他们深居简出于山野之间,过着超脱尘世的神仙般生活。炼丹家以丹砂(硫化汞)、雄黄(硫化砷)等为原料,开炉熔炼。试图制得仙丹,再点石成金,服用仙丹或以金银为皿,使人长生不老。

西方也有人生活在暗室或洞穴中,单身寡居,致力于炼金术。一两千年过去了,死于仙丹不乏其人,点石成金终成泡影。金丹徒劳无功而销声匿迹。中外古代炼金术士和炼丹术士毕生从事实验研究,结果是一事无成。

原因是他们的活动是违背科学规律的。他们梦想通过加热发生升华等物理变化的方法和化合、分解等化学变化的方法改变普通金属元素的种类,把铅、铜、铁、汞等变成贵重金属金银。殊不知用一般物理变化和化学变化的方法是不能改变元素种类的。化学元素是具有相同核电荷数的同种原子的总称,而原子是化学变化中的最小微粒。在化学反应里分子可以分成原子,原子却不能再分。即在物理变化和化学变化过程中不能改变元素的种类。所以,梦想通过化学变化和物理变化的方法取得点石成金的结果是不可能实现的。

但是,值得注意的是,随着科学技术的发展,"点石成金"现在已经能实现了。1919年英国化学家卢瑟福用α粒子轰击氮元素使氮原子变成了氧原子。1941年科学家用原子加速器把汞变成了人造黄金镄(第100号元素)。1980年美国科学家又用氖和碳原子高速轰击铋金属靶,得到了针尖大小的微量金,圆了古人的黄金梦。

第二节　长　生　梦

帝王们不仅做着黄金梦,而且还做着长生梦。

秦始皇、汉武帝、唐太宗,是中国历史上声名显赫的皇帝。然而,就在他们创立了丰功伟绩之后,却做起了长生梦。

秦始皇在统一了六国之后,专门派人远渡重洋,去寻找"仙人不死之药"。

汉武帝听说露水是"仙露",能够使人"长生不老",于是,便下令在长安的建章宫里,竖立起所谓的"承露盘"。那盘是用青铜铸造的,高高地安置在20丈高的石柱上。夜间,露水凝结在盘里,成了"仙露"。这"仙露"被侍从送呈汉武帝,与美玉碎屑一起服用,以求长生不老。因为据说"服玉者寿如玉"。其实,那青铜盘经日晒雨淋,长满铜绿,而美玉碎屑,人体无法消化、吸收,还会阻塞消化器官呢。

命运最悲惨的,要算唐太宗。

唐太宗的威名,曾使他的敌人心惊胆战。然而,他却只活到52岁,过早地离开了人世。使唐太宗丧命的,不是他的敌人所下的毒药,而是他自己吃的"长生药"!

图1.2　长生梦

在公元648年,唐太宗的部队打败帝那伏帝国,从俘虏中发现一个名叫那罗迩娑婆的和尚,据说会制造"长生药"。唐太宗知道后待他如上宾,叫他制造"长生药"。第二年,当唐太宗吃了那和尚给他配制的"长生药"后,中毒而亡!

唉,长生不成,反而丧生!

唐太宗吃了"长生药"死了还不算,唐宪宗、唐穆宗、唐武宗、唐宣宗,也都是因为吃"长生药"而断送了性命!

那"长生药"究竟是什么呢?

1970年,我国考古学家在唐代京都长安——现在的西安,挖掘到两坛唐代窖藏的宝物。据查证,那是唐明皇的堂兄邠王李守礼埋在地下的东西。里面除了金银财宝外,还有一张"长生药"的药方。药方上开列着朱砂、密陀僧、琥珀、珊瑚、乳石、石英等。朱砂是什么?它的化学成分是硫化汞,是一种剧毒的化合物。啊!那些皇帝服用的"长生药"是有剧毒的啊!

你知道吗,这些"长生药"跟化学有着密切的关系。古代,化学又被称为"炼丹术"。这"丹",便是指"长生丹",也就是"长生药"。许多炼丹家,如同那些炼金术士一样,做着各式各样的化学实验。尽管黄金梦、长生梦是荒谬的,但是,炼丹家、炼金术士在各种

图1.3　炼丹术士做实验用的仪器

炼金或炼丹过程中,懂得并积累了一些化学知识。比如,8世纪阿拉伯炼金术士贾博,在炼金时制成了硫酸、硝酸、硝酸银等,还懂得用盐酸和硝酸配制成"王水"。汉朝末年的魏伯阳,被人们称为"中国炼丹术始祖"。他所写的炼丹专著《周易参同契》中,大部分内容非常荒诞,但是也有一些关于汞、铅的化学知识。

拿破仑之死

拿破仑生前曾在战场上指挥千军万马,立下赫赫战功,所谓风云一时,但是关于他的死因,在历史上却一直是个谜。

一个多世纪以来,世界各国舆论对拿破仑之死众说纷坛,各抒已见。当时法国官方的死亡报告书鉴定为死于胃溃疡,而有人却认为他死于政治谋杀,更有人论证他是在桃色事件中被情敌所谋害。

近年来,英国科学家、历史学家运用现代科技手段,采集拿破仑的头发,并对其成分及含量进行分析。同时,他们又实地调查了当时滑铁卢战役失败后放逐拿破仑的圣赫勒拿岛,并获得了当年囚禁拿破仑房间中的墙纸。经过研究,英国科学家发表了一份分析报告,宣布杀死拿破仑的"凶手"是砒霜。

砒霜的学名为三氧化二砷,是一种可以经过空气、水、食物等途径进入人体的剧毒物。拿破仑死前并没有吃过砒霜,也没有人用砒霜谋害过他(因为食用砒霜会立即死亡,而拿破仑是在囚禁过程中生病死的),因此,当英国科学家在宣布这个结论时,人们都感到十分意外。

那么砒霜是如何使拿破仑中毒并死亡的呢?

原来,当年囚禁拿破仑的房间里,四周墙壁上贴着含有砒霜成分的墙纸。在阴暗潮湿的环境下,墙纸会产生一种含有高浓度砷化物的气体,使屋间里的空气受到污染,日积月累,年复一年,终于使拿破仑患慢性砷中毒而死亡。

英国法医研究所在化验拿破仑的头发时,发现在他的头发中,砷的含量已超过正常人的13倍。另据当年的监狱看守人记录有"拿破仑在生命的最后阶段,头发脱落,牙齿都露出了齿龈,脸色灰白,双脚浮肿,心脏剧烈跳动而死去"。这种症状完全类似于砷中毒的症状。因此,对拿破仑是死于砷中毒的结论就容易理解了。

谈到炼金术、炼丹术,不由得想起这么一个故事:

有一个年老的农民快要死了,他担心在他死后,三个懒惰的儿子不愿种田,就故意对他们说,葡萄园里埋着黄金。

老农民死后,三个儿子为了能找到黄金天天拿着锄头到葡萄园里去挖,当然挖不到什么黄金,但是土地被翻松了,结果葡萄长得茂盛,获得了大丰收。

如果说,炼金术、炼丹术对于化学的发展起过什么作用的话,它们就是那位老农所说的那些并不存在的"黄金"。

第三节 医疗化学

当你走过理发店时,常常可以看到特殊的标志——门口立着一个圆柱形的玻璃灯,灯里有红、白、蓝三条在不停地旋转着的倾斜的色带。

你知道这特殊的标志表示的意思吗？

《英国百科全书》上的解释是：

在古代的欧洲，外科医生分为两类。一类是医学院毕业的"正规"医生，穿着长衫，被人们称为"长衫医师"。这些医师往往"动口不动手"；另一类是理发师，兼做着外科医生的工作，穿着短衫，被称为"短衫医师"或者"理发外科医生"。

图 1.4　理发店门前的三色标志

那时候，人们看不起外科手术，认为跟脓、血之类打交道，有损医师的身份。于是，就把那些"动手"的事儿，交给理发师去干。所以，在动手术时，"长衫医师"仿佛像工地上的监工（只说不做），而具体做手术的则是"短衫医师"。

理发店前那特殊的标志是纪念理发师在医学上的贡献：那圆柱象征受伤的手臂，倾斜的色带表示纱布，而套筒表示带血的器皿。

巴拉塞尔士教授主张"人体本质上是一个化学系统"。因此，人生病，就是这个"化学系统"失去了平衡。要医好人的病，就要用化学药品恢复这个"化学系统"的平衡。

巴拉塞尔士教授质问炼金术士、炼丹家："你们以为懂得了一切，实际上你们什么也不懂！只有化学可以解决生理学、病理学、治疗学上的问题。"

图 1.5　怀疑的化学家

巴拉塞尔士教授给化学赋予新的内涵。他不再把化学称为"炼金术"，而是称为"医疗化学"。

从此，化学开始了一个崭新的阶段。人们研究化学，不再是为了"点石成金"或者"长生不老"，而是为了制造治病救人的药剂。

"化学，不是为了炼金，不是为了炼丹，也不是为了治病。化学应当从炼金术和医学中分离出来。化学是一门独立的科学！"这是1661年英国出版的《怀疑的化学家》一书中的论点。该书的作者是英国化学家波义耳。波义耳从小非常喜欢自然科学，一有空，总爱待在自己的实验室里，做着各种各样的实验。

但随着炼丹术、炼金术的衰落，人们更多地看到它不足的一面，实际上，化学转而在医药和冶金方面发挥了很大的作用，中、外药物学和冶金学的发展又为化学成为一门科学准备了丰富的素材。

使人发笑的气体

1800 年，英国化学家戴维在实验室中制得了一种气体，为了弄清楚这种气体的物理性质，戴维凑近瓶口闻了闻，突然大笑起来，实验室中的其他人莫名其妙，好奇地看着戴维。戴维也让他们闻一闻，结果闻的人也忍不住放声大笑起来。于是，戴维便发现了笑气。

1844 年，有一位自称"化学魔术师"的人别出心裁地利用笑气做了海报："某日上午九时在歌舞大厅进行'欢笑迎新年'公开表演赛，参赛的志愿者不管有多少痛苦和不如意的事,只要闻了我发明的气体,保证他立即放声大笑,开怀大笑。你也可以报名成为志愿者,如果谁能忍住不笑,即可获得一个金币的奖励。望公众踊跃观看,在欢笑声中获得新奇感和得到精神上的满足。"

海报张贴后,果然迎合了无数猎奇者,人们争先恐后地买票想观看这场令人捧腹大笑的表演,报名参加志愿者的更是络绎不绝。

表演开场了,只见20名脸露各种痛苦或忧愁表情的志愿者慢慢地走上了舞台。当他们站定后,表演者给他们每人发一只小瓶子,然后,请他们拔开小瓶子的瓶塞,用鼻子闻一下小瓶子。结果发生了神奇的一幕:脸露各种痛苦或忧愁表情的志愿者立即都哈哈大笑起来,有的还放声歌唱,手舞足蹈,做出各种稀奇古怪的动作,观众看了他们的样子,也个个笑得直不起腰来,大厅内一片混乱。当时有一名青年,不仅大笑大叫,而且还身不由己地狂蹦乱跳,不小心从舞台上摔了下来,结果大腿骨折,但是那位青年却毫无痛苦的感觉,仍然大笑不止。

这时,台下看表演的一名牙科医生看到这名伤员毫无痛苦的情景,立即想到这种气体不但能使人发笑,肯定还有麻醉镇痛的作用,否则这名青年腿骨折后怎么会不感到疼痛呢?如果把这种气体用作拔牙齿时的麻醉剂,一定能取得同样效果。后来,那位牙科医生在为牙病患者拔除龋齿时也用笑气进行麻醉,果然牙病患者也毫无疼痛感觉。不过,使用剂量要掌握适当,否则会使患者狂笑不止,难以进行手术。

笑气的化学名称为一氧化二氮。从此以后,笑气在麻醉学史领域里有了新的发展机遇。

第四节 化学是科学

形形色色、千奇百怪的物质组成了我们生活的物质世界,包括人也是由物质组成的,所以说:"世界是物质的。"

自然界中的一切物质都是由元素组成的。科学家经过不懈努力,到2007年为止,总共发现了118种元素。其中92种是在自然界中能找到的天然元素,其他是人造元素。常见的元素有氢、氮和碳等。

人体中含有80多种元素。其中,氧、碳、氢、氮四种元素占人体总质量的96%,钙、磷、钾、硫、钠、氯、镁、硅八种元素占人体总质量的3.95%,以上12种元素共占人体总质量的99.95%,称为人体中的宏量元素。其他元素仅占0.05%,称为人体中的微量元素。

元素在人体中的含量和分布,既取决于地壳中元素的质量分数、元素的化学性质和元素的生物学功能,同时也决定于人体组织和器官的功能特征。有些元素与人体组织、器官之间具有特殊的亲和力。例如,人体内的碘,大约有80%集中在甲状腺腺体内。有90%的铁参与血红蛋白的合成。99%的锶和98.9%的氟富集在骨骼中。因此,化学元素在人体内的分布是不均匀的。

地壳中含量最多的化学元素是氧,它占地壳总质量的48.6%;其次是硅,占26.3%;以下是铝、铁、钙、钠、钾、镁。最低的是砹和钫。上述8种元素占地壳总质量的98.04%,其余80多种元素共占1.96%。

1.1　元素的发现

元素名称	发现者和发现时间
氢	1766 年,英国人发现
氦	1868 年,法国天文学家让逊和英国洛克尔在太阳光谱中发现的。1895 年由英国化学家莱姆塞制得
锂	1817 年,瑞典人阿弗斯聪在分析锂长石时发现
铍	1798 年,法国路易·尼古拉·沃克兰发现
硼	1808 年,英国盖·吕萨克和法国泰纳尔发现并制得
碳	古人发现
氮	1772 年,瑞典舍勒和丹麦卢瑟福同时发现氮气,后由法国拉瓦锡确认为一种新元素
氧	1771 年,英国普利斯特里和瑞典舍勒发现
氟	1786 年,化学家预言氟元素存在,1886 年,由法国化学家莫瓦桑用电解法制得氟气而证实
氖	1898 年,英国化学家莱姆塞和瑞利发现
钠	1807 年,英国化学家戴维发现并用电解法制得
镁	1808 年,英国化学家戴维发现并用电解法制得
铝	中国古人发现并使用。1825 年,丹麦奥斯特用无水氯化铝与钾汞齐作用,蒸发掉汞后制得
硅	1823 年,瑞典化学家贝采尼乌斯发现
磷	1669 年,德国人波兰特通过蒸发尿液发现
硫	古人发现(法国拉瓦锡确定它为一种元素)
氯	1774 年,瑞典化学家舍勒发现氯气,1810 年,英国戴维指出它是一种元素
氩	1894 年,英国化学家瑞利和莱姆塞发现
钾	1807 年,英国化学家戴维发现并用电解法制得
钙	1808 年,英国化学家戴维发现并用电解法制得
铁	古人发现
铜	古人发现
锌	中国古人发现
银	古人发现

1.2　元素的命名

　　随着工业革命的兴起,在 19 世纪初的欧洲,越来越多的元素被发现,同时欧洲各国间科学文化交往日益繁荣,为了便于交流,化学家意识到应统一元素的名称。瑞典化学家贝齐里乌斯首先提出这种想法,并得到很多化学家的赞同,最终确定用欧洲各国通用的拉丁文来统一命名元素名称,从此改变了元素命名上的混乱状况。

各元素的拉丁文名称,在命名时都有一定的含义,有的是为了纪念元素的发现地或发现者的祖国;有的是为了纪念某位科学家;有的是借用星宿名或神名;还有的是为了表示元素的某一特性。在把元素的拉丁文名称翻译成中文时,也有多种译法,如:有的是沿用古代已有的名称;有的是借用已有的古字;最多的是另外新造汉字。在新造汉字中,主要采用谐声造字和会意造字两种方法。

一、以地名命名

有不少元素是以地名命名的,约占总数四分之一的元素采用这种方法命名。而这些元素的中文名称基本上采用谐声造字法,根据元素拉丁文名称的第一或第二音节音译而来,如:镁——拉丁文原意是"美格里西亚"(希腊的一个城市)。

二、以人名命名

以人名命名的元素的中文名称一般先音译后再采用谐声造字命名,如:镆——拉丁文意是"爱因斯坦";钔——拉丁文原意是"门捷列夫";锘——拉丁文原意是"诺贝尔";铹——拉丁文原意是"劳伦斯"(回旋加速器的发明人)。还有一个用于纪念居里夫妇的元素"锔",是借用汉字,从音译的角度分析,借用"锯"字是较理想的,但"锯"是常用汉字,不合适于用作元素名称。现改为"锔"("锔"在汉语中主要用于"锔碗"、"锔锅"等场合。现在虽然仍在使用,但使用频率不高,一般不会引起混淆)。

三、以神名命名

由于宗教的原因,有些元素的名称根据谐声造字法以神名来命名,如:钷——拉丁文原意是"普罗米修斯"(即希腊神话中偷盗火种的英雄)。

四、以星宿名命名

有些元素的名称根据谐声造字法以星宿名来命名,这类元素的中文名称均利用谐声造字法创制的新字,如:碲——拉丁文原意是"地球";硒——拉丁文原意是"月亮";氦——拉丁文原意是"太阳";铀——拉丁文原意是"天王星"等。

五、以元素的特性命名

以元素的某一特性命名是最多的一类,命名时,有的是根据元素的外观特性命名;有的是根据元素的光谱谱线颜色命名;有的是根据含有该元素的某一化合物的性质命名。这类元素的中文名称在命名时除采用根据音译的谐声造字法外,还有其他多种命名法。

1. 沿用古代已有名称

有许多元素在我国古代早已被发现和应用,这些元素的名称屡见于古籍中。因此,在命名时,不用再造新字,而沿用其原有的古名,如:金(拉丁文原意是"灿烂");银(拉丁文原意是"明亮");硫(拉丁文意是"鲜黄色")。

2. 借用古字

有些元素命名时借用已有的古汉字,如:铍(拉丁文原意是"甜"),而铍在古汉语中指两刃小刀或长矛。

3. 谐声造字

有些元素命名时采用谐声造字法来命名,如:铷——拉丁文原意是"暗红",是其光谱谱线的颜色;铯——拉丁文原意是"天蓝",是其光谱谱线的颜色;锌——拉丁文原意是"白色薄层";镭——拉丁文原意是"射线";氩——拉丁文原意是"不活泼";碘——拉丁文原意是"紫色"。

4. 会意造字

有些元素命名时采用会意造字法来命名,我国化学新字的造字原则是"以谐声为主,会意次之"。所以,用会意造字法造的新字比用谐声造字法造的新字要少得多,如:氮——拉丁文原意是"不能维持生命",我国曾译作"淡气",意为冲淡空气;后以"炎"入"气"成"氮"。氯——拉丁文原意是"绿色",我国曾译作"绿气",意为"绿色的气体";后以"录"入"气"成"氯"。氢——拉丁文原意是"水之源",我国曾译作"轻气",比喻其密度很小;后以"巠"入"气"成"氢"。氧——拉丁文原意是"酸之源",我国曾译作"养气",意为可以养人;也曾以"养"入"气"成"氜",再由"羊"谐声,造为"氧"(仍读"养"音)。钾——拉丁文原意是指海藻灰中的一种碱性物质;我国应其在当时已发现的金属中性质最为活泼,故以"甲"旁"金"而成"钾"。钨——拉丁文原意是"狼沫",我国应其矿石呈乌黑色,遂以"乌"合"金"而成"钨"。碳——拉丁文原意是"煤",因我国古时称煤为"炭",遂造为"碳"。

有些元素开始时也曾用谐声造字法造字,后又改为用会意造字法造字,如:硅——拉丁文原意是"石头",我国在很长一段时间内曾根据拉丁文音译,采用谐声造字法定为"矽"。后因"矽"与"锡"同音,使用不便,遂改为"硅",取"圭"音。因古代,圭指玉石,即硅的化合物。现在有些书中(尤其在物理学教材中)还有用"矽"字代表"硅"。

我国对元素符号的拉丁字母读音习惯上是按英文字母发音。而新造汉字读音,一般是读半边音,如:氪(克)、镁(美)、碘(典)。但也有例外情况,如:氙(仙)、钽(坦)等。

1.3 元素符号

古代,人们梦想着"点石成金",所以采用各种方法进行试验。于是,"化学"便成了"炼金术"。炼金术士们生怕别人知道自己的秘密,就用各种奇特的符号表示化学元素。例如,用太阳表示金,因为金子闪耀着太阳般的光辉;用月亮表示银,因为银子闪耀着月亮般的光辉……

炼金术士用过的符号

炼金术符号的演变

英国化学家道尔顿改用各种各样的圆圈,表示化学元素。1808 年,道尔顿在他的《化学哲学新体系》一书中,采用 20 种圆圈,分别表示 20 种化学元素。

这些圆圈比炼金术士用的符号要简单一些。但是,在化学书中画满各种大小不一形状各异的圆圈,仍是一件十分麻烦的事。

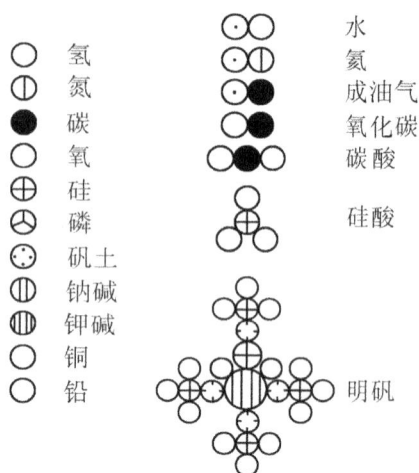

有一次,柏济力阿斯把化学书稿送到印刷厂去排字,工人们抱怨道:"我们没有这些圆圈!你在书中画一个圆圈,我们就得专门为你铸一颗'圆圈'的铅字!"且工人花了很多时间铸出的"圆圈"有大有小,印在书中,非常难看。

"怎么办呢?"柏济力阿斯用手托着下巴,沉思着。他想,能不能用普通的英文字母,表示化学元素呢?

柏济力阿斯制订了一套表示化学元素的方案。他建议用化学元素的拉丁文开头字母,作为这种元素的化学符号。比如:

氧的拉丁文为 Oxygenium,化学符号为 O;

氮的拉丁文为 Nitrogenium,化学符号为 N;

碳的拉丁文为 Carbonium,化学符号为 C。

如果有两种或两种以上的化学元素拉丁文第一个字母相同,则在第一个字母后面另写一个小写字母,这小写字母是该元素的拉丁文名称的第二个字母。例如,铜的拉丁文为 Cuprum,开头字母为 C,与碳相同,化学符号便写作"Cu"。

这种方法很快受到各国化学家的拥护。因为新的命名法,只要用普通的英文字母,便可清楚地表示各种不同的化学元素,书写和排印都很方便。

不过,道尔顿坚决反对。他用惯了那些圆圈,看不惯柏济力阿斯新的命名方法。因此,道尔顿终身都用他的那些圆圈代表化学元素。

1860 年秋天,在德国卡尔斯卢召开了第一次化学家国际会议。会议一致通过采用柏济力阿斯的化学元素符号命名法。这时,柏济力阿斯已经离开人世 12 年了。从那以后,各国的化学论文、化学教科书中,都采用柏济力阿斯化学元素符号命名法。自从世界上有了统一而简便的表示化学元素的符号后,化学界有了共同的语言,促进了化学的发展。

道尔顿采用的符号

常见元素名称与元素符号表

元素名称	氢	氦	锂	铍	硼	碳	氮	氧	氟	氖
元素符号	H	He	Li	Be	B	C	N	O	F	Ne
元素名称	钠	镁	铝	硅	磷	硫	氯	氩	钾	钙
元素符号	Na	Mg	Al	Si	P	S	Cl	Ar	K	Ca
元素名称	铁	铜	银	锌	汞	碘	溴			
元素符号	Fe	Cu	Ag	Zn	Hg	I	Br			

如果说 17 世纪的化学巨匠是波义耳;18 世纪的化学巨匠是拉瓦锡和道尔顿;19 世纪的化学巨匠是门捷列夫。那么,20 世纪的化学巨匠则是居里夫人。居里夫人毕生的主要功绩可以用两个字来概括——镭和钋。

1898 年 4 月 12 日,法国科学院发表了居里夫人的报告:"……有两种铀矿,沥青铀矿和辉铜矿,放射性要比纯铀强得多。这种现象极为值得注意。我认为,在这两种矿物中,很可能含有一种比铀的放射性强得多的新元素。"

可是,法国科学院的许多科学家对此表示怀疑:"你先把这种元素拿给我们看,我们才能相信。"

1898 年 7 月,居里夫妇向法国科学院报告:"我们从沥青铀矿提取的物质中,发现含有一种尚未发现的金属元素,它的性质与铋相近……我们提议把它叫做钋,以纪念我们的祖国。"

居里夫人的祖国是波兰。钋的拉丁文原文为 Polonium,即"波兰"。同年 12 月,居里夫妇又和贝蒙一起向法国科学院报告:"在放射性的新物质中含有一种新元素,我们提议把它叫做镭。这种新元素的放射性非常强。"

镭的拉丁文为 Radium,意即"射线"(Radius)。

紧接着,居里夫妇花费 4 年多时间,历尽艰辛,从沥青铀矿中提取镭和钋。在沥青铀矿中,只含有一千万分之一的镭,一百亿分之一的钋!

4 个春秋过去了,居里夫妇从 1 t 沥青铀矿中,终于提取到 0.1 g 金属镭!

居里夫妇没有正规的实验室。他们在一间原本用作储藏室的破房子里工作。春天的雨、夏日的骄阳、秋天的沙尘、寒冬的朔风,使居里夫妇历尽千辛万苦。一位科学家看了居里夫妇的"实验室"后说:"这实验室还不如马棚啊!"

1903 年,居里夫妇荣获诺贝尔奖。

1911 年,居里夫人第二次荣获诺贝尔奖。

第二章
化学实验的起源

　　化学是一门以实验为基础的科学。化学中的许多理论和原理都是通过实验得出来的。使人感兴趣的是,化学实验不仅能确认或驳倒一些理论,而且它们还能改变我们对生命、对现实甚至对自己的看法。实验有时完全颠覆了我们关于世界如何运行的常识性概念,有时还会粉碎存在已久的"理论"。所以实验是化学学科的一个亮点,在学习化学的过程中,要做很多很多的实验。

　　做实验,需要用到各种实验仪器和许多化学药品。为了能顺利完成实验,我们不仅要分辨各种仪器,记住它们的名称,还要了解各种实验仪器的性能、使用方法和用途。做实验,还要用到化学药品,而大多数化学药品都是有一定的毒性或腐蚀性。因此,还要了解各种化学药品的使用方法、保存方法等。最重要的是,要想达到预定的实验目的,首先确定选用的化学药品、实验仪器及通过这些化学药品、实验仪器怎样进行实验——实验操作技能。

第一节　化学实验简史

　　实验是化学科学赖以产生和发展的基础,从其发展过程来看,大致经过了早期化学实验、近代化学实验和现代化学实验等三个发展时期。

1.1　早期化学实验

　　从远古时代开始到 17 世纪,化学实验在向科学道路迈进的过程中,经历了一段漫长的发展时期。

　　一、化学实验的萌芽

　　人类最初对火的利用距今大概已有 100 多万年了。火是人类最早使用的化学实验手段。人类最早从事的制陶、冶金、酿酒等化学工艺,都与火有直接或间接的联系。在熊熊烈火中,烧制成型的黏土可获得陶器;烧炼矿石可得到金属。陶器的发明使人类有了储水器以及

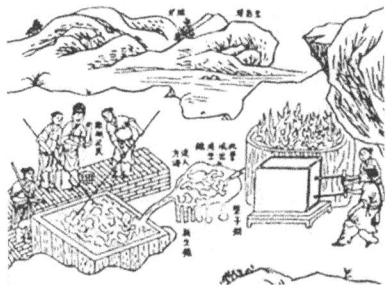

图 2.1　古代制陶工艺

储藏粮食和液体食物的器皿,从而为酿酒工艺的形成和发展创造了条件。

　　制陶、冶金和酿酒等化学工艺,已孕育了化学实验的萌芽。例如,在烧制灰、黑陶的化学工艺中,工匠们在焙烧后期便封闭窑顶和窑门,再从窑顶徐徐喷水,致使陶土中的铁质生成四氧化三铁,还在表面覆上一层炭黑,因此里外黑灰。这表明当时已初步懂得了焙烧环境的控制和利用。

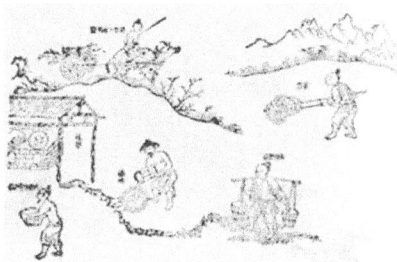

图 2.2　炼丹

图2.3 古代制酒工艺

二、原始化学实验

古代的炼丹术，是早期化学实验的主要和典型的代表。炼丹的主要目的：一是希望得到能使人长生不老的"仙药"；二是想把一些廉价的金属借助于"仙药"的点化，转变为贵重的黄金和白银。由于炼丹活动符合帝王、贵族长生不老、永世霸业的愿望，因而受到他们的大力推崇，于是从古代到中古时代，这种活动很快得到开展并兴盛起来。

焙烧是炼丹术士经常采用的一种基本的化学实验操作方法。例如，在空气中焙烧方铅矿（即硫化铅）等金属矿石，把铅放在灰皿或骨灰造的盘子中加热，铅烧掉之后，可以得到少量银；把黄铁矿（从外表看有点像黄金）与铅共熔，铅用灰皿烧掉之后，可以获得微量的黄金。

图2.4 古代炼丹示意图

除焙烧之外，炼丹术士还经常使用一些液体"试药"来对各种金属进行加工。液体试药通常是一些能在金属表面涂上颜色的物质。例如，硫黄水（多硫化合物的溶液）能把金属变成黄金色；汞能在其他金属表面留下银白色。在制造液体试药的过程中，炼丹术士发明了蒸馏器、烧杯、冷凝器和过滤器等化学实验仪器，以及溶解、过滤、结晶、升华，特别是蒸馏等化学实验操作方法。蒸馏方法的广泛使用，促进了酒精、硝酸、硫酸和盐酸等溶剂和试剂的发现，从而扩大了化学实验的范围，为后来许多物质的制取创造了条件。

图2.5 升炼水银

蒸馏是早期化学实验中最完整的一种重要实验操作方法。到了16世纪，出现了大批有关蒸馏方法方面的书籍。这些专著对蒸馏方法作了较详细的叙述。蒸馏在早期化学实验发展史上占有重要地位，它至今还在基础化学实验中被经常运用。

三、向化学科学实验的过渡

到了十五六世纪，炼丹术由于缺乏科学基础，屡遭失败而变得声名狼藉。化学实验则开始在医学和冶金等一些实用工艺中发挥作用，并不断得到发展。

在医药化学时期，最具代表性的人物是瑞士医生、医药化学家帕拉塞斯（P. A. Paracelsus，1493—1541）。他强调化学研究的目的不应在于点金，而应该把化学知识应用于医疗实践，制取药物。他和他的弟子通过对矿物药剂的性质和疗效的研究，以及在制备新药剂的过程中，探讨了许多无机物的分离、提纯方法，进行了一些合成实验，并总结物质的性质。因此，有人认为帕拉塞斯"从根本上改变了医疗和化学的发展道路"。

安德雷·李巴乌（Andreas Libavius，约1540—1616）是德国医生、医药化学家，他极力强调化学的实用意义,为推进化学成为一门独立科学作出了重要贡献。他编著的《工艺化学大全》(1611—1613 年问世),总结了他多年的实践经验。这部著作的问世,使化学终于有了真正的教科书。

继帕拉塞斯、李巴乌之后,对后世影响较大、对化学实验的发展贡献卓著的医药化学家还有赫尔蒙特(J. B. van Helmont,1597—1644)。他工作的最大特点是对化学进行定量研究,广泛使用了天平,并萌生了初始的物质不灭的思想。他所做的"柳树实验"和"沙子实验",是早期化学实验发展史上著名的两个定量实验。此外,他在无机物制备方面取得过空前的成果,曾对燃烧现象提出过颇有独到之处的见解。因此,他被称为从炼丹术向化学过渡阶段的代表人物。

古希腊哲学家亚里士多德认为,植物生长所需的物质全来源于土壤中。范·海尔蒙特做了盆栽柳树称重实验(木桶里栽柳 5 年,雨水浇灌,柳苗由 2.3 kg 增重至 74.5 kg;90 kg 干土减重 57 g),得出植物的重量主要不是来自土壤而是来自水的推论。但是他没有认识到空气中的物质参与了有机物的形成过程。

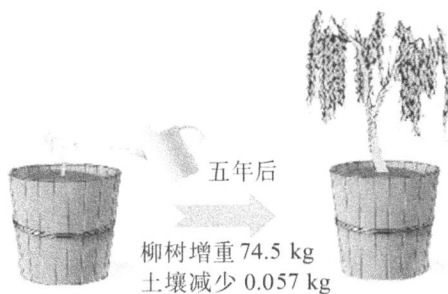

图 2.6　木桶栽柳实验

化学实验在冶金方面也曾发挥过重要作用。

四、早期化学实验的特点

早期的化学实验只能算作是化学"试验",具有很大的盲目性;还没有从生产、生活实践中分化出来,成为独立的科学实践。最早的制陶、冶金和酿酒等活动,是低级的、缺乏理论指导的、不自觉的实践活动;作为化学实验原始形式的炼丹术,其实验目的也只是追求长生不老药或点金之术,把普通金属变为贵金属。

图 2.7　古代冶金

尽管如此,还应该肯定从事早期化学实验的工匠和炼丹术士是化学实验的先驱和开拓者。他们发明了焙烧、溶解、结晶、蒸馏、过滤和冷凝等化学实验操作方法;制造了风箱、坩埚、铁剪、烧杯、平底蒸发皿、沙浴、焙烧炉等化学实验仪器和装置;发现和制取了铜、金、银、汞、铅等金属,酒精、硝酸、硫酸、盐酸等化学溶剂和试剂,以及许多酸、碱、盐,甚至意识到了一些粗浅的化学反应规律。后人正是从他们的经验教训中,才找到了化学实验的真正历史使命,建立了化学实验科学。

1.2　近代化学实验

17 世纪~19 世纪,是近代化学实验时期。在这一时期,随着欧洲资本主义生产方式的诞生和工业革命的进行,以及天文学、物理学等学科的重大突破,化学实验终于冲破了炼丹术的桎梏,走上了科学的康庄大道。为此作出巨大贡献的化学实验家当推波义耳(R. Boyle,1627—1691)和拉瓦锡(A. L. Lavoisier,1743—1794)。

一、化学科学实验的奠基人——波义耳

图 2.8　石蕊试纸

"波义耳把化学确立为科学"。作为近代化学科学的确立者,波义耳也是化学科学实验的重要奠基人。他认为,只有运用严密的和科学的实验方法才能够把化学确立为科学。他明确指出:"化学,为了完成其光荣而庄严的使命,就不能认为到目前为止的研究方法是正确的。而必须抛弃古代传统的思辨方法。"他的这些观点和主张,奠定了化学实验方法论的基础。

不仅如此,波义耳还是一位技术精湛的出色的化学实验家。他一生做过大量的化学实验,获得了许多重要的发现。他是第一个发明指示剂的化学家,他把各种天然植物的汁液或配成溶液,或做成试纸("石蕊试纸"就是波义耳发明的),并根据指示剂颜色的变化来检验酸和碱;他还发现了铜盐和银盐、盐酸和硫酸的化学检验方法,并在 1685 年发表的"矿泉水的实验研究史的简单回顾"一文中,描述了一套鉴定物质的方法。因此,他还被称为定性分析化学的奠基者。

二、定量化学实验方法论的创立者——拉瓦锡

拉瓦锡是明确提出把量作为衡量尺度对化学现象进行实验证明的第一位化学家,他把近代化学实验推进到定量研究的水平。

拉瓦锡从一开始从事化学科学研究,就非常善于发挥天平在化学研究中的作用,重视对物质及其变化进行定量测定。他 21 岁时所做的第一个化学实验,就是定量地测定石膏在加热和冷却过程中水分的变化。他一生做过很多定量化学实验,并依据实验事实揭示了"水变成土"以及"火粒子"学说、"燃素说"的谬误。

"水变成土"是赫尔蒙特根据他著名的"柳树实验"提出来的,后来又得到波义耳和牛顿(J. Newton,1642—1727)的赞同。为了检验这一观点的科学性,拉瓦锡进行了如下实验:将收集到的被认为是最纯净的雨水连续蒸馏了 8 次;然后将这些水倒入一个特制的玻璃蒸馏器中,加热驱去其中的空气,并加以密封;用沙浴在 60℃～70℃之间加热 101 天。结果发现其中确有悬浮的小片固体物出现。这似乎是水变成了土的证据。然而,拉瓦锡仔细称量了加热前后水的重量、容器的重量以及水和容器的总重量,终于查明,水和容器的总重量在加热前后并没有变化,而且密封在瓶中的水的重量也没起变化,只是玻璃容器本身变轻了,而减轻的重量又恰好与固体悬浮物的重量相当。这样,拉瓦锡查明了那些悬浮物来自玻璃容器,从而以坚实的实验数据否定了"水变成土"的错误观点。

图 2.9　拉瓦锡用的化学实验仪器

"火粒子"学说,是波义耳为解释金属煅烧后重量增加的原因而提出来的。为了检验这一假说,拉瓦锡重复了波义耳在密闭的烧瓶中煅烧金属锡的实验。他与波义耳不同之处在于,在打开烧瓶之前对整个密闭体系进行了称量,结果发现整个体系在加热前后重量

没有变化。这就证明波义耳曾经设想的在加热过程中火的微粒透过玻璃壁进入烧瓶内与金属锡结合而增重的观点是错误的。

拉瓦锡还通过对硫和磷等一些物质燃烧现象的定量实验研究,否定了统治化学长达百年之久的"燃素说",建立了氧化学说,并确立了"质量守恒定律"。

拉瓦锡的定量实验研究,极大地丰富和发展了化学实验方法论。对物质及其变化,不仅要用定性分析方法,而且还必须运用定量分析方法,只有两者的有机结合,才能正确认识物质及其变化在质和量两个方面的性质和规律;化学实验是建立化学理论的基础和检验化学理论的标准。他曾明确指出:"在任何情况

图 2.10　拉瓦锡制氧气示意图

下,都应该使我们的推理受到实验的检验,除了通过实验和观察的自然道路去寻求真理以外,别无他途。"

拉瓦锡的化学实验方法论思想,对化学实验从定性向定量的发展,产生了积极和深远的影响,成为近代化学实验发展史上的重要里程碑。正是在此基础上,近代化学实验才得以蓬勃发展,从而拓展了化学科学研究的领域,导致了许多重要化学理论的建立和发展。

三、化学实验是化学科学理论建立和发展的基础

图 2.11　古代的天平

道尔顿(J. Dalton,1766—1844)原子论就是在化学科学实验的基础上建立起来的。他通过化学实验,研究了许多地区的空气组成,发现各地的空气都是由氧气、氮气、二氧化碳和水蒸气四种重要物质的无数个微小颗粒(道尔顿称之为"原子")混合起来的。他进一步分析一氧化碳和二氧化碳、沼气和油气的组成,发现前两种气体中氧的重量比为 1∶2,后两种气体中与同量碳化合的氢的重量比为 2∶1。这使道尔顿发现了倍比定律。这个实验定律成为他确立化学原子论的重要基石。

1805 年,法国化学家盖·吕萨克(J. L. Gay-Lussac,1778—1850)在研究氢气和氧气的化合时发现,100 体积的氧气总是和 200 体积的氢气相化合;在进一步研究氨与氯化氢、一氧化碳与氧气、氮气与氢气的化合时,居然发现都具有简单整数比的关系。于是,他于 1808 年发现了气体化合体积定律。为了对这个实验定律进行理论解释,意大利化学家阿伏加德罗(A. Avo-gadro,1776—1856)引入了"分子"的概念,提出了著名的分子假说。

1824 年,年仅 24 岁的德国化学家维勒(F. Wöhler,1800—1882)做了一个在化学实验发展史上非常著名的实验,即用氯化铵(NH_4Cl)水溶液同氰酸银($AgCNO$)作用来制取氰酸铵(NH_4CNO)。然而,当他滤去氯化银($AgCl$)沉淀,并对溶液进行蒸发时,并没有得到所期望的氰酸铵,而得到了一种白色结晶状的物质。为了确定这种白色结晶物,维勒又用了 4 年的时间,采用不同的无机物和不同的方法,对其进行了一系列的定性和定量实验研究,最后终于完全确认实验中所得到的这种白色结晶状物质,正是动物机体内的代

谢产物尿素。1828 年,他发表了"论尿素的人工合成"的论文,以雄辩的实验事实公布了这一重大成果。这一实验成果,意义重大,动摇了传统的"生命力论"的基础,开辟了用无机物合成有机化合物的新天地。

图 2.12　维勒

1845 年,德国化学家柯尔柏(H. Kolbe,1818—1884)用木炭、硫磺、氯水等无机物合成了酒精、蚁酸、葡萄糖、苹果酸、柠檬酸、琥珀酸等一系列有机酸,进而还合成了油脂和糖类物质;到了 19 世纪后期,有机合成更加蓬勃发展,先后用人工方法合成了染料、香料、药物和炸药等。

1800 年,历史上第一个电池——提供稳定、持续电流的电源装置,即伏打(A. Volta,1745—1827)电堆诞生了。它是近代化学实验发展史上非常重要的实验手段之一。应用这种实验手段来引发化学反应,推动了电化学的诞生和发展。

此外,近代化学实验还开辟了化学热力学和化学动力学两大研究领域,推动了物理化学的完善和发展。

四、近代化学实验方法

近代化学实验的蓬勃发展与近代化学实验方法论的发展有着十分密切的关系。在这一时期,人们创立或发展了诸如系统定性分析法、重量分析法、滴定分析法、光谱分析法、电解法等很多经典的化学实验方法。

1. 系统定性分析法

系统定性分析法是用于检验矿物质中的微量元素,克服传统的湿法定性检验法和吹管检验法的局限性而被创立的。

2. 重量分析法

重量分析法在 19 世纪得到了很大的完善和发展,主要表现在分离和测定方法以及操作技术方面。当时所运用的分离和测定方法以及操作技术,至今仍被采用。

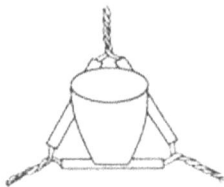

图 2.13　坩埚侧放泥三角上

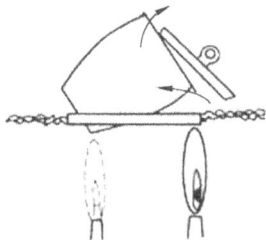

(1)炭化　(2)烘干

图 2.14　烘干和炭化

运用这些分析方法,在 19 世纪人们发现了锆和钛、铍、铀和钍、硒和碲、钼、钨、铬、镉、锗、铌、钽、钒、钌、铑、钯、锇、铱等元素及一些稀土元素。

3. 滴定分析法

滴定分析法是在 18 世纪中叶从法国诞生和发展起来的。它最初的含义只是一种对化工原料及产品的纯度进行简易、快速测定的方法。1729 年,法国化学家日夫鲁瓦(C. J. Geoffroy,1685—1752)第一次利用滴定分析的原理,以碳酸钾为基准物,测定了醋酸的相

Chemistry in Life

对浓度。随着人工合成指示剂的出现,到了 19 世纪 30 年代~50 年代,滴定分析法的发展达到极盛时期,其应用范围显著扩大,准确度大为提高,接近了重量分析法所能达到的程度。到了 19 世纪 50 年代,又出现了带有玻璃磨口塞和用剪式夹控制流速的滴定管,使这种方法更趋完善。

4. 光谱分析法

光谱分析法是利用光谱线来分析某种元素存在与否的一种方法。它是由德国化学家本生(R. W. Bunsen,1811—1899)和基尔霍夫(G. R. Krichhoff,1824—1887)共同创立的。1855年,本生为克服当时的煤气灯的缺点,发明了著名的本生灯。金属及其盐在本生灯火焰中能产生特殊的带有颜色的火焰,据此可以鉴别这些金属。为了使产生的光谱具有更好的观察

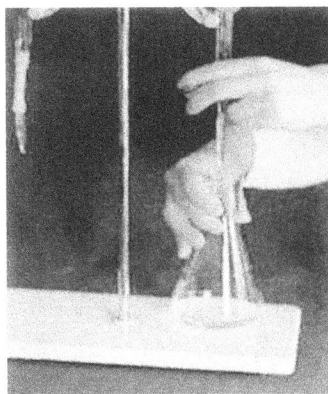

图 2.15　中和滴定实验

效果,他们两人合作研制成了分光镜,并用这种新的实验仪器发现了铯、铷等元素。随后人们又用这种方法发现了铊、铟、镓、钪、锗等。

五、近代化学实验的特点

随着欧洲资本主义生产方式的建立和发展,近代化学实验作为一种相对独立的科学实践活动,从生产实践中分化出

图 2.16　光谱分析仪

来,历经两百多年,取得了突飞猛进的发展。

1. 明确了化学科学实验的性质、目的和作用

化学实验不再是服务于炼丹术等封建迷信和宗教神学的婢女,不再是从属于观察的附带的东西,而是一种独立的化学科学实践、重要的化学科学认识方法。

2. 建立和发展了化学实验方法论

波义耳和拉瓦锡有关化学实验的思想和主张,对化学实验方法论的建立起到了重要的奠基作用。此后,许多化学家又创立了一系列化学实验方法,丰富和发展了化学实验方法论。正是这些先进的方法论思想,提供了近代化学科学发展的思想条件。

3. 发明和研制了较先进的实验仪器和装置

图 2.17　分析天平

如精密天平、伏打电堆、光谱分析仪、"弹式"量热计、磨口滴定管等。这些先进的实验仪器和装置把化学科学研究带入了一个又一个崭新的领域,为近代化学科学的发展奠定了物质基础。

1.3　现代化学实验

19 世纪末 20 世纪初,以震惊整个自然科学的电子、X 射线与放射性等三大发现为标

志,化学实验进入了现代发展阶段。同近代化学实验相比,现代化学实验具有如下特点。

一、实验内容以结构测定和化学合成实验为主

1. 结构测定实验

结构测定实验源于人们对阴极放电现象微观本质的探讨。

电子、放射性和元素蜕变理论奠定了化学结构测定实验的理论基础。

2. 化学合成实验

化学合成实验是现代化学实验的一个非常活跃的领域。随着现代化学实验仪器、设备和方法的飞速发展,人们创造了很多过去根本无法创设的实验条件,合成了大量结构复杂的化学物质。

1965 年,我国科学家第一次实现了具有生物活性的结晶牛胰岛素蛋白质的人工合成,这对揭示生命奥秘具有重要意义。1981 年我国科学家又实现了具有生物活性的酵母丙氨酸的首次全合成,取得了又一突破。

现代化学实验除上述两方面以外,还在溶液理论的发展和化学反应动力学的建立等方面发挥了重要作用。

二、化学实验手段的现代化

化学实验手段是制约化学科学研究的非常重要的方面。虽然在 19 世纪化学实验手段已经有了相当的水平,形成了一套相对比较完整的化学常规仪器(包括各种玻璃仪器在内)和设备,但这些仪器和设备的质量还不高,种类还不够齐全,精度也不够灵敏和准确。为克服这些不足,人们在对原有的化学实验手段加以改进的同时,积极吸收现代各种科学技术的新成果,创造和发明了一大批现代化的实验仪器和设备。

图 2.18 计算机应用于化学实验

近 30 年来,计算机在化学实验中得到了卓有成效的应用,正逐步成为重要的化学实验手段。目前出现的各种仪器的联机使用和自动化,不仅用于电分析化学、光谱学、微观反应动力学、平衡常数的测定、分析仪器的控制、数据的存储与处理以及化学文献检索等,而且还能使经典化学操作达到控制的自动化。

随着现代化学科学研究领域的不断扩展和深入,以及现代科学技术和现代工业的迅速发展,化学实验方法日趋现代化。

第二节 炼丹术与实验仪器

丹,是中药的一种剂型,古今许多药方都称为丹,以示灵验,如天王补心丹、至宝丹、山海丹等。这些方药,主要由动植物药配制而成,与本来意义上的丹毫不相干,只是借用"丹"名而已。古代炼丹术对后世的深刻影响,由此可见一斑。

炼丹术,又称外丹黄白术,或称金丹术,简称外丹,以区别于长寿真人丘处机全真龙门派的内丹导引术。炼丹术约起源于战国中期,秦汉以后开始盛行,两宋以后,道教提倡修炼内丹(即气功),"丹鼎派"风行一时而排斥外丹术;直到明末,外丹火炼法逐步衰落而让

Chemistry in Life

位给本草学。

炼丹是古人为追求"长生"而炼制丹药的方术。丹即指丹砂或称硫化汞,是硫与汞(水银)的无机化合物,因呈红色,陶弘景故谓"丹砂即朱砂也。"丹砂与草木不同,不但烧而不烬,而且"烧之愈久,变化愈妙。"丹砂化汞所生成的水银属于金属物质,但却呈液体状态,具有金属光泽而又不同于五金(金、银、铜、铁、锡)的"形质顽狠,至性沉滞"。

图 2.19 古代炼丹图

由于丹砂的药理效用及其理化性能,古代炼丹家将其作为炼丹的主要材料。其形体圆转流动,易于挥发,古人感到十分神奇,进而选择其他金石药物来和液体汞(水银),按照一定配方彼此混合烧炼,并反复进行还原和氧化反应的实验,以炼就"九转还丹"或称"九还金丹"。这是人类最早的化学反应产物。在古代,它被认为是具有神奇效用的长生不老之药。成书于秦汉之际最古本的本草学著作《神农本草经》,将五金、三黄、乒石等 40 多味药物分别列为上、中、下三品,其分等级的标准是:"上药令人身安、命延、升天、神仙……"其中丹砂被列为炼丹的上品,是古代炼丹术最早选择的重要药物材料。炼丹家将丹砂加热后分解出汞(水银),进而又发现汞(水银)与硫化合生成黑色硫化汞。丹砂炼汞和汞、硫化合而还丹砂,实际上是属于还原和氧化反应。晋人葛洪《抱朴子·金丹篇》说:"凡草木烧之即烬,而丹砂炼之成水银,积变又还成丹砂,其去草木亦远矣,故能令人长生。"

2.1 炼丹所用的药物

炼丹术所用的药物和工具同化学的产生有关,关于药物方面,化学史家袁翰青(1905—1994)曾根据炼丹文献作出一个不完全的统计,包括无机物和有机物在内,总共约有六十多种。当然,这统计还不够完整,因为不仅植物性、动物性药物没有列入,即使单从金石药来看,恐怕也不止这六十多种。不过,我们从这里可以对古代炼丹的常用药物得到一个大概的印象。

元素:汞、碳、锡、铅、铜、金、银等。

氧化物:三仙丹、黄丹、铅丹、砒霜、石英、紫石英、赤石脂、磁石、石灰等。

硫化物:丹砂、雄黄、雌黄等。

氯化物:食盐、硇砂、轻粉、水银霜、卤咸等。

硝酸盐:硝石。

硫酸盐:胆矾、绿矾、寒水石、朴硝、明矾石等。

碳酸盐:石碱、灰霜、白垩包括石钟乳、炉甘石、石曾、空青、铅白等。

硼酸盐:硼砂。

硅酸盐:云母、滑石、阳起石、长石、白玉等。

合金:鍮石(铜锌合金)、白金(白铜,铜镍合金)、白镴(铅锡合金)、各种金属的汞齐等。

混合的石质:高岭土、禹余粮(含褐铁和黏土的砂粒)、石中黄子(夹有黄色黏土的砂粒)等。

有机溶剂:醋、酒。

2.2 炼丹术所用的工具和设备

图 2.20　丹炉

古代炼丹家亲自从事采集配制药,并通过反反复复的大量化学实验,有意无意地发展了原始化学事业,可以视为现代化学之祖。英国李约瑟博士在《中国科学技术史》中称:中国炼丹家乃世界"整个化学最重要的根源之一"。

关于工具和设备,见于炼丹文献的大约有十多种,就是丹炉、丹鼎、水海、石榴罐、甘蜗子、抽汞器、华池、研磨器、绢筛、马尾罗等。

丹炉也叫丹灶。南宋吴悮《丹房须知》(公元 1163 年成书)有"既济炉"和"未济炉"。安置在丹炉内部的反应室,就是丹鼎,又名"神室"、"匮"、"丹合",有的像葫芦,有的像坩埚,有的用金属(金、银、铜)制作,有的用瓷制。《金丹大要》有"悬胎鼎",内分三层,"悬于灶中,不着地"。《金华冲碧丹经要旨》说,神室上面安置有一种银制的"水海",用以降温。《修炼大丹要旨》中另有一种"水火鼎",可能是鼎本身具有盛水的部分。总之,这些东西是炼丹的主要工具,可以放在炉中加热,使药物在里面熔化并起反应,或使其升华。

除丹鼎外,炼丹家还有专用于从丹砂中抽汞的蒸馏器,可以叫它"抽汞器"。《金华冲碧丹经要旨》所载的是简单的一种,分两部分,上部形似圆底烧瓶,叫做"石榴罐",下部做成桶形,叫做"甘埚子"。用的时候加热,使罐中生成的水银蒸气在甘埚子的冷水中成为液体水银。南宋吴悮《丹房须知》有另一种比较复杂的蒸馏器的图,虽然没有说明用什么材料制成以及大小、用法等,但是从图上可以清楚地看出,下部是加热的炉,上部是盛丹砂等药物的密闭容器,旁边通一根管子,使容器里所生的水银蒸气可以流入放在旁边的冷凝罐里。这样的蒸馏设备,即使在今天看来也是相当完善的,它是在长期炼丹实践中逐步改进的产物,它的成型当在吴悮之前。西方科学史家一向认为蒸馏器是阿拉伯人发明的,其实我国古代炼丹家早已制成了这种设备。

2.3 炼丹的几位名家

葛洪

葛洪,别号抱朴子,晋代人,丹阳句容人,著有《肘后救卒方》、《抱朴子》等传世之作。其中《抱朴子》一书,分内、外两篇,内篇 20 卷,涉及炼丹的有金丹第四、仙药第十一、黄白第十六等三卷。葛洪认为一切物质都可变化,只要具备适当的条件和执着追求的精神。一些物质通过烧炼就有可能变成珍贵的仙丹和黄金。因此,他对炼丹具有坚定不移的信念,矢志不渝地从事着炼丹的实践。在具体的炼丹过程中,他有不少新发现。如葛洪当时就已发现:将红色的硫化汞(即俗呼的丹砂)进行加热。便可分离出汞;而汞加硫磺又能化合生成硫化汞。这说明葛洪在炼丹实践中发现了从硫化汞中析出水银,和水银加硫磺合成硫化汞的反应现象。

图 2.21　道教人物书集

Chemistry in Life

陶弘景

陶弘景少年时代,喜读葛洪的《神仙传》,颇受其"学仙养生"的影响,一直留意其间。公元492年,其三十七岁时,辞去定职,隐居句容茅山,寻访仙药,修道炼丹,足迹踏遍名山大川,在其多年的炉火丹鼎生涯中发展了炼丹术,著成《合丹法式》炼丹专书,对药物的鉴别和炼丹方法较葛洪时代,又有了较为显著的进步。通过长期的实践,陶弘景积累了不少无机化学知识,他认识到"水银有生熟",其生者,系指天然产的水银;熟者,乃冶炼朱砂而得。还总结出水银可以和其他金属,比如金、银形成合金,可在物品上镀金镀银。炼丹的重要原料黄丹和胡粉,可以人工制成,"熬铅所做"而得黄丹,"化铅所作"可得胡粉,从而开辟药源,促进炼丹术的进一步发展。

图 2.22 陶弘景

图 2.23 孙思邈

孙思邈

孙思邈是唐代京兆华原人(今陕西耀县),生于公元581年,卒于公元682年,他是中国医学史上颇负盛名的民间医生,有十分丰富的各科临床实践经验,他毕生不谋仕途。信奉道家、佛家礼教,反对服石,崇尚炼丹。经常上山采药,亲自进行药物的修合炼制。在炼丹过程中,总结了前人的炼丹方剂和常规方法。

孙思邈为了减轻金石药物的毒性,曾总结出"伏火"方法。他在使用硫磺、砒霜等金石药物时,为了减轻这些药物的毒性,使药物起火燃烧,借以去其毒性。当时炼丹家对金石药物的"伏火法"大体雷同。在众多的"伏火法"中,通过若干组合配伍,反复实验,从无数血的教训中,总结出硝石、硫磺、木炭混在一起,极易起火爆炸,曾炸塌丹房,伤及数人,几经改进和完善,黑火药便脱颖而出。孙思邈记录了这个配方。

2.4 炼丹与炼金的关系

炼丹家不但通过火法炼成能使人"长生"的神丹,还能利用神丹"点铁成金"。葛洪《抱朴子·金丹篇》说:"神丹既成,不但长生,又可作黄金。"为什么要点化黄金?魏伯阳在《周易参同契》中称:"金性不败朽,故为万宝物。"自然界中的金、银、玉石等矿物,其性质稳定,不易发生朽坏变化,故炼丹家认为人类服用金、银、玉等"不败朽"的物质,就能将其性质转移到人体,可以使血肉之躯也同样"不败朽",进而引发通过炼丹方法冶炼金银,即将汞(水银)与铅、铜、铁等金属按不同比例配方烧炼成黄色或白色的金或银。

所以外丹术又称金丹术或黄白术。葛洪提出自然界中各种物质不但可以变化,而且其变化无极的观点;但却忽视了事物转化的条件,将变化绝对化。其实炼丹家通过飞沙炼汞法所点化而成的金银,虽然其色泽与金银相似,但它们并非真正的金银,而是作为药用的合金,称药金、药银。

图 2.24 竹石

这种药金、药银在古代还是比较贵重的。所谓"金成者,药成也。"在古代炼丹家看来,所炼神丹能否点化金银被视为修炼成功与否的重要标志;点金不成,需要按照卦交变化调整火候,反复烧炼,经九转而成丹。因其有点化功效,又称为"丹母"。

2.5 炼丹和火药的关系

火药最早是由中国人发明的,在西汉时期的道家典籍《淮南子》中就有关于火药成分之一——硫磺的记载。在《神农本草经》中,硫磺和硝石被作为可治病的上品药物列了出来。硝石也是一种矿物,出产于四川、甘肃一带。它是一种强氧化剂,在加热时能放出氧气,容易发烟发火,所以被称为烟硝或火硝。由于硝石的化学性质活泼,能和许多物质发生作用,所以方士在炼丹中,常用硝石来改变其他药品的性质。

图 2.25　伏火

西汉时淳于意曾用硝石治疗王美人的疾病。炼丹家们又在他们长期的炼丹实践中将硝石、硫磺、雄黄和松脂、油脂、木炭等材料不断地混合、煅烧,这就使火药的发明成为必然。

炼丹家们还对硫磺的各种特性进行了"实验"观察和研究,他们发现,硫不仅能和铜铁起化合反应,而且能制伏神奇的水银(汞)。硫的化学性质非常活泼,很容易着火,跟空气中的氧起化合反应,这使人们很难制伏。古人为了驯服它,就尝试对硫磺进行"伏火"处理。

"伏火"原本是一种治疗疾病的方法,炼丹家根据中医理论中的阴阳、五行和脏象经络之说,认为硝石和硫磺都是阳物(因为它们都能着火),会有阳火之毒,能败人五脏。为了使人服食之后不仅没有任何毒性,而且能滋润五脏,使人体内五脏之气和合混融,助益长寿,就必须设法制伏火毒,这就是"伏火"。"伏火"的具体方法很简单,就是"以毒攻毒",用火烧一下,火毒也就自然被消除。

方士们在炼丹的实践中,发现硫磺、硝石、木炭混在一起,弄得不好,就要引起燃烧甚至爆炸。这种情况发生多了,自然引起方士的注意。于是有人专门进行这类试验,不断积累经验,改进配方。由于硫磺和硝石都是能治病的药,又因为它们和木炭合在一起会发火,因此人们就把这三样物质的混合物叫做火药,意思就是"发火的药"。由于这种混合物颜色接近黑色,所以通常又被称为黑火药。

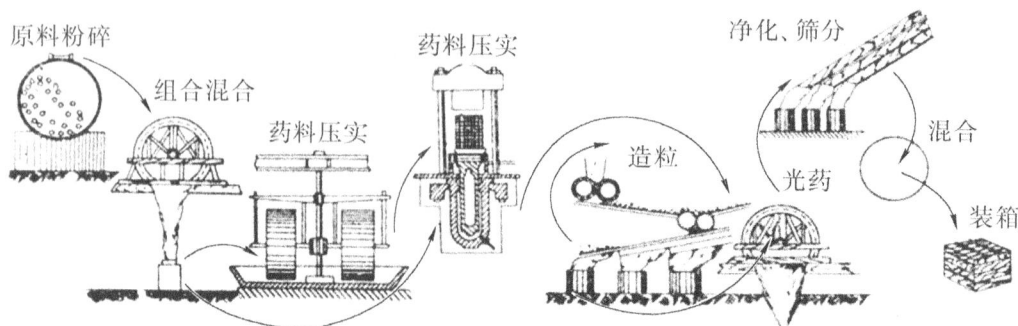

图 2.26　黑火药生产流程

　　关于黑火药配方和燃烧的最早记载，出自唐代初年著名中医、"药王"、养生家兼炼丹家孙思邈所著的《丹经内伏硫磺法》一书。这也是世界上最早的关于轻工业火药原始配方的记载。它描述了对硫磺的伏火方法：把沙罐或销银锅埋进土里，罐口或锅口与地面齐平，周围要用土夯实，把硝、硫各二两放进去。然后用火烧皂角子，不要烧成灰，而烧成炭就行，再一个个放入罐或锅中。这时，刚刚烧过的皂角子带着余火与硝石和硫磺接触，硝和硫就会自动燃烧起来。等待焰烟冒完之后，用木炭堆到罐口上加热，就得到了一服黑火药的配方。这里，黑火药的三种主要成分都已齐备：硝、硫和炭。只因为炭没有研碎，未与硝、硫充分均匀混合，因此反应不够剧烈。加之"伏火"的目的在于防止和避免发生剧烈的燃烧和爆炸。

第三章

神秘的火

在希腊神话中,人类一开始不会使用火。是普罗米修斯摘取一根长长的茴香枝,在烈焰熊熊的太阳车经过时,他把茴香枝伸到它的火焰里,直到树枝燃烧。他持着火种回到地面上,并把偷到的火种带给了人类。

人类究竟何时开始懂得用火,至今众说纷纭,据考古表明,人类约在 3 000 年前就懂得用火,火的力量给人类留下极为深刻的印象,而火的利用给了人类的生活带来很大的变化,如火能用来照明,烤熟食物,烤暖身体,驱走猛兽,保护安全等。化学也是随着火的利用而不断发展起来。人类对火的认识,经历了漫长的历史,由神话到传说,发展至燃素说到后来的燃烧理论。

人类用火约经历了以下几步:

第一,使用天然火。火山爆发、雷电轰击、陨石落地、长期干旱、煤和树木的自燃等,都可以形成天然火。这种过程反复多次,使人们看到了火的威力和作用,逐步学会了用火,可能把火种引到洞内,经常放入木柴,形成不易熄灭的火堆供人们使用。

图 3.1　人工取火

第二,钻木取火。通过钻木摩擦生火,再引燃易燃物,取得火种,点燃火堆。

第三,用火石、火镰、火绒取火。传说原始人类打猎时用石块投掷猎物,因石块相碰冒出火星,久而久之,学会用石头互相撞击,打出火星,再引燃植物的绒毛取火。后来,这方法经多方改良,形成了火石、火镰、火绒的系统取火工具。

人类由于懂得利用火,因而逐步学会了烧制陶瓷、冶炼金属、制造玻璃等。

第一节　人类是怎样学会使用火的

在人类的演化史上,火的使用堪称是一个具有划物种意义的进步,并因此导致哺乳动物纲的灵长目中人科、人属的诞生。虽然自火的使用之后人类又继续做出了许多重大的发明和发现,但这些重大的发明和发现只能称之为具有划时代意义的进步,而不能称之为具有划物种意义的进步。那么,远古时代的猿人是怎样开始使用火的呢?

人工取火的方法

摩擦取火

锯竹取火

压击取火

击石取火

钻木取火

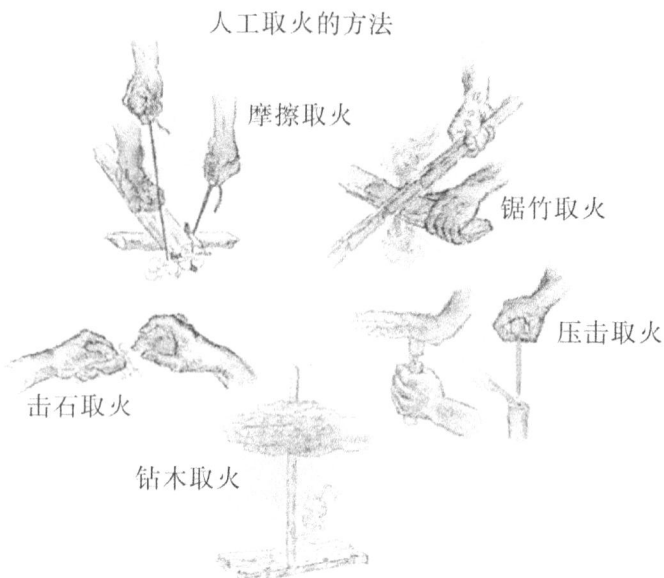

图 3.2　火的起源

众所周知,远古时代的许多猿人常常生活在洞穴中,在有植物果实的季节,它们以采摘来的植物果实作为主要食物,而在植物凋零的季节,则以狩猎获得的食物为生。由于许多猿人群体常年在洞穴中和洞穴的附近过相对固定的定居生活,在日常生活中常常需要将大量采摘来的植物和猎获的动物携带回自己的洞穴中食用,同时还会携带回大量的用于铺窝的柴草,其中一些不能食用的植物果实的碎壳、树枝、树叶,以及动物的碎骨头、皮毛和更换下来的铺窝柴草等生活垃圾,会被集中堆积在某洞穴内或者洞穴外附近的某处,经过多

年的积累,堆积在每个洞穴内或者洞穴外的生活垃圾就会形成一个个体积甚为可观的大垃圾堆,这些堆积如山的大垃圾堆,在一定的自然条件下,大量堆积在通风不良的环境中,在室温时进行缓慢氧化,氧化发生的热不易发散,使温度逐渐升高,氧化加快,最终将会引发垃圾堆内可燃物的自燃。而由垃圾堆中动物骨分解出来的磷化氢,也有可能在垃圾堆上方自动燃烧发光。

垃圾堆中可燃物的自燃导致垃圾堆中经常缓缓冒出烟来,偶尔还会有火苗出现,然后火苗又逐渐熄灭。针对身边出现的这种奇怪现象,某些猿人基于好奇心,会小心翼翼地走到燃烧着火苗的垃圾堆旁边去察看,于是,从猿到人的具有划物种意义的一步,就这样迈出了。

由于洞穴中和洞穴附近垃圾堆的反复自燃,必然导致大批猿人开始反复接触燃烧着的火。通过长期的观察和实践,猿人会逐渐发现火具有温暖身体的作用,如果向火中添加树枝、树叶,火苗就会加大,如果向火中扔进石块、沙土,火苗就会变小甚至熄灭,如果垃圾堆仅仅处于冒烟状态,扒开覆盖的杂物,就会让火苗燃烧起来。从此之后,每当寒冷季节,猿人就会有意识地走近自燃的垃圾堆,设法让垃圾堆的火处于燃烧状态,并一边向火中添加树枝、树叶,一边利用火来取暖,由此使得猿人开始了有目的的用火,人类也就诞生了。

远古时代曾经堆积在猿人居住的洞穴外的曾经自燃过的垃圾堆,由于受到各种因素的影响,现在已经很难找到。但是,如果自燃过的垃圾堆是在猿人居住的洞穴内,就有可能保留下当年可燃物自燃形成的灰烬层。例如,周口店北京猿人的洞穴中,就发现有很厚的灰烬层,其中埋有大量被火烧过的骨头。这表明当年堆积在北京猿人洞穴中的可燃物是非常多的,所以能够在北京猿人居住的洞穴中留下很厚的灰烬层。考古工作者还发现灰烬层中埋有大量的被火烧过的骨头,这有可能是垃圾堆中曾经被北京猿人掷进去了大量动物的骨头。

在北京猿人居住的洞穴中留下的灰烬层，有可能是当年垃圾堆中可燃物自燃造成的，因为在洞穴中燃烧树枝、树叶会产生大量令人窒息的烟雾。因此，北京猿人不大可能会在洞穴深处烧烤食物或点火取暖。此外，即使由于洞穴的特殊构造允许北京猿人在洞穴中烧烤食物或点火取暖，洞穴中的灰烬层也不应该很厚，因为洞穴中的空间通常非常有限，北京猿人应陆陆续续将灰烬清理出洞穴，才能确保洞穴中有限的空间能够被充分利用，除非该洞穴不是用来居住的，而仅仅是北京猿人用来保存火种和烧烤食物的"燧"洞。

图 3.3　北京猿人用火示意图

Chemistry in Life

显然，仅仅依赖生活垃圾堆的自燃是很难保证及时得到火种的。根据我国的《淮南子·本经训》等文献中记载：燧人氏"钻燧取火，教人熟食"。据此推断，一个名叫燧人氏的原始人，受到垃圾堆自燃现象的启发，发明了一种"堆木造火，钻燧（木）取火"的方法，即利用天然的洞穴，或者是利用人工建造的洞穴，在其中填满某些易于燃烧的木头和柴草，然后用石块、沙土将洞口按照一定的要求进行适当的保温封闭，经过一段时间缓慢氧化，洞穴内的木头和柴草就会缓慢自燃起来，为了纪念燧人氏的这一伟大发明，原始人将这种由人工填满易燃木头和柴草用来制造火种的洞穴称之为"燧"。自从有了"燧"，每当原始人正在使用的火种不慎熄灭需要新的火种时，原始人就会察看一下自己建造的一些"燧"是否处于自燃状态。如果某处的"燧"处于自燃状态，原始人就会"钻燧（木）取火"，也就是搬开封堵着"燧"的石块、沙土，移出外面尚未燃烧的木头和柴草，钻到洞穴内的木头和柴草堆里面寻找处于燃烧状态的木头和柴草，然后取出来作为火种使用。取火完毕后，再将移出的木头和柴草放回"燧"内，将"燧"的洞口重新按一定方法封闭起来，以便日后继续使用。

到了后来，随着燧人氏发明的"堆木造火，钻燧（木）取火"的方法被不断推广，原始人用火的火源开始有了相对可靠的保证，人类从此逐渐告别了茹毛饮血的时代，进入吃熟食的时代。

图 3.4　天然火

有学者认为，猿人是从自然界中的雷电引发的自然火得到了原始的火种，并因此最终学会了用火，这种假设不能说完全不成立。但是，基于原始森林中的百年老树比比皆是，表明自然界中由雷电引发的自然火非常罕见，据此可以推断，对某个方圆几十公里的固定区域，雷电重复引发自然火的发生几率很小很小。假如猿人仅仅依赖雷电引发的自然火得到火种，则一旦保存的火种不慎熄灭，猿人就有可能在几十年至几百年间都无法得到新的火种，如此漫长的岁月断层势必会使猿人彻底忘掉当初是怎样用火的。因此，猿人不大可能是依赖雷电引发的自然火得到火种的。而猿人洞穴内或附近的生活垃圾堆的反复自燃产生的火源，则是一个相对易于调整和控制的火源，从而可以给猿人提供一个长期学习和掌握怎样用火的场所。

第二节 火究竟是什么

人们很早就探索火的本质,欧洲的燃素说曾在 18 世纪时期占统治地位,并流传了 100 多年。

2.1 燃素说

在文艺复兴时期意大利科学家达·芬奇曾指出:物质燃烧时,若无新鲜空气补充,燃烧就不能进行,这已十分接近得出"空气助燃"的结论。

1630 年,法国医生雷伊发现,锡和铅与空气进行燃烧后,都增加了重量。

真正提出燃素说的是德国化学家贝竭尔和医生施塔尔。他们都认为,燃烧是由于燃素的作用,因为可燃物都含有燃素,燃烧时,失去燃素,得出燃烧的公式为:

$$燃烧物－燃素＝灰烬$$

但是,试验发现,大部分物质燃烧后,重量变轻,而金属则不然,它们燃烧后,重量反而增加,所以燃素说又有如下的公式:

$$金属＋火的微粒(燃素)＝灰$$

这两个公式是互相矛盾的,因此造成了燃素学说的悖论。后来一些理论家为解决这个悖论,提出了种种说法,其中一种说法是燃素有负重量,因此,金属燃烧时,负重量跑了,所以灰的重量增加了。

燃素说虽然有些牵强,但能说明当时所知道的大多数化学现象,并流行了一百年。在这段时间所累积的化学知识,使燃素说从炼金术中解放了出来。但是,燃素说把化学的映像当做原型,使真实的化学关系被颠倒了,造成了许多错误。

燃素说还使"素"和"力"的概念变得空洞无物。

物质为什么会燃烧——因为有"燃素"。

生物为什么会活着呢——因为有"生命力"。

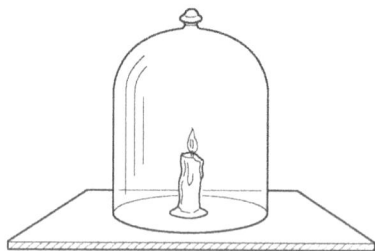

图 3.5 钟罩中点然的蜡烛

物质之间为什么会化合? ——因为有"化学亲和力"。

……

看来把问题都回答了,事实上什么也没有回答。因此,实际上还仍是把科学禁锢在神学之中,只不过用臆想出来的东西代替了神的意志。

燃素说尽管错误,但它把大量的化学事实统一在一个概念之下,解释了冶金过程中的化学反应。燃素说流行的一百多年间,化学家为了解释各种现象,做了大量的实验,积累了丰富的感性材料。特别是燃素说认为化学反应是一种物质转移到另一种物质的过程,化学反应中物质守恒,这些观点奠定了近、现代化学思维的基础。我们现在学习的置换反应,是物质间相互交换成分的过程;氧化还原反应是电子得失的过程;有机化学中的取代反应是有机物某一结构位置的原子或原子团被其他原子或原子团替换的过程。这些思想方法与燃素说非常相似。

2.2 氧气的发现

17 世纪以后，人类逐步发现了许多气体，懂得了空气的复杂成分。例如，1755 年发现了二氧化碳气体，知道了以下公式：

石灰石－固定空气(二氧化碳)＝苛性石灰

苏打－固定空气(二氧化碳)＝苛性碱

还有卡文迪许及后来的勒每里等发现了氢气；舍勒发现了氮气等。但是，给化学带来革命性变化的是氧气的发现。

氧气的发现应归功于普利斯特里和舍勒。

1733 年，普利斯特里出生在英国费尔特赫德附近的农村，收入微薄，生活清苦。小时候，被寄养在姑妈家。12 岁入学读书，1755 年以优异成绩毕业于神学院，并在萨尔菲克教堂当了神父。1767 年撰写了《电的历史》，同年被选为伦敦皇家学会会员。

1774 年，开始研究用聚光镜加热各种化学物质。同年 8 月 1 日，普利斯特里用聚光镜加热汞灰(HgO)。他把汞灰放在玻璃皿中用聚光镜加热，发现放出气体。起初他以为这气体是一般的空气，后来好奇心使他对这种气体进行认真的研究。

普利斯特里在研究后发现，蜡烛在他制得的气体中燃烧时，火焰非常明亮。后来，他又把老鼠放在这种气体中，发现一开始老鼠并无异常，但过了一会儿，老鼠变得很活跃。他自己试着吸入这种气体，觉得这种气体使他身心特别舒畅。

普利斯特里在解释他所发现的气体时，却犯了错误。因为他是燃素说的信奉者，所以认为他所获得的空气是"脱燃素的空气"。是他发现了氧气，但他却不承认是氧气。错误的燃素说，使他从歪曲的、片面的、错误的前提出发，循着一条错误的道路前进，使他在真理碰到鼻子尖的时候，却没有得到真理。他的蜡烛试验，本应轻而易举地得出氧气助燃的结论，但他却没有做到这一点，他用新的试验成果为旧理论做注释，错过了发现真理的机会。

图 3.6 普利斯特里在做实验

同时发现氧气的另一位科学家是瑞典的舍勒。舍勒早年是药店的学徒，1773 年以前他利用业余时间做了许多实验，较系统地研究过燃烧现象，1775 年撰写了《论火与空气》，但一直到 1777 年才出版。他制取氧气的方法主要有两种：一是加热某些含氧化合物，如硝酸钾、氯化汞、碳酸银等；二是用黑锰矿(MnO_2)与硫酸反应制取。

舍勒发现了氧气，但对他自己发现的解释犯了和普利斯特里同样的错误，因为他也相信燃素说。他认为是空气中火气成分与燃物中燃素结合的过程，火是火气与燃素结合的化合物。他一味地去给错误的燃素说做批注，从来也没有在自己的发现中，引出合乎实际的结论。

由于舍勒长期接触有毒物质，特别是一些重金属汞、铅以及它们的化合物，严重损害自身的健康，于 1786 年 3 月 21 与世长辞。

真正对燃烧过程进行理论研究的是法国化学家拉瓦锡，他的学说给化学带来了一次革命。

2.3 拉瓦锡的燃烧理论

拉瓦锡于 1743 年 8 月 26 日出生在法国巴黎,18 岁时以优异成绩毕业于马特兰学校。1761 年进入蓬尔索纳学院攻读法律,1763 年毕业,他虽然学法律,但他对法律不感兴趣,工作时每天在法律事务所打盹,回家以后却自己做化学实验。在 23 岁时,撰写了一篇解决城市照明问题的论文,受到科学院奖励。

1766 年,拉瓦锡放弃律师工作,专心研究化学,初期是研究石膏的性质,并撰写了两篇论文,1768 年被选为科学院助教。

1771 年,拉瓦锡经多次实验证明:物质反应前后的总重量不变,这是著名的质量守恒定律。他的主要贡献是证明了空气不是单一的简单物质,而是由多种气体组成的混合物。

拉瓦锡通过实验证明,空气主要是由维持燃烧和不能维持燃烧的两部分组成,他把可维持燃烧的部分称为"活的部分",并把它命名为"好气",后来改称为氧气。

图 3.7 拉瓦锡在做制氧气的实验

拉瓦锡对空气成分的研究与普利斯特里、舍勒不同。创新点是使用天平和在密封的容器中做实验,进行严格的定量研究。经研究,木炭、铝、汞以及其他金属,在密封的玻璃容器中燃烧以后,不论其灰烬的质量是增加或减少,但其总质量保持不变。由此,他认为:燃烧只是物质进行化学反应的现象,根本不存在"燃素",所谓"燃素"只是因为人们对燃烧现象不理解而臆造出来的东西。

在研究燃烧过程中,拉瓦锡还研究了空气中二氧化碳、氮气等其他成分,他认为:敞口的实验设备,不能隔绝空气的干扰,必须封闭起来,才能严格定量地说明问题。

拉瓦锡经过对氧化过程的详细研究,提出了氧化燃烧理论,推翻了统治人们头脑 100 多年的燃素说,给化学带来了一场革命。但是,他的理论起初得不到承认,还有人指责他剽窃盗用了普利斯特列的研究成果。1785 年,拉瓦锡的燃烧理论得到了著名科学家拉普拉斯的支持,终于得到了承认。

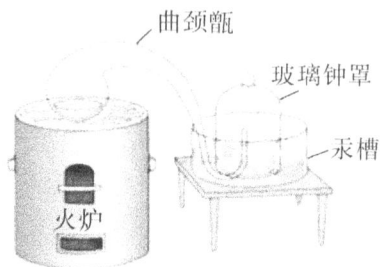
图 3.8 拉瓦锡制氧气的实验装置图

2.4 火到底是什么

我们知道火是物质在空气中燃烧产生的,但是你是否想到:火到底是什么?查它的名词解释很简单——火是物质燃烧过程中散发出光和热的现象,是能量释放的一种形式。但是,为什么气体燃烧的火焰是蓝色的,而木材燃烧是橘红色的?为什么火焰会移动和飘忽?

化学可以给我们解释燃烧的成分,但是发出的光亮都是物理现象。当可燃物完全燃烧时(像煤气、火炬或蜡烛底部的火焰),热量刺激分子通过原子能量的转换释放光亮(通常是淡蓝色),这就是所谓的量子力学。

而当可燃物不能充分燃烧时(像木材、煤炭或蜡烛顶部的火焰),这里还有一些蓝色的光,但是你看不到,因为它被燃烧产生的烟气微粒掩盖住了,而所看到的是它们发出红热的光。

为什么发热的物体会发光?这里涉及一个叫"黑体辐射"的过程,使所有物体根据其温度发出不同颜色的光。为什么你看不到你的朋友身体发光?那是因为我们人体的温度太低无法发出可见光,发出的是红外线。但是岩浆、烧红的铁块、煤烟的火焰都达到足够的温度而显出近似橙红色的光。火焰的形状是怎样形成的呢?原因在于地球的引力作用造成热空气上升。这种对流形成了我们熟悉的火焰形状。如果你在零重力环境下划燃一支火柴,火焰会形成一个球形——因为没有重力的影响,火焰会向各个方向延伸。

第三节 火柴的起源

火柴是由谁发明的呢!根据记载最早的火柴是由我国在公元 577 年发明的,当时是南北朝时期,战事四起,北齐腹背受敌进迫,物资短缺,尤其是缺少火种,烧饭都成问题,由宫女神奇地发明了火柴,不过我国古代的火柴只不过是一种引火的材料。

世界上第一根火柴是由法国化学家钱斯尔发明的,人们将它称为"盗火神"。17 世纪后期德国一位金匠在炼金的过程中偶然发现了"磷",他将磷的秘密以一千英镑价格卖给了富商克莱德。1677 年克莱德将"磷"带到英国并交给了科学家波义耳,波义耳经研究掌握了制"磷"的技术,开始了火柴的研制,1680 年制出了最原始的火柴——取火棒。1827 年,英国药剂师约翰·华尔克(John Walker)制成了世界上最早的摩擦火柴,利用树胶和水制成膏状的硫化锑和氯化钾,涂在火柴梗上并夹在砂纸上拉动便能产生火。当

图 3.9 早期的火柴

时每购买一盒火柴,免费奉送一块砂皮纸。这种白磷火柴被称为"有毒火柴",因为白磷是有毒的。白磷燃烧时放出毒烟,长期接触会引起一种称为磷毒性颌骨坏死病,得这种病的患者颌骨会烂掉,最终死亡。

氯酸钾、二氧化锰、硫等

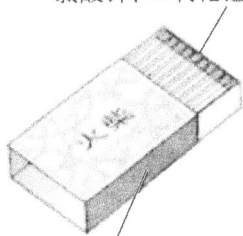

红磷和三硫化锑等

图 3.10 火柴

1830 年,法国索里埃发明用黄磷作火柴头,制成更好的火柴。这种火柴称为摩擦火柴。摩擦火柴非常可靠,而且方便储存。不过有一个最大的缺点就是容易致命。所以,黄磷在上世纪末已禁用于制造火柴,由三硫化四磷取代。

在 1848 年经过瑞典人帕斯的改进,发明了"安全火柴"。以磷和硫化合物为发火物,使用时必须在涂上红磷的匣子上摩擦才能生火,安全程度提高了许多。

安全火柴必须擦在火柴盒上才会燃烧起来,即使是以锤子敲打火柴头,也不会着火。而最早的火柴是"一擦即着",与

任何粗糙表面摩擦都能生火，哪怕是老鼠啮着火柴头，也会燃烧起来；用锤子敲，还会爆炸。

安全火柴的着火原理，是火柴头上的化学物质与火柴盒上的一种化学物质产生反应。擦火柴所产生的热力，会触发这种化学反应。若火柴头与摩擦表面没有接触，火柴就不会燃烧。

19世纪50年代中期，瑞典制造商伦德斯特罗姆将磷与其他易燃成分分开，创制出安全火柴。他把无毒的赤磷涂在火柴盒的摩擦面上，其他成分则藏于火柴盒中。

图3.11　点燃的火柴

现在，火柴都是用自动化机器制造。每小时生产量达到200万根，并把火柴装进盒子备用。标准火柴的制作是先把原木切成小木条，每根厚约2.5 cm，再把小木条切成火柴梗，浸于碳酸铵溶液中，这是为了确保火柴梗不会闷烧。

火柴梗由机器插入一条不停移动有孔长钢带，末端浸在热石蜡中；石蜡渗入木材的纤维，可助火焰由火柴头外层烧至火柴梗顶端。然后，火柴浸在制造火柴头的混合物中。安全火柴的火柴头含有硫磺和氯酸钾，硫磺的作用是产生火焰，氯酸钾则用于供应氧气。

火柴头干后，火柴梗自动落掉到输送带上的火柴盒内的匣里。

火柴盒的外匣在另一行平行的输送带上。两条输送带每隔数秒就停下来，内匣被推进外匣里。匣子两旁加上涂有赤磷的划纸，制成擦面。若是一擦即着的火柴，摩擦面则由玻璃砂纸或含砂树脂制成。

火柴在晚清时期传入中国，称为"洋火"，曾经是许多人的日常消耗品。随着改革开放，如今除了在一些农村地区还在沿用火柴这一取火工具外，我们只能在宾馆饭店看到其身影。火柴划过的时光，在几秒钟的灿烂辉煌中成就了安徒生的经典童话，同时也成就了众多人难以割舍的回忆。当火柴燃烧到了尽头，我们就只能放手。

一直到现在，欧洲，火柴还是他们的消耗品。即使在五星级宾馆、顶级餐厅、酒吧里处处能见到广告火柴和艺术火柴。对他们来说，带上一盒酷酷的艺术火柴比ZIPPO还吸引人的眼球！

别小看火柴，当年基辛格第一次访华时，送给我们国家领导人的就是很简单的一套白宫火柴；西哈努克来中国时，送给我们国家领导人的也是火柴。

第四节　神奇的母子火焰

很多家庭都备有蜡烛，以防停电时使用。但是，更多时候蜡烛被用在特殊场合，人们还会赋予蜡烛神秘的色彩。如你到蛋糕店里为爸爸妈妈预订生日蛋糕，蛋糕店会送你五颜六色的生日蜡烛。生日宴会上，先许个愿，再一口气吹灭蜡烛，据说能够让你梦想成真。

这个传说来自于古希腊。月亮女神生日时，古希腊人在祭坛上供奉蜂蜜蛋糕，并插上点燃的蜡烛，比喻月亮撒向人间的轻柔光芒。这个传统后来被用在希腊孩子们的庆生会上，后来逐渐在许多国家流行，沿用至今。

关于蜡烛还有一个神奇的故事。

在化学史上,法拉第是一个非常有名的化学家。但是,他非常乐于和孩子们交朋友。在科研之余,法拉第常给广大中小学生开设各种科普讲座。法拉第有一个习惯,在讲座开始前,会给广大听众先变几个小魔术,所以中小学生也非常喜欢听他的讲座。

有一次,在讲座开始前,只见法拉第先点燃一支蜡烛,然后用夹子夹住一根中间空心的细玻璃管,一头向下插入蜡烛火焰中心,再用点燃的火柴慢慢靠近细玻璃管的另一头。只见另一头玻璃管口产生了火焰……由于玻璃管口产生的火焰比下面蜡烛火焰小,后人把这种现象称为母子火焰。

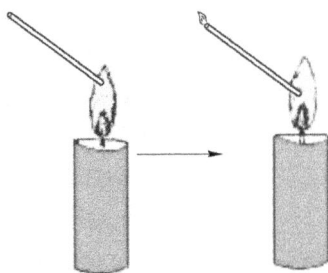

图 3.12 母子火焰

探究母子火焰产生的原因:

神奇的母子火焰让大家感到非常惊奇,为了弄清子火焰产生的原理,同学们进行了热烈的讨论,并提出了下列观点:

小张同学:我认为法拉第做的母子火焰实验是一种魔术,没有科学依据。

汪华同学:我认为子火焰是由于氧气不足而使蜡烛不完全燃烧产生的一氧化碳气体燃烧而形成的。

李平同学:我认为子火焰是由于蜡烛燃烧产生热量而形成的热空气燃烧产生的。

小徐同学:我认为子火焰是由蜡烛火焰中的蜡烛蒸气燃烧而产生的。

你的观点是 _____ 。

请设计相关实验证明你的观点。

第五节 怎样为所欲为地使用火

5.1 探究可燃物燃烧的条件

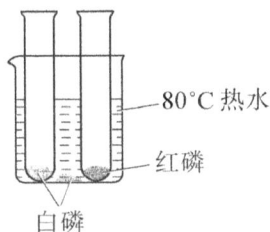

为了探究燃烧的条件,小军同学查阅资料后知:白磷的着火点为 40℃,红磷的着火点为 240℃,五氧化二磷会刺激人的呼吸道。他设计了如图所示的实验装置。将分别盛有少量白磷和少量红磷的两支试管放入盛有 80℃热水的烧杯中,另将少量白磷直接投入烧杯的热水中。

图 3.13 燃烧的条件

实验现象:

① 试管中的白磷燃烧,产生大量的白烟;

② 试管中的红磷不燃烧;

③ 烧杯中的白磷不燃烧。

分析实验现象,得出结论。

由现象①②得到的燃烧条件是:温度达到着火点;由现象①③得到的燃烧条件是:要与空气(或氧气)接触。

反思:

(1) 通过此实验无法说明燃烧还需要具备的条件是什么。

可燃物

(2) 请你根据小军同学查阅的资料和实验现象,指出他设计的装置有何不足之处。

生成的五氧化二磷扩散到空气中,污染空气。

综上所述,物质燃烧必须具备以下三个基本条件:

(1) 可燃物:不论固体、液体和气体,凡能与空气中氧气或其他氧化剂起剧烈反应的物质,一般都是可燃物质,如木材,纸张,汽油,酒精,煤气等。

(2) 助燃物:凡能帮助和支持燃烧的物质叫做助燃物。一般指氧气和氧化剂,主要是指空气中的氧气。氧气在空气中约占 21％。可燃物没有氧气参加是不会燃烧的,如燃烧 1 kg 石油就需要 10～12 m³ 空气。燃烧 1 kg 木材就需要 4～5 m³ 空气。当空气供应不足时,燃烧会逐渐减弱,直至熄灭。当空气中含氧气量低于 14％时,就不会发生燃烧。

(3) 着火点:能使可燃物着火燃烧所需的最低温度称为该可燃物的着火点。凡能引起可燃物燃烧的能源都叫火源,如明火,摩擦,冲击,电火花等。

具备以上三个条件,物质才能燃烧。例如,生火炉时,只有具备了木材(可燃物)、空气(助燃物)、火柴(火源)三个条件,才能使火炉点燃。

5.2 第一个飞人之死

在 18 世纪 80 年代初,热气球刚在欧洲出现,人们对这种飞行器还不十分了解,但是人们已经用热气球成功地把鸡、鸭、羊送上天空,但还没有人乘热气球离开地面。1789 年法国国王批准了科学家第一次用热气球送人上天的计划,并决定用两个判死刑的囚犯作为试乘热气球的人员。

这件事被一个名叫罗齐埃的青年人知道了,他想能成为第一个飞上天的人是一种极大的荣誉,这种荣誉不能给囚犯啊。所以,他自愿参加第一次试飞活动,并找了另外一个青年人,一起向国王表示了他们的决心,国王批准了他们的请求,于是在 1783 年 11 月 21 日,他俩乘坐热气球,成功地进行了世界上第一次用热气球载人的飞行活动。那次共飞行了 23 分钟,行程 8.85 公里,罗齐埃由此成了当时的新闻人物。

第二年,罗齐埃计划乘热气球飞越英吉利海峡。当时已经发明了氢气球,但使他拿不定主意的是乘热气球还是乘氢气球呢? 最后,罗齐埃决定两种气球都用,即把氢气球和热气球组合在一起,飞越英吉利海峡。

于是,他们将两只气球组合在一起,升空了,但是,升空不久,就发生了悲剧,两只气球碰在一起,发生了爆炸,罗齐埃和另一位青年失去了年轻的生命。

你认为是什么原因导致悲剧的发生呢?

原来热气球的工作原理是在气球下面挂一个火盆,目的是通过火盆燃烧产生的热量不断给气球气囊中的空气加热,是气球里充满热空气,由于热胀冷缩,热空气的密度小于冷空气的密度,因而产生的浮力大于气球和所载人与物的总重力而使热气球升入空中。由于氢气的密度远远小于空气的密度,因而产生的浮力大于气球和所载人与物的总重力而使氢气球升入空中。但是,在氢气球中充入的氢气是一种易燃、易爆的气体,罗齐埃没有想到这一点,而使热气球中的炭火点燃了氢气球中的氢气,引发了爆炸事故。

罗齐埃是一个敢于冒险的青年,可惜他只有勇敢精神,缺乏科学的头脑,导致了一场球毁人亡悲剧的发生。所以,学好化学知识是多么重要啊!

5.3　喷火的老牛

在荷兰的一个小山村里,曾经发生过这样一件怪事。一个兽医给一头老牛治病,这头牛一会儿抬头,一会儿低下头,蹄子不断地打着地,好像热锅上的蚂蚁坐卧不安。近日来,它吃不下饲料。肚子却溜圆。手指一敲"咚咚"直响。兽医诊断认为:这牛肠胃胀气。他为了检查牛胃里的气体是否通过嘴排出来。便用探针插进牛的咽喉,当他在牛的嘴巴前打着打火机准备观察时,他万万没有想到牛胃里产生的气体熊熊地燃烧了起来,从牛嘴里喷出长长的火舌。

兽医看罢大吃一惊,急忙后退几步;牛见火也受惊了。挣断了缰绳,在牛棚里东蹿西跳,燃着了牧草,引起一场大火。虽然,兽医等人全力抢救,但也无济于事。致使整个牛棚和牧草化为一片灰烬。

这头牛为什么会喷火呢?

经有关人员的研究分析得出结论:牛喷出的气体是甲烷。

在沼泽的底部往往有气泡逸出,那就是甲烷,因此又名沼气。它是一种无色、无气味的气体,化学性质比较稳定,它可以燃烧并产生大量的热。因此,它是一种燃料。把有机废物像人、畜的粪便,麦秆、茎叶、杂草、树叶等特别是含纤维素的物质作为原料,在沼气池内发酵。由于微生物的作用,就产生了甲烷。

明白甲烷产生的条件,我们很容易弄清那头牛为什么会喷火了。牛吃的饲料是牧草,其主要成分为纤维素。由于牛患病,消化功能衰弱,在胃里进行异常发酵,产生了大量的甲烷引起了肠胃胀气。当兽医插入探针后,就像一根导管一样,把气体引了出来。甲烷易燃,所以遇火即燃,引起了这场大火。

5.4　火造纸币

火也能造出纸币来,你一定会感到这是奇闻。可是,事实上确实存在此事。有一位魔术师在百货商店买东西,他在交钱时,从钱包里取出一张白纸,这张白纸的大小和十元人民币的票面一样大小,随后将这张白纸送到服务员眼前,说:"服务员同志,我就用这个交款吧。"服务员看见他拿的这张白纸,不解其意他说:"你有没有搞错……"还没等服务员说完,只见魔术师将白纸往烟头上一触,说时迟那时快,只见火光一闪,眼前出现了一张十元钱的人民币。服务员被弄得目瞪口呆,神情愕然,引起了在场的观众哄堂大笑。然后,他向服务员说明了真相。同学们,你知道这位魔术师表演的"火造纸币"奥秘在哪里吗?

原来,他的这张白纸是在人民币上贴了一层火药棉制成的。火药棉在化学上叫做硝化纤维,是用普通的脱脂棉放在按照一定比例配制的浓硫酸和浓硝酸混合液中发生了硝化反应,反应后生成硝化纤维,即成了火药棉,然后把火药棉溶解在乙醚和乙醇的混合液中,便成了火棉胶,把火棉胶涂在十元的人民币票面上,于是一张"白纸币"制成了。这种火药棉有

图 3.14　灭火图

个特殊的脾气,就是它的燃点很低,极易燃烧,一碰到火星便瞬间消失,它燃烧快得惊人,甚至燃烧时产生的热量还没有来得及传出去就已经全部烧光了。所以,十元钱的纸币还没有受到热量的袭击时,外层的火药棉就已经燃完了,因此,纸币十分安全。"火造纸币"是有趣的,不过,这里要郑重说明:千万不要随便玩,弄不好,不但火药棉制不出来,还容易发生危险。要玩"火造纸币"就更不容易了,如果掌握不好药品的数量,那么十块钱就要和火药棉同归于尽了。

5.5 魔火与化学

673 年,阿拉伯舰队入侵君士坦丁堡,而希腊人只有为数不多的几只战船,双方的实力相差太悬殊了,在那种险境里,有谁会料到,挽救希腊人的,不是友军的军团或舰队,而是自己的化学兵团,是一种出奇制胜的奇怪的火!

不知是哪位喜欢研究炼金术的希腊建筑师,无意中发现了一种能在水面上着火的燃烧剂。正是这种燃烧剂,把阿拉伯舰队周围的水面变成一片火海,烧得敌人毫无还手之力。

侥幸逃命的阿拉伯士兵说,希腊人叫"闪电"燃烧舰船,有说希腊人掌握了"魔火",连海都着火了。

图 3.15　魔火

从这以后,希腊舰队凭借着"魔火"在海上称霸了几个世纪,他们总打胜仗,神气极了,欧洲人把这种燃烧剂叫做"希腊火"。

多少年过去了,这种"希腊火"的秘密才被化学家揭开,原来它不过是由普通的两种物质——石灰和石油组成。君不见建筑工地上能煮熟鸡蛋的石灰池吗?使用这种燃烧剂时,生石灰遇水放出热量,足以将石油蒸气点燃,燃烧剂就在水面上发火延烧开来。

当希腊人利用他们的"魔火"在地中海耀武扬威的时候,我们中国人早已在其 100 多年前发明了由硝石、硫磺和木炭组成的燃烧剂,利用它来做焰火、黑火药和火箭。

如今,黑火药早已经不用于现代战争了。可是你是否知道,棉花,它细长柔软的纤维,也蕴藏着一种极其危险的性质,在化学实验室里,用浓硝酸和浓硫酸的混合溶液处理棉花后,只要用热玻璃棒一接触,它就会马上一烧而光,鼎鼎大名的无烟火焰就是用它制成的。工业上把含氮量高的硝酸纤维叫做火棉,用压紧的火棉填充的炮弹,爆炸时生成的气体体积会增大 12 000 倍。

5.6 铜丝灭火

人呼出的二氧化碳气体可以灭火,黄沙可以灭火,水也可以灭火。你知道吗?铜丝也能灭火!不信,请你试一试。用粗铜丝或多股铜丝绕成一个内径比蜡烛直径稍小一点的线圈,圈与圈之间需有一定的空隙。点燃蜡烛,把铜丝制成的线圈从火焰上面罩下去,正好把蜡烛的火焰罩在铜丝里面,这是空气并没有被隔绝,可是铜丝的火焰却熄灭了,这是什么原因呢?原来铜不但具有很好的导电性,而且传递热量的本

铜丝

蜡烛

图 3.16　铜丝灭火

Chemistry in Life

领也很好。当铜丝罩在燃着的蜡烛火焰上时,火焰的热量大部分被铜丝带走,结果使蜡烛的温度大大降低,当温度低于蜡烛的着火点时,蜡烛当然就不会燃烧了。

5.7　火药的发明

　　火药源于中国,大约在唐代,我国已发明火药(黑色),这是世界上最早的火药。宋朝时,黑火药已经用于战争,但它的缺点是必须用明火点燃,且爆炸威力也不大。

　　1831年,英国人比克福德发明了安全导火索,使火药的应用条件得到了极大改善。黄色火药威力较大,它是由瑞典化学家、工程师和实业家诺贝尔发明的。1846年,意大利人索布雷罗合成硝化甘油,制成了液体炸药。这种液体炸药,爆炸力强,但使用时极不安全。1859年,诺贝尔父子俩又对硝化甘油进行研究,最后用"温热法"对硝化甘油进行了较为妥善的处置。1862年,他们建起了一座加工厂,专门生产经过处理的硝化甘油。但投产不久工厂就发生了爆炸,诺贝尔的父亲被炸成重伤,弟弟被炸死。为此,政府禁止重建工厂。为了寻找减少搬动硝化甘油时发生危险的方法,诺贝尔把试验室搬到了一只驳船上,在船上进行试验。1865年,他发明了雷汞雷管,与比克福德发明的安全导火索并用,成了硝化甘油的高级引爆手段。在试验过程中,他发现硝化甘油被干燥的硅藻土所吸附以后的混合物运输时很安全,而后又经过反复研究,不断改进,终于研制成运输安全,性能可靠的黄色硅藻土。随后又开发成功一种威力更大的同类型爆炸胶。10年后,他又研制出第一批硝化甘油无烟火药弹道。

　　此后,各个国家的科学家研制出了一代代更高级的火药,用途越来越广,爆炸力越来越大,安全度和可靠性越来越高,用量越来越少。时至今日,除了军事以外,其他各个领域都得到了广泛的应用。

5.8　烧不坏的手帕

　　用品:手帕、100 mL 烧杯、酒精灯、竹夹子、酒精。

　　原理:酒精遇火燃烧,放出热量,使酒精和水大量挥发,带走部分热量。左右摇晃手帕时可散去大量热。这样火焰的温度被降低,不能达到手帕的着火点。

　　操作:在烧杯中倒入 20 mL 酒精和 10 mL 水,充分摇匀,将手帕放入溶液中浸透。用竹夹子夹出手帕,轻轻地把酒精挤掉,然后放在燃着的酒精灯上点燃。手帕着火后,火焰很大。这时要左右摇晃手帕,直到熄灭。火熄灭后,手帕完好无损。

图 3.17　烧不坏的手帕

5.9　哪支蜡烛先熄灭

　　小王同学设计了如图3.18所示的两个装置,请你判断在这两个装置中哪支蜡烛先熄灭?并说出你判断的依据。

　　小李同学在晴朗的中午,用一块放大镜在太阳光下点燃一堆可燃物,简述其起火的原因。

图1实验装置　　图2实验装置

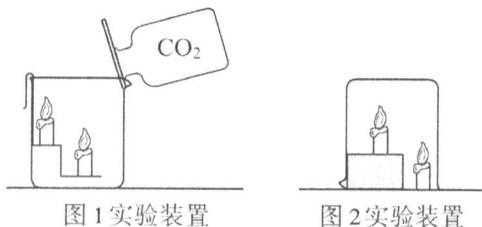

图3.18　哪支蜡烛先熄灭

图3.19　点火实验

5.10　水一定能灭火吗

水能灭火是大家熟知的生活常识,所以人们常用水扑灭火灾。但是,有一天早上小王同学路过小区附近的大饼店,无意中看到师傅茶杯中的水洒落在通红的煤炭上,这时煤炭不但没有被水扑灭,反而会"呼"的一声,蹿起老高的火苗,这是怎么回事呢?

如果把大量的水浇在燃烧的煤炭上,情形就不一样了。因为大量的水受热气化时,会夺走煤炭燃烧时产生的热量,使煤炭的温度骤然下降。同时,形成的水蒸气又像一条毯子覆盖在燃烧的煤炭上方,隔绝了煤炭与空气的接触,燃烧的煤炭因得不到维持燃烧所需要的氧气,所以火也就很快熄灭了。

但是,当少量的水遇到赤热的煤炭时,会发生化学反应生成一氧化碳和氢气(工业上把少量水与灼热的煤炭反应生成的气体混合物称为水煤气)。生成的一氧化碳和氢气都是可燃性气体,它们被炉火点燃,顿时燃烧起来,所以看到炉火燃烧得更旺。

难怪烧锅炉的工人师傅总是喜欢往炉膛里加一些湿煤,使炉火烧得更旺。

通过上述分析使我们学到了许多有关燃烧与灭火的知识。考考你:如果在生活中遇到下列问题你该如何处理:

(1) 春节小王同学的伯伯从乡下带来了一条大鲤鱼,妈妈正在水龙头上洗鱼,小王想帮妈妈做点事,所以起了油锅,但油锅起火了。你认为应该怎样灭火?

(2) 二氧化碳灭火器是较常用的灭火器材,请简要说明二氧化碳能灭火的原因。

5.11　用水烧纸

在少年宫举行的科技表演会上,小王同学表演的化学魔术,引起了全场小观众的轰动。只见他手中拿着一张白纸,并特意对着观众晃了两下,以表示这是一张普通白纸,然后,他将这张白纸一层一层地折叠起来,对着观众说:"我能用水将这张白纸点燃……"他的话音未落,台下有位勇敢的小朋友说:"不可能,水能灭火,怎能用水点燃纸呢?""我说也不可能,水不能燃烧,更不能燃纸。""就是嘛,水火是不相容的,历来是对立的!"同学们七嘴八舌地议论着。这时又有一位同学问道:"你用的水不是一般的水,可能是别的东西吧!"他边说边取出自己的喝水杯,装上一杯水,然后走到台上要求表演者用他的这杯水。这位表演者接受了他的要求,将手中的那张白纸往这杯水中轻轻一点,这张白纸果然熊熊地燃烧起来。"啊! 水真的能点燃纸!"小观众们议论纷纷,你知道用水能点燃纸的原因吗?

实际上并不神秘,这仅是一种非常普通的化学反应所产生的现象。原来,表演者手中拿的那张白纸上事先已粘上一小块金属钠,因为金属钠是白色固体,所以台下观众不易看见,他将白纸折叠几次的目的是将这块金属钠包在中间以防止在空气中被氧化。金属钠有一种非常活泼的化学性质,遇水后能发生激烈的化学反应,生成氢氧化钠和氢气。同时,这个反应放出大量的热,使纸的温度迅速升高,达到纸的着火点。这个反应还同时放出氢气,氢气燃烧后,纸也跟着燃烧。不但金属钠有这种性质,金属钾等也都有这种化学性质。

5.12　化学灭火

家里煮饭、取暖,工厂里烧锅炉,都少不了火。人离了火是不行的。但是,如果用火时不小心,就会造成火灾。因此,我们必须注意防火,在发生火灾时,要会使用灭火器,及时把火扑灭。

新建住宅的门框边,往往挂着一个密封的玻璃球,那是四氯化碳灭火弹。

学校、商店、工厂里,在显眼地方的墙上都挂着刷红漆的钢筒,那是泡沫灭火器。油漆店、汽油站、化学实验室的灭火器常常连着一个喇叭口的圆筒。发生火灾时,在报告消防队的同时,要迅速从墙上摘下灭火器,赶到现场。只要把灭火器倒立过来,马上就会有一股强大的气流从喷嘴里喷射出来,对准火焰喷射,熊熊烈火就可以很快扑灭了。这股强大的气流是二氧化碳气体。它既不能燃烧,又不帮助燃烧,密度还比空气的密度大得多。二氧化碳盖在燃烧物质的表面,就像盖了一层棉被,使燃烧物质和空气隔绝。燃烧得不到氧气,无法再继续下去。于是,火被扑灭了。

灭火器里这么多二氧化碳气体是从什么物质变化来的呢?

原来,钢筒里储藏着两种化学物质:碳酸氢钠和硫酸。平时,这两种物质用玻璃瓶隔开分住两处,各不相扰。当灭火器头倒过来时,它俩混到一块儿,发生化学反应,产生大量二氧化碳气体。把硫酸换成硫酸铝,再配上点发泡剂,就成为泡沫式灭火器。它也同样产生二氧化碳气流,同时带有大量泡沫,可以飘浮在油面上帮助灭火。

喇叭口的灭火器中直接装二氧化碳,那是用强大的压强把二氧化碳压进钢瓶,使它变成液体。二氧化碳气体变成液体以后,体积缩小很多。这样,一个不大的钢瓶内的液体二氧化碳,再变成气体时,就可以充满好几个房间。像液化石油气罐一样,灭火器平时紧闭阀门。救火时一拧开阀门,强大的二氧化碳气流就通过连接着的喇叭口向火焰喷去。这带喇叭的圆筒,就是二氧化碳灭火器。

前面说过的灭火弹里装的是四氯化碳。四氯化碳灭火的道理与二氧化碳相似。平时四氯化碳是液体,在火焰附近遇热,很容易变成气体。它比同体积的空气重得多,也能紧紧地包围住火焰,隔断氧气的来路。四氯化碳灭火效果很好,由于它不导电,尤其适用于电线、电器着火时的扑救。居民住宅备上它后,用它灭火,不仅见效快,还不污损室内陈设。

第四章

神乎其神的空气

17 世纪中叶以前，人们对空气和气体的认识还是模糊的，到了 18 世纪，通过对燃烧现象和呼吸作用的深入研究，人们才开始认识到气体的多样性和空气成分的复杂性。

第一节　空气成分的发现史

18 世纪初，一位爱好植物学的英国牧师黑尔斯（S. Hales，1677—1761）发明了集气槽，改进了排水集气法。黑尔斯在 1770 年出版的专著中，绘制了他设计的排水取气装置（如图 4.1 所示）。图中圆弧部分是一个弯曲的枪筒，一端放置药剂，放在火上加热，另一端伸入倒置的悬挂着的烧瓶口内。烧瓶内装满水，浸放在盛水的桶中。药剂受热后放出的气体，进入烧瓶，将水排出，桶中水面上升。

图 4.1　排水取气装置

1.1　二氧化碳的发现

1772 年，卢瑟福（D. Rutherford，英，1749—1819）在密闭容器中燃烧磷，除去寻常空气中可助燃和可供动物呼吸的气体，对剩下的气体进行了研究，发现这种气体不被碱液吸收，不能维持生命和具有可以灭火的性质，因此他把这种气体叫做"浊气"或"毒气"。同年英国化学家普利斯特里也了解到木炭在密闭于水上的空气中燃烧时，能使 1/5 的空气变为碳酸气，用石灰水吸收后，剩下的气体，不助燃也不能供给呼吸。

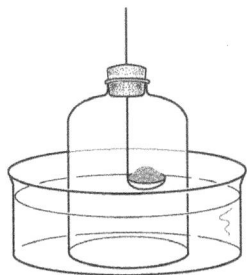

图 4.2　卢瑟福做过的在密闭容器中点燃白磷的实验

1.2　氧气的发现

氧气的发现经历过一段曲折的历史。18 世纪初，德国化学家施塔尔（Stahl G E，1660—1734）等人提出"燃素理论"，认为一切可以燃烧的物质由灰和燃素组成，物质燃烧后剩下来的是灰，而燃素本身变成了光和热，散逸到环境中。这样一来，燃烧后物质的质量应当减轻，但人们发现，炼铁时燃烧过的铁块的质量不是减轻，而是增加了，锡、汞等燃烧后，也都比原先重。为什么燃素跑掉后，物质反而会增加呢？随着欧洲工业革命的发展，金属的冶炼和煅烧在生产实践中给化学提出了许多新问题，冲

图 4.3　燃素理论

击着燃素理论。

在 1771～1772 年期间,瑞典化学家舍勒在加热红色的氧化汞、黑色的氧化锰、硝石等时制得了氧气,把燃着的蜡烛放在这个气体中,蜡烛燃烧得更加明亮,他把这个气体称为"火空气"。他还将磷、硫化钾等放置在密闭的玻璃罩内的水面上燃烧,经过一段时间后,钟罩内的水面上升了 1/5 高度,接着舍勒把一支点燃的蜡烛放进剩余的"用过了的"空气里去,不一会儿,蜡烛熄灭了。他把不能支持蜡烛燃烧的空气称为"无效的空气"。他认为空气是由这两种彼此不同的成分组成的。

图 4.4　舍勒选集

1774 年 8 月,英国科学家普利斯特里用一个直径很大的聚光透镜加热密闭在玻璃罩内的氧化汞时得到了氧气,他发现物质在这种气体里燃烧比在空气中更强烈,他称这种气体为"脱去燃素的空气"。

舍勒和普利斯特里虽然先后独立地发现了氧气,但由于他们墨守陈旧的燃素学说,使他们不知道自己找到了什么。

1774 年,法国著名的化学家拉瓦锡(Lavoisier A L,1743—1794)正在研究磷、硫以及一些金属燃烧后质量会增加而空气减少的问题,大量的实验事实使他对燃素理论发生了极大怀疑,正在这时,10 月份普利斯特里来到巴黎,把他的实验情况告诉了拉瓦锡,拉瓦锡立刻意识到他的英国同事所做实验的重要性。他马上重复了普利斯特里的实验,果真得到了一种支持燃烧的气体,他确定这种气体是一种新的物质。1775 年 4 月拉瓦锡向法国巴黎科学院提出报告"金属在煅烧时与之相化合并增加其重量的物质的性质"公布了氧气的发现,他说这种气体几乎是同时被普利斯特里、舍勒和他自己发现的。

普利斯特里和舍勒已经找出了氧气,但不知道他们找到的是什么。他们不免为现有燃素理论所束缚。这种本来可以推翻全部燃素观点并使化学发生革命的物质,没有在他们手中结下果实。不过普利斯特里不久就把他的发现告诉了巴黎的拉瓦锡;拉瓦锡依据这个新的事实研究了整个燃素化学,方才发现这种新的气体是一种新的物质。燃烧的时候,并不是什么神秘的燃素从燃烧体分离,而是由这种新物质和其他物体化合。因此,在燃素使形式上倒立着的整个化学正立起来。照拉瓦锡后来主张,他和其他两位学者是同时并且相互独立地发现氧气。虽然事实不是如此,但同其他两位比较起来,他仍不失为氧气的真正发现者,因为其他两位不过找出了氧气,但一点儿也不知道他们自己找出了什么。

图 4.5　拉瓦锡夫妇在
做化学实验

正是拉瓦锡的实验和结论,使当时的化学研究者正确地认识了空气的组成成分和氧气对物质燃烧所起的作用,才击破了燃素学说,发现了氧气。拉瓦锡一生虽然没有发明过什么新化合物和新化学反应,但他是历史上最杰出的化学家之一,他杰出的天才表现在他能看到旧理论的不足,并能把事实和更正确、更全面的新理论结合起来。

1777 年,拉瓦锡把此种气体命名为 Oxygen(氧),是由希腊文 oxus-(酸)和 geinomai

(源)组合而成,即"成酸的元素"的意思。它的化学符号为 O。我国清末学者徐寿把这种气体称为"羊气",后来为了统一,取了其中的"羊"字,因是气体,又加了部首"气",成为今天我们使用的"氧"。

1998 年 6 月 19 日,《中国科学报》刊载了由顾关元撰写的"漫话氧的发现"一文。文章指出:"在我国,对于氧的提炼和研究,早在唐朝就开始了。"作者进一步指出:"鉴于我国南北朝的时候,炼丹术已经很流行,当时的人就知道用火硝加热等方法,所以我国对氧气的最早发现时间可能更早,大约在 6 世纪。"

1.3 氮气的发现

法国化学家拉瓦锡(A. L. Lavoisier,1743—1794)较早地运用天平作为研究化学的工具,在实验过程中重视化学反应中物质质量的变化。当他知道了普利斯特里从氧化汞中制取氧气(当时称之为脱燃素空气)的方法后,就做了一个著名的研究空气成分的实验。他摆脱了传统的错误理论(燃素说)的束缚,尊重事实,对实验作了科学的分析和判断,揭示了燃烧是物质跟空气里的氧气发生了反应,指出物质里根本不存在一种所谓燃素

图 4.6 普利斯特里制取了氧气

的特殊物质。1777 年,拉瓦锡在接受其他化学家见解的基础上,认识到空气是由两种气体组成的混合物,一种是能助燃,有助于呼吸的气体,并把它命名为"氧",意思是"成酸的元素"(拉瓦锡当时认为,非金属燃烧后通常变为酸,氧是酸的本质,一切酸中都含有氧元素);另一种不助燃、无助于生命的气体,命名为氮,意思是"不能维持生命"。

1.4 稀有气体的发现

1785 年英国化学家卡文迪许(H. Cavendish 1731—1810)用电火花使空气中氮气跟氧气化合,并继续加入氧气,使氮气变成氮的氧化物,然后用碱液吸收而除去,剩余的氧气用红热的铜除去。但最后剩余 1% 的气体不跟氧气化合,当时就认为可能是一种新的气体,但这种见解却没有受到化学家的重视。

经过百余年后,英国物理学家雷利(J. W. S. Rayteigh,1842—1919)于 1892 年发现从含氮的化合物中制得的氮气每升重 1.250 5 g,而从空气中分离出来的氮气在相同情况下每升重 1.257 2 g,虽然两者之差只有几毫克,但已超出了实验误差范围。所以他怀疑空气中的氮气中一定含有尚未被发现的较重的气体。雷利沿用卡文迪许的放电方法从空气中除去氧和氮;英国化学家拉姆塞(W. Ramsay,1852—1916)把已经除掉 CO_2、H_2O 和 O_2 的空气通过灼热的镁以吸收其中的氮气,他们两人的实验都得到一些残余的气体,经过多方面试验断定它是一种极不活泼的新元素,定名为氩,原意是不活动的意思。

1868 年 8 月 18 日,在印度发生了日全食,法国天文学家严森

图 4.7 卡文迪许像

(P. J. C. Janssen,1824—1907)从分光镜中发现太阳光谱中有一条跟钠 D 线不在同一位置上的黄线,这条光谱线是当时尚未知道的新元素所产生的。当时预定了这种元素的存在,并定名为氦(氦是拉丁文的译音,原意是"太阳")。地球上的氦是 1895 年从铀酸盐的矿物和其他铀矿中被发现的。后来,人们在大气里、水里,以至陨石和宇宙射线里也发现了氦。

1898 年,拉姆塞又在液态空气蒸发后的残余物里,先后发现了氪(拉丁文原意是"隐藏的")、氖(拉丁文原意是"新的")和氙(拉丁文原意是"生疏的")。

1900 年,德国物理学教授道恩(F. E. Dorn,1848—?)在含镭的矿物中发现一种具有放射性的气体,称为氡(拉丁文原意是"射气")。

时间	内 容
17 世纪中叶	认识空气很模糊
18 世纪	通过对燃烧和呼吸的研究,认识到空气的多样性和复杂性
18 世纪初	英国牧师黑尔斯改进了水上集气装置,发明了集气槽
1772 年	英国化学家卢瑟福发现了不能被碱液吸收,不能维持生命,具有可灭火性质的气体
	英国化学家普利斯特里了解到木炭在密闭于水上的空气中燃烧时,能使 1/5 的空气变成"碳酸气",用石灰水吸收后,剩下的气体不助燃也不能供给呼吸
	瑞典化学家舍勒在卢瑟福和普利斯特里研究氮气的同时,也在从事这一方面的研究,他是第一个认为氮气是空气成分之一的人
1774 年	普利斯特里坚持"燃素说"并错误地认为,氧气不含燃素,所以有特别强的吸收燃素的能力,因此能够助燃,当时他把氧气称为"脱燃素空气",把氮气称为"被燃素饱和了的空气"
1777 年	拉瓦锡在接受其他化学家见解的基础上,认识到空气是两种气体的混合物,一种是"Oxygen",另一种是"Azote",我国化学家最早翻译为"养"和"淡",后规范为"氧"和"氮"
1785 年	英国化学家卡文迪许使用电火花使空气中的氮气和氧气反应,并加入过量的氧气使氮气完全反应,然后用铜除去多余的氧气,用碱液吸收生成的氮氧化物后,发现仍有 1% 的气体不与氧气化合,他认为空气中可能有另外一种新的气体,但这种观点没被当时的化学家重视
1868 年	法国天文学家严森发现了氦气
1892 年	英国物理学家发现了氩
1898 年	拉母塞发现了氪、氖、氙
1900 年	德国物理学家道恩发现了氡

第二节 二 氧 化 碳

二氧化碳是空气中的一种重要气体,它的含量很少,仅占空气体积分数的 0.03%,但与人类的生产、生活有着密切的关系。你知道人类认识这种气体经历了多少艰难的历程,用了多少年时间吗?说来你也许不信,大约用了 1 500 年。

2.1　二氧化碳的发现历程

二氧化碳的发现早在公元 300 年以前,我国西晋时期的张华就在他所写的《博物志》一书中就有烧白石作白灰有气体发生的记载。17 世纪,比利时科学家海尔蒙发现在一些洞穴中有一种可以使燃烧着的蜡烛熄灭的气体,并且与木炭燃烧,与麦子、葡萄发酵以及石灰石与醋酸接触后产生的气体一样。这种气体是由什么组成的,为何来源不同,性质却相同,海尔蒙特也只知其然,不知其所以然。1755 年,英国化学家布拉克又进一步定量地研究这种气体,他一次次把石灰石放到容器里煅烧,烧透后再一次次仔细称量剩下的石灰质量,发现每次都减轻了 44%;改用酸来与石灰石反应,并用一定量的石灰水来捕捉反应时生成的气体,发现石灰水能很

图 4.8　光合作用实验

好地捕捉住这些气体,而且又刚好是 44%;这气体煅烧不出来,好像固定在石灰石中一样,他把它叫做"固定空气"。布拉克用蜡烛、麻雀、小老鼠等放在"固定空气"中,发现这种气体跟一般空气不一样,它能熄灭蜡烛,还会无情地夺走麻雀、小老鼠的生命! 布拉克和其他科学家还想进一步在水面上收集一些极纯净的这种气体,但由于这种气体能溶在水里所以始终没有取得成功。10 年后,著名英国化学家卡文迪许想出了一个高招——他把这种气体通入水银槽,然后再在水银表面上收集,测量了密度和溶解性,并证明了它和动物呼出、木炭燃烧所产生的气体相同。1772 年,法国化学家拉瓦锡等人用大聚光镜把阳光聚焦在汞槽玻璃罩中的钻石上,做了著名的煅烧钻石实验,发现钻石燃烧后产生的也是这种气体;尔后,他用纯氧与纯炭进行燃烧实验,发现只生成一种气体,得出该气体是由碳、氧两种元素组成的化合物。后来,人们用更精确的实验方法并经道尔顿等许多化学家的努力,才证明它分子中碳、氧原子的个数比为 1∶2。就这样,经历 1 500 年,经过许多化学家的不懈努力,人类才认识了今天大家能脱口而出的二氧化碳气体。

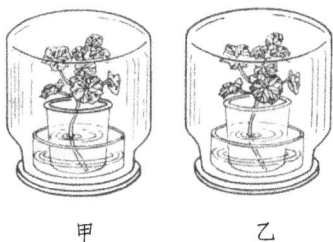

甲　　　　乙
图 4.9　光合作用演示实验

【演示实验】 光合作用吸收二氧化碳

准备甲、乙两套装置(甲装置的槽里放的是氢氧化钠溶液,乙装置的槽里放的是清水),把它们同时放在黑暗处一昼夜,然后一起移到太阳光下。几小时以后,检验甲、乙装置里的叶片是不是都有淀粉生成。

想一想,这两套装置的实验结果×

2.2　二氧化碳是怎样产生的

大气中二氧化碳的来源主要有三条途径:一是生物的呼吸作用(自然界中的有机物在生物体内或体外,在有氧或无氧条件一都能被分解产生二氧化碳);二是燃料的燃烧(如矿质燃料——煤、石油、天然气,有机物燃料——酒精、甲醇,草木燃料——柴、草等);三是雨水冲刷石灰岩(自然界中的石灰石、大

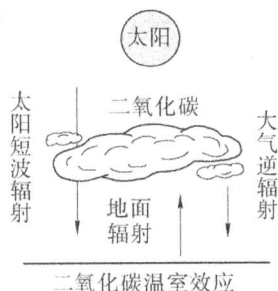

图 4.10　温室效应元素图

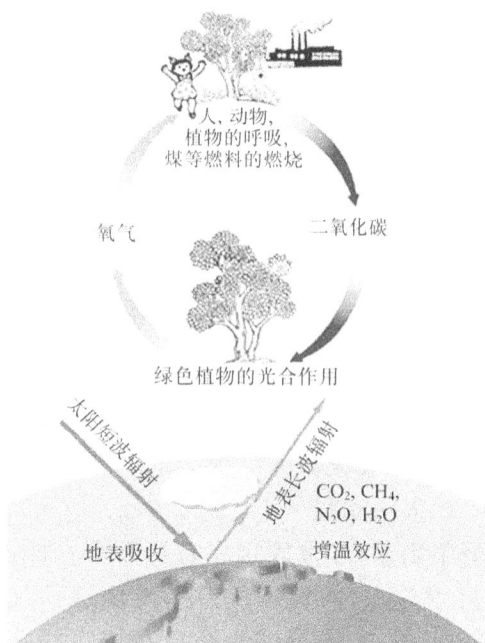

图 4.11　温室效应示意图

理石当遇到溶有二氧化碳的水时,变成可溶性的碳酸氢钙,溶有碳酸氢钙的水在受热或压强突然变小时,溶解在水里的碳酸氢钙就会分解,放出二氧化碳,同时形成了像我国云南、广西等石灰石岩溶洞里那些美丽的石笋、石柱和钟乳石);另外,石灰石煅烧制石灰的过程中也会产生不少的二氧化碳。二氧化碳的去向主要也有三条途径:一是植物的光合作用;二是溶解在水中特别是海水中;三是水中二氧化碳与可溶性钙盐反应生成碳酸钙(形成沉积岩)。另外,岩石的风化也在悄无声息地吞吃着一些二氧化碳(二氧化碳和水与石头的主要成分——碳酸钙缓慢反应后生成可溶性碳酸氢钙)。目前由于人类活动的加剧,大量排放出二氧化碳、大规模开垦森林草地、水污染使水生植物大量死亡,使大气中二氧化碳不断升高,导致温室效应。

2.3　二氧化碳与温室效应

　　温室气体目前一般认为有二氧化碳、水蒸气、甲烷、氟氯烃(氟利昂)和一氧化氮等。近百年来,由于现代工业的迅猛发展和人们生活水平的提高,煤、石油、天然气等矿质燃料的使用急剧上升,燃烧释放的二氧化碳越来越多,而吸收二氧化碳气体的森林因天灾和被人类乱砍伐而不断减少,使得大气中的二氧化碳的含量越来越高,它们就好像一层日益加厚的透明薄膜罩在地球表面。由于这层透明薄膜的作用,增强了大气对太阳光中红外线辐射的吸收,阻止地球表面的热量向外散发,使地球表面的平均气温上升,人们把这种导致全球气温变暖的作用称为温室效应。温室效应使地球表面温度上升,将导致寒带和两极的冰川大量融化,海平面上升,从而淹没地势较低的沿海城市及河流三角洲,如:上海、大连、纽约、伦敦等地都会发生这种现象。气温上升会使干旱的热带地区更加干旱,并使土地沙漠化的进程加快,自然灾害的进程加快,自然灾害也越来越频繁,甚至会导致许多物种的加速灭绝。气温上升也会使大气中二氧化碳的含量不断升高(气温升高使水温也随之升高,二氧化碳溶解度降低,水分蒸发加快,降水量增多,雨水特别是酸雨冲刷石灰石产生的二氧化碳也增加)。

2.4　二氧化碳与人体的呼吸

　　在意大利维苏里火山周围的那不勒斯城附近有一个洞,当人领着狗走进该洞时,狗很快倒下了,人却安然无恙;当人弯下腰去救狗时,人也晕过去了。

　　我国古书有记载:"深井多有毒气,五月五日以鸡毛试投井中,毛直下,无毒;若回四壁,不可入。"在一些岩洞、枯井、地窖中,人若冒然而入可能会导致生命危险。

　　知道这是为什么吗?原来是二氧化碳在作祟。二氧化碳本身无毒性,在大气中体积分数为 0.03%，在某些局部地区或拥挤场所的含量会高达 1%；当空气中二氧化碳的体积分数达到 3% 时，人体会感到呼吸急促，当体积分数达到 10% 时，人体会丧失知觉，呼吸停止而死亡。二氧化碳能调节呼吸，当人体血液中二氧化碳浓度增高时，呼吸会加快加深（如打哈欠），但当吸入气体中二氧化碳浓度超过 5% 时，呼吸中枢的兴奋性反而下降，会感到呼吸困难。当人体血液中二氧化碳浓度下降时，呼吸会减慢（如当人持续进行深呼吸时，由于血液中二氧化碳过多地被呼出，在深呼吸停止以后会出现一段较长的无呼吸）；在临床上给病人输氧时，用的不是纯氧。

图 4.12　二氧化碳浓度过高
使人神志不清

　　二氧化碳对人体的危害最主要的是刺激人的呼吸中枢，导致呼吸急促，烟气吸入量增加，会引起头痛、神智不清等症状。二氧化碳本身没有毒性，但当空气中的二氧化碳超过正常含量时，对人体会产生有害的影响。所以在人群密集的地方，应注意通风换气。在进入一些可能会含有二氧化碳气体的地方之前，应该检验那里的二氧化碳的含量，看是否会威胁到人体的健康。

空气中二氧化碳的体积分数（%）对人体的影响

二氧化碳的体积分数	对人体的影响
2.5	经数小时无任何症状
3.0	无意识地呼吸次数增加
4.0	出现局部刺激症状
6.0	呼吸量增加
8.0	呼吸困难
10.0	意识不清，不久导致死亡
20.0	数秒后瘫痪，心脏停止跳动

2.5　二氧化碳的用途

干粉灭火器适宜扑灭油类、可燃性气体、电器设备等火灾。使用时，先打开保险销，一手握住喷管，对准火源，另一手拉动拉环，即可扑灭火源。

图 4.13　灭火

　　二氧化碳的用途很广。

　　1. 它是植物进行光合作用的原料，地球上的绿色生物每年要吸收 7 千多亿吨二氧化碳用于光合作用，制造 5 千多亿吨有机物，释放 5 千多亿吨氧气。

　　2. 它是一种重要的化工原料，用于制造纯碱、小苏打、尿素，制作清凉饮料等。

　　3. 用于灭火。

　　4. 固体二氧化碳（干冰）是一种良好的制冷剂，用作冷藏食品、医疗上降温和人工降雨（用飞机或气球把冷冻剂干冰喷撒到云层里，使云层里

图 4.14　人工降雨

的温度迅速下降,水蒸气凝华成小冰晶,随着冰晶体积的慢慢增大,重力超过了浮力,冰晶就下落,下落过程中融化成雨滴;人工降雨除了用干冰外,也可用飞机或高炮、火箭向云层内播撒碘化银或氯化钠等,在云层里形成冰晶或吸收小水滴,最后变成雨滴降落)。

5. 可作为金属切割和焊接时的保护气。另外,二氧化碳可以防止地表热量辐射到太空中,具有调节地球气温的功能,如果没有二氧化碳,地球的年平均气温会比目前降低20℃左右。

第三节　大　气　污　染

大气是人类生存的重要环境,大气污染最直接地影响人们的生活和工作。进入大气的主要污染物有一氧化碳、烃类、氮氧化物、二氧化硫、悬浮颗粒等,其中二氧化硫和氮氧化物是酸雨的主要来源。

3.1　酸　　雨

酸雨的发现

近代工业革命,从蒸汽机开始,很快火力发电厂星罗棋布,燃煤数量日益猛增。遗憾的是,煤含杂质硫,约为百分之一,在燃烧中将排放气体二氧化硫;燃烧产生的高温尚能促使助燃的空气发生部分化学变化,氧气与氮气化合,也排放酸性气体氮氧化物。它们在高空中为雨雪冲刷,溶解,使雨变成酸雨。

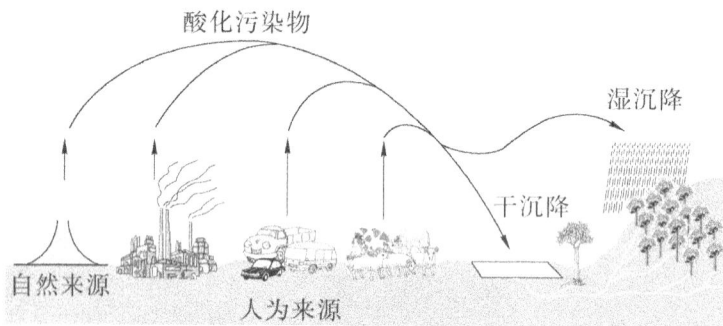

图 4.15　酸雨

1872 年,英国科学家史密斯分析了伦敦市雨水成分,发现它呈酸性,且农村雨水中含碳酸铵,酸性不大;郊区雨水含硫酸铵,略呈酸性;市区雨水含硫酸或酸性的硫酸盐,呈酸性。于是史密斯首先在他的著作《空气和降雨:化学气候学的开端》中首次提出"酸雨"作为专有名词。

酸雨是指 pH 小于 5.6 的酸性降雨,比较纯净的雨水因溶有二氧化碳而使其 pH 约为5.6。大多数酸雨中的酸性物质主要是硫酸(可占 65%～70%),其次是硝酸(可占 25%～30%)。

酸雨的形成

当烧煤的烟囱排放出的二氧化硫酸性气体,或汽车排放出来的氮氧化物烟气上升到天空中,这些酸性气体与天空中的水蒸气相遇,就会形成硫酸和硝酸小液滴,使雨水酸化,

Chemistry in Life

这时落到地面的雨水就成了酸雨。所以,煤和石油的燃烧是造成酸雨的主要祸首。

人们曾经认为,空气中的二氧化硫主要来自铜、铅、锌等有色金属冶炼厂和硫酸厂。事实上,空气中二氧化硫最主要的来源是燃烧含硫的燃料。据估测,大气中的二氧化硫有70%来源于工业燃煤,12%来源于工业燃油,其余则来源于生活燃煤等。进入大气中的二氧化硫气体在氮氧化物或悬浮颗粒中的某些过渡金属元素的催化下,部分地被空气中的氧气等氧化为三氧化硫,降水时形成硫酸而成为酸雨。

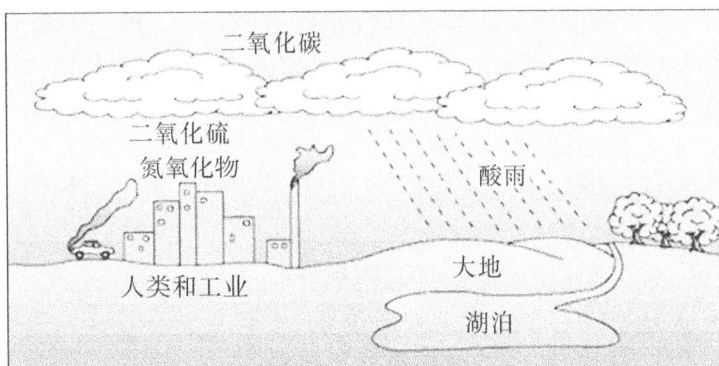

图 4.16 酸雨示意图

燃料的高温燃烧是大气中氮氧化物的主要来源。主要来自汽车尾气和供热供电用燃料燃烧的产物。在1 200℃或更高温度(内燃机内部能达到的温度可超过2 000℃),空气中的氮气和氧气可生成可检出量的一氧化氮,后者与氧气反应而生成二氧化氮,降水时形成硝酸而进入雨水中形成酸雨。

自然界对酸性有一定抵御能力,如土壤中的碳酸钙,大气中的氧化钙、碳酸钙微粒(风沙天气时更多),大气中天然和人为来源的氨等碱性物质可与酸雨起中和作用,但超过其抵御能力,就会出现种种灾害。酸雨酸化水体可导致水生生物减少甚至绝迹,另一方面,底泥中沉积的某些重金属元素化合物会溶出,进入鱼、贝体中的有毒重金属元素通过食物链而危害人体健康;酸化土壤则使其中钙、镁等元素溶出流失,使土壤的肥力下降,酸雨对某些建筑材料的腐蚀性比海水还强,大理石、汉白玉、砂岩、板岩都能被腐蚀,因而会损坏建筑物和文物。如古埃及方尖碑三千多年能保存完好,但移至伦敦后只有八十年就变得面目全非。酸雨还加速金属材料的腐蚀,对暴露的油漆、涂料及橡胶等产生破坏作用,导致使用寿命缩短。

我国对酸雨研究较晚,1972年开始对酸雨进行监测,1982年进行酸雨普查,其中重庆、贵阳雨水的pH小于5。现在以重庆、贵阳为中心的酸雨区已在西南地区逐步扩大,并扩展到长江下游。长江以北在青岛已发现过酸雨。

酸雨会对环境带来广泛的危害,造成巨大的经济损失。危害的方面主要有:

1)腐蚀建筑物和工业设备;

2)破坏露天的文物古迹;

3)损坏植物叶面,导致森林死亡;

4)使湖泊中鱼虾死亡;

5)破坏土壤成分,使农作物减产甚至死亡;

6)饮用酸化造成的地下水,对人体有害。

酸雨的危害如此严重,所以必须采取一定的措施进行防

图 4.17 酸雨的危害

治。减少酸雨主要是要减少烧煤排放的二氧化硫和汽车排放的氮氧化物。一是减少污染,如为减少二氧化硫的排放,可采用低硫的煤、石油、天然气等作燃料,以及加工制成低硫或脱硫的燃料,或开发新能源,如太阳能等。二是进行回收处理,综合利用,如硫酸厂的尾气可采用氨吸收法、石灰乳吸收法等进行回收。硝酸厂尾气可采用碳酸钠溶液吸收法、氢氧化钠溶液吸收法等。

工厂应采取的措施:

1) 采用烟气脱硫装置;

2) 提高煤炭燃烧的利用率。

社会和公民应采取的措施:

1) 用煤气或天然气代替烧煤;

2) 处处节约用电(因为大部分的电厂是燃煤发电);

3) 支持公共交通(减少车辆就可以减少汽车尾气排放);

4) 购买包装简单的商品(因为生产豪华包装要消耗不少电能,而对消费者来说包装并没有任何实用价值);

5) 支持废物回收再生(废物再生可以大量节省电能和少烧煤炭)。

3.2　城市上空的光化学烟雾

汽车、工厂等污染源排入大气的碳氢化合物和氮氧化物等一次污染物,在阳光的作用下发生化学反应,生成臭氧等二次污染物,参与光化学反应过程的一次污染物和二次污染物的混合物所形成浅蓝色有刺激性的烟雾污染现象叫做光化学烟雾。

图 4.18　光化学烟雾

光化学烟雾的表现特征是烟雾弥漫,烟雾呈蓝色,大气能见度降低。光化学烟雾一般发生在大气相对湿度较低、大气温度较高,气温为 24℃～32℃ 的夏季晴天,污染高峰出现在中午或稍后。

光化学烟雾主要发生在阳光强烈的夏、秋季节。随着光化学反应的不断进行,反应生成物不断蓄积。光化学烟雾的浓度不断升高,约 3 h～4 h 后达到最大值。这种光化学烟雾可随气流飘移数百公里,使远离城市的农村庄稼也受到损害。

光化学烟雾是一种循环过程,白天生成,傍晚消失。通过对污染区大气的实测表明,一次污染物碳氢化合物及一氧化氮的最大值出现在早晨交通繁忙时刻,随着一氧化氮浓度的下降,二氧化氮浓度增大。臭氧等二次污染物随着阳光增强和氮氧化物和碳氢化合物浓度降低而积聚起来。它们的峰值一般要比一氧化氮峰值的出现延迟约 4～5 个小时。二次污染物二氧化氮浓度随时间的变化同臭氧等二次污染物相似。城市和城郊的光化学氧化剂浓度通常高于乡村,但近几年发现许多乡村地区光化学氧化剂的浓度大,有时甚至超过城市。这是因为光化学氧化剂的生成不仅包括光化学氧化过程,而且还包括一次污染物的扩散输送过程,是两个过程的综合结果。因此光化学氧化剂的污染不只是城市的问题,而且是区域性的污染问题。短距离传输可造成臭氧等二次污染物最大浓度出现在污染源的下风向,中尺度传输可使臭氧等二次污染物扩展至近公里的下风向,如果同大气

Chemistry in Life

高压系统相结合可传输几百公里。

20世纪40年代之后,随着全球工业和汽车业的迅猛发展,光化学烟雾污染在世界各地不断出现,如美国洛杉矶,日本东京、大阪,英国伦敦,澳大利亚,德国等大城市及中国北京、南宁、兰州均发生过光化学烟雾现象。鉴于光化学烟雾的频繁发生及其造成危害巨大,如何控制其形成已成为令人注目的研究课题。

光化学烟雾的成分非常复杂,具有强氧化性,刺激人们眼睛和呼吸道黏膜,伤害植物叶子,加速橡胶老化,并使大气能见度降低。对人类、动植物和材料有害的主要是臭氧、甲醛等二次污染物。臭氧还能造成橡胶制品的老化、脆裂,使染料褪色,并损害油漆涂料、纺织纤维和塑料制品等。有害影响主要表现在以下几个方面:

图4.19　光化学烟雾的成因及危害示意图

损害人和动物的健康

人和动物受到主要伤害是眼睛和黏膜受刺激、头痛、呼吸障碍、慢性呼吸道疾病恶化、儿童肺功能异常等。

影响植物生长

臭氧影响植物细胞的渗透性,可导致高产作物的高产性能消失,甚至使植物丧失遗传能力。植物受到臭氧的损害,开始时表皮褪色,呈蜡质状,经过一段时间后色素发生变化,叶片上出现红褐色斑点。使叶子背面呈银灰色或古铜色,影响植物的生长,降低植物对病虫害的抵抗力。

影响材料质量

光化学烟雾会促成酸雨形成,造成橡胶制品老化、脆裂,使染料褪色,建筑物和机器受腐蚀,并损害油漆涂料、纺织纤维和塑料制品等。

图4.20　臭氧层被破坏

降低大气的能见度

光化学烟雾的重要特征之一是使大气的能见度降低,视程缩短。这主要是由污染物质在大气中形成的光化学烟雾气溶胶所引起的。这种气溶胶颗粒大小一般多在 $0.3 \sim 1.0\ \mu m$ 范围内。由于这样大小的颗粒实际上不易因重力作用而沉降,能较长时间悬浮于空气中,长距离迁移;它们与人视觉能力的光波波长相一致,且能散射太阳光,从而明显地降低大气的能见度。因而妨害了汽车与飞机等交通工具的安全运行,导致交通事故增多。

其他危害

光化学烟雾会加速橡胶制品的老化和龟裂,腐蚀建筑物和衣物,缩短其使用寿命。

预防措施

预防光化学烟雾主要是控制污染源,减少氮氧化物和碳氢化合物的排放。NO_x(包括

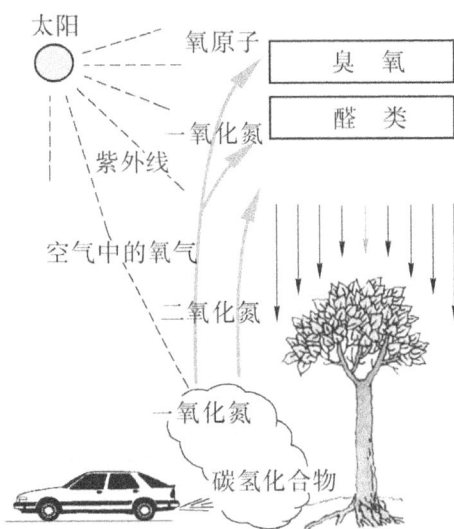

NO、NO_2等）的主要来源是燃烧，近70%来自于燃油的直接燃烧，可见燃烧源和机动交通工具及动力机械是氮氧化物排放的重要来源。

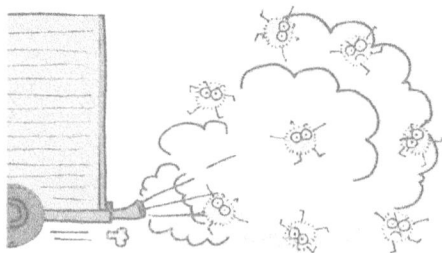

减少交通机械和动力装置尾气的排放

氮氧化物和碳氢化合物的另一个重要来源是内燃机等发动机的尾气，而绝大多数交通机械都是由内燃机或者燃气轮机驱动的，包括机动车辆、船舶、飞机、工程机械等。当燃料在发动机燃烧室里进行燃烧时，由于混合气体由化石燃料（汽油、柴油、天然气等）和空气组成，而空气中除了氧气外还有更多的氮气，因此燃烧产生的高温会使氧气和氮气反应生成氮氧化物。内燃机因燃烧温度高，氮氧化物生成量大。另外由于燃烧不完全甚至失火等原因，也会排放碳氢化合物。机动车辆因为总量大并且集中于城市使用，对城市空气的污染贡献率很高。因此控制机动车尾气排放对预防光化学烟雾有很大的积极作用。汽油机汽车因为尾气处理技术已经比较普及，所以氮氧化物和碳氢化合物的排放贡献率已经下降了很多，但以柴油机为动力的汽车、船舶和动力机械等，本身氮氧化物生成量就很高，而且没有低成本的尾气处理技术能够普及，所以已经成为氮氧化物的主要来源。

图 4.21　汽车尾气

利用化学抑制剂

二乙基羟胺（DEHA）对光化学烟雾有较好的抑制作用。在大气中喷洒 0.05 ppm 的二乙基羟胺，能有效抑制光化学烟雾。

植树造林

实验证明，树木在一定浓度范围内，吸收各种有毒气体，使污染的空气得以净化。因此应大力提倡植树造林，绿化环境。

主要事例

1943 年，美国洛杉矶发生了世界上最早的光化学烟雾事件。此后，在北美、日本、澳大利亚和欧洲部分地区也先后出现这种烟雾。经过反复的调查研究，直到 1958 年才发现，这一事件是由洛杉矶市拥有的 250 万辆汽车排气污染造成的，这些汽车每天消耗约 1 600 吨汽油，向大气排放 1 000 多吨碳氢化合物和 400 多吨氮氧化物。这些气体受阳光作用，酿成了危害人类的光化学烟雾事件。

1970 年，美国加利福尼亚州发生光化学烟雾事件，农作物损失达 2500 多万美元。

1971 年，日本东京发生了较严重的光化学烟雾事件，使一些学生中毒昏倒。与此同时，日本的其他城市也有类似的事件发生。此后，日本一些大城市连续不断出现光化学烟雾。日本环保部门经对东京几个主要污染源排放的主要污染物进行调查后发现，汽车排放的一氧化碳、氮氧化物和碳氢化合物三种污染物约占总排放量的 80%。

1997 年夏季，拥有 80 万辆汽车的智利首都圣地亚哥也发生光化学烟雾事件。由于光化学烟雾的作用，迫使政府对该市实行紧急状态：学校停课、工厂停工、影院歇业，孩子、孕妇和老人被劝告不要外出，使智利首都圣地亚哥处于"半瘫痪状态"。在北美、英国、澳大利亚和欧洲地区也先后出现过这种烟雾。

3.3 可吸入颗粒物——PM10 和 PM2.5

总悬浮颗粒物是大气质量评价中的一个通用的重要污染指标。它主要来源于燃料燃烧时产生的烟尘、生产加工过程中产生的粉尘、建筑和交通扬尘、风沙扬尘以及气态污染物经过复杂物理化学反应在空气中生成的相应的盐类颗粒。

总悬浮颗粒物可分为一次颗粒物和二次颗粒物。一次颗粒物是由天然污染源和人为污染源释放到大气中直接造成污染的物质，如：风扬起的灰尘和工业烟尘。二次颗粒物是通过某些大气化学过程所产生的微粒。

图 4.22　PM2.5

粉尘由于粒径不同，在重力作用下，沉降特性也不同，如粒径小于 $10\ \mu m$ 的颗粒可以长期飘浮在空中，称为飘尘，其中 $10\sim0.25\ \mu m$ 的又称为云尘，小于 $0.1\ \mu m$ 的称为浮尘。而粒径大于 $10\ \mu m$ 的颗粒，则能较快沉降，因此称为降尘。

通常把粒径在 $10\ \mu m$ 以下的颗粒物称为PM10，又称为可吸入颗粒物或飘尘。颗粒物的直径越小，进入呼吸道的部位越深。$10\ \mu m$ 直径的颗粒物通常沉积在上呼吸道，$5\ \mu m$ 直径的可进入呼吸道的深部，$2\ \mu m$ 以下的可 100% 深入细支气管和肺泡。

图 4.23　雾霾天气

PM2.5是指大气中直径小于或等于 $2.5\ \mu m$ 的颗粒物，也称为可入肺颗粒物。其主要来自于扬尘、机动车尾气、燃煤和挥发性有机物等。

它能携带大量有毒有害物质，通过支气管进入人体的肺部，甚至融入血液中，引发呼吸系统疾病、心血管疾病，造成肺癌死亡率增加，成为危害人体健康的隐形杀手。

虽然PM2.5只是地球大气成分中含量很少的组分，但它对空气质量和能见度等有重要的影响。PM2.5粒径小，富含大量的有毒、有害物质且在大气中停留时间长、输送距离远，因而对人体健康和大气环境质量的影响更大。2012 年 2 月，国务院发布新修订的《环境空气质量标准》增加了 PM2.5 监测指标。

可吸入颗粒物被人体吸入后，会累积在呼吸系统中，引发许多疾病。粗颗粒物可侵害呼吸系统，诱发哮喘病。细颗粒物可能引发心脏病、肺病、呼吸道疾病，降低肺功能等。因此，对于老人、儿童和已患心肺病者等敏感人群，风险是较大的。越细小的颗粒物对人体危害越大，粒径超过 $10\ \mu m$ 的颗粒物可被鼻毛吸留，也可通过咳嗽排出人体，而粒径小于 $10\ \mu m$ 的可吸入颗粒物可随人的呼吸沉积肺部，甚至进入肺泡、血液。在肺部沉积率最高的是粒径为 $1\ \mu m$ 左右的颗粒物。这些颗粒物在肺泡上沉积下来，损伤肺泡和黏膜，引起肺组织的慢性纤维化，导致肺心病，加重哮喘病，引起慢性鼻咽炎、慢性支气管炎等一系列病变，严重的可危及生命。颗粒物对儿童和老年人的危害尤为明显。

可吸入颗粒物与人类住宅高度的关系

图 4.24　可吸入颗粒物的来源

地心引力与可吸入颗粒物的直径是成正比关系的。也可以说地球引力对可吸入颗粒物的影响是:因为物质的重力影响,距离地表面越近则可吸入颗粒物的直径就越大,从而对人体吸入的概率和侵害就会减少。另外,地磁对人类的生命延续也是有着重要作用的,地球磁场对人类的作用力越大,人类的生命力就越顽强。

经研究表明,大量的有毒有害气体和可吸入颗粒物大部分主要集中在离地表 20 m 以上的空间。高层建筑以及超高层建筑已经不适合人类居住。人类最佳的居住空间应是离地面 20 m(最好为 10 m)以内。就其可吸入颗粒物来说,离地面越近可吸入颗粒物的直径就越大,人体吸入的概率也就越小。我们知道,有毒气体的质量是很小的,其基本与空气相混合,很容易被人体吸入。那么对人类来说,其居住的空间离地面越高,可吸入颗粒物对人体的伤害作用也就越大。

要减少颗粒物对人体的危害,从自身出发,要有意识做到以下几点:

1. 提高个人的环保意识,多参加植树造林活动,增加绿地面积,尽量减小裸露的地面。

2. 城市施工时应注意防止造成大量的扬尘。

3. 提倡使用绿色燃料,使用高效润滑油,减少汽车尾气的排放。有调查显示 PM2.5 的排放主要来自柴油车。

4. 日常生活中,尽量少用煤作为燃料。现在用电比使用天然气、液化石油气及煤气等燃料相对便宜,改用微波炉、电饭煲等做饭可减少厨房的空气污染。

5. 在室内,要经常保持清洁卫生,吸烟者不要在室内吸烟,适当养些绿色花草以保持室内空气的清新。

6. 在日常抖被子时,有很多漂浮物浮起来,在太阳下可以看到很多细小的颗粒,最好让小孩子走开。

7. 喜欢晨练的中老年人,应避开早晨 6～8 时空气污染高峰期,上午 9 时以后锻炼为宜;且不要到公路边锻炼,应选择绿色植物多、空气质量好、环境较为安静的公园内。冬季由于室外温度低,为防止中老年人心脑血管病的发生,选择上午 10 时后锻炼为宜。

8. 大型商场或公共娱乐场所,由于周末、节假日时人员众多,空气质量极差,易造成呼吸系统的疾病(冬季为甚),故不宜久留。

9. 雾天和灰霾天气,是 PM2.5 浓度相对较高的时候,最好少出门,门窗关上。

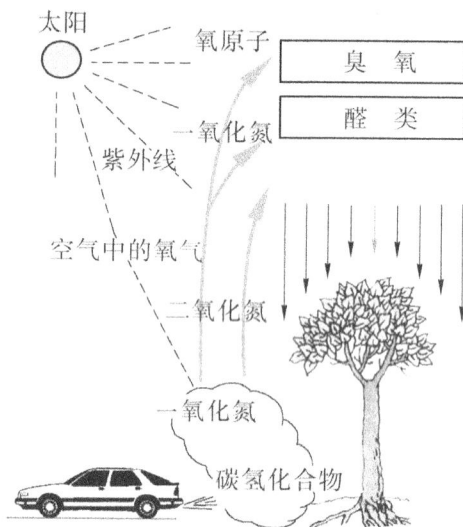

图 4.25　光化学烟雾的成因及危害示意图

3.4　雾和霾

雾的相对湿度一般在 90% 以上,霾的相对湿度一般在 80% 以下,相对湿度介于 80%

～90％之间时的大气浑浊视野模糊导致的能见度恶化是霾和雾的混合物共同造成的，但其主要成分是霾。能见度在 1 000 m 以下的称为雾，1 000 m 以上但小于 10 000 m 的属于阴霾现象。

霾又称大气棕色云，在中国气象局《地面气象观测规范》中，霾天气定义：大量极细微的干尘粒等均匀地浮游在空中，使水平能见度小于 10 km 的空气普遍有浑浊现象，使远处光亮物微带黄、红色，使黑暗物微带蓝色。

霾作为一种自然现象，其形成有三方面因素。

一是水平方向静风现象的增多。随着城市建设的迅速发展，大楼越建越高，增大了地面摩擦系数，使风流经城区时明显减弱。静风现象增多，不利于大气污染物向城区外围扩展稀释，并容易在城区内积累。

二是垂直方向的逆温现象。逆温层好比一个锅盖覆盖在城市上空，使城市上空出现了高空比低空气温更高的逆温现象。污染物在正常气候条件下，从气温高的低空向气温低的高空扩散，逐渐循环排放到大气中。但是逆温现象下，低空的气温反而更低，导致污染物的停留，不能及时排放出去。

三是悬浮颗粒物的增加。近些年来随着工业的发展，机动车辆的增多，污染物排放和城市悬浮物大量增加，直接导致了能见度降低，使得整个城市看起来灰蒙蒙一片。

霾的形成与污染物的排放密切相关，城市中机动车尾气以及其他烟尘排放源排出粒径在微米级的细小颗粒物，停留在大气中，当逆温、静风等不利于扩散的天气出现时，就形成霾。

图 4.26　雾霾天气

第四节　大气污染与人体健康

4.1　大气污染与人体健康

大气污染主要是指大气的化学性污染。大气中化学性污染物的种类很多，对人体有严重危害的多达几十种。我国的大气污染属于煤炭型污染，主要的污染物是烟尘和二氧化硫，此外，还有氮氧化物和一氧化碳等。这些污染物主要通过呼吸道进入人体内，不经过肝脏的解毒作用，直接由血液运输到全身。所以，大气的化学性污染对人体健康的危害很大。这种危害可以分为慢性中毒、急性中毒和致癌作用三种。

慢性中毒　大气中化学性污染物的浓度一般比较低，对人体主要产生慢性毒害作用。科学研究表明，城市大气的化学性污染是慢性支气管炎、肺气肿和支气管哮喘等疾病的重要诱因。

急性中毒　在工厂大量排放有害气体并且无风、多雾时，大气中的化学污染物不易散开，就会使人急性中毒。例如，1961 年，日本四日市的三家石油化工企业，因为不断地大量排放二氧化硫等化学性污染物，再加上无风的天气，致使当地居民哮喘病大发生。后来，当地的这种大气污染得到了治理,哮喘病的发病率也随着降低。

致癌作用 大气中化学性污染物中具有致癌作用的有多环芳烃类(如3,4-苯并芘)和含Pb的化合物等,其中3,4-苯并芘引起肺癌的作用最大。燃烧的煤炭、行驶的汽车和香烟的烟雾中都含有很多的3,4-苯并芘。大气中的化学性污染物,还可以降落到水体和土壤中以及农作物上,被农作物吸收和富集后,进而危害人体健康。

大气污染还包括大气的生物性污染和大气的放射性污染。大气的生物性污染物主要有病原菌、霉菌孢子和花粉。病原菌能使人患肺结核等传染病,霉菌孢子和花粉能使一些人产生过敏反应。大气的放射性污染物,主要来自原子能工业的放射性废弃物和医用X射线源等,这些污染物容易使人患皮肤癌和白血病等。

4.2 为什么禁放烟花爆竹

近几年来,我国许多大、中城市相继规定禁止燃放烟花爆竹。

我国人民燃放烟花爆竹已有二千多年历史。每逢喜庆日子,人们为了增加节日的欢乐气氛,燃放烟花爆竹。爆竹的主要成分是黑火药,含有硫磺、木炭粉、硝酸钾,有的还含有氯酸钾。制作闪光雷、电光炮、烟花炮、彩色焰火时,还要加入镁粉、铁粉、铝粉、锑粉及无机盐。加入锶盐火焰呈红色、钡盐火焰呈绿色、钠盐火焰呈黄色。当烟花爆竹点燃后,木炭粉、硫磺粉、金属粉末等在氧化剂的作用下,迅速燃烧,产生二氧化碳、一氧化碳、二氧化硫、一氧化氮、二氧化氮等气体及金属氧化物的粉尘,同时产生大量光和热而引起鞭炮爆炸。纸屑、烟尘及有害气体伴随着响声及火光,四处飞扬,使燃放现场硝烟弥漫,硫氧化物、氮氧化物、碳氧化物等严重污染空气。这些气体对人的呼吸道及眼睛都有刺激作用。

燃放鞭炮不仅污染空气,飞扬的纸屑、烟尘落在地面上,还会影响清洁卫生。同时爆炸声如雷贯耳,据测定单个闪光雷爆炸时,其噪声至少在130分贝(db)以上,成为噪声公害。此外,每逢春节,由于燃放鞭炮而引起火灾,炸伤手臂、面部或眼睛的事故屡见不鲜。因此,禁止燃放烟花爆竹,对于保护环境,维护人民的正常生活秩序,都是十分有利的。

4.3 也许未来我们会在月球上定居

月球是离地球最近的天体,也是地球的天然卫星,从诞生之日起它就一直陪伴着地球绕太阳运行。近50年来,人类发射了许多探测器对月球表面进行探测,甚至还登上月球进行实地考察,为充分开发、利用月球资源做出不懈努力。

如果地球上的人类遇到灭顶之灾,也许未来我们会在月球上定居。欧洲航天局计划在月球上打造一座末日方舟。这座方舟包含地球上最重要的生物和人类文明,一旦地球面临被巨大的小行星或核战摧毁的危险时,它就会被激活。

科学家在法国斯特拉斯堡举行的会议上讨论了这个月球资料库的建筑构想,这个资料库将为地球上的幸存者提供一个重建人类文明的远程访问工具包。末日方舟的最原始版本,将包含一些储存人类知识的硬盘,其中包括DNA序列、冶金说明和种植庄稼的知识等信息。这些硬盘会被深埋在月球地下的一个地窖里,信号发射器会把数据发送给地球上受到很好保护的接收器。如果在大灾难过后没有接收器幸存下来,末日方舟会继续发送信息,等待存活下来的人重新制造一个接收器。

这个地窖里还将包括一些天然物质,如微生物、植物种子等,甚至包含地球博物馆里多余的文物。为了查明活的有机体是否能在月球上存活,作为这项试验的第一步,欧洲航天局的科学家希望,未来 10 年内能在月球上种植郁金香,进行相关试验。

郁金香之所以是理想之选,是因为它们可以冷冻、长途运输和在贫瘠的环境中生长。郁金香与水藻、封闭的人造大气和经过改良的月球土壤结合后,会形成基本的生态系统。第一批试验将在透明生物圈里进行,这些生物圈包含模拟地球大气的混合气体。腐烂植物释放出来的二氧化碳会被水藻吸收,水藻通过光合作用,又会生成氧气。最初末日方舟将由机器人管理,并通过无线电波与地球保持联系。

为了避免这个数据库受到月球上的极端气温、辐射和真空环境的影响,所以把它掩埋在岩石下,并由太阳能提供部分能量。科学家希望能在 2020 年以前,把第一批试验性数据库送上月球,它的保存寿命是 30 年。完整的人类文明数据库将在 2035 年发射升空。这些信息包含阿拉伯语、汉语、英语、法语、俄语和西班牙语等不同版本。地球上建设的 4 000 座"地球储藏室"里存有食品、水和一些接收器,可以作为幸存者的庇护所。发射器发回地球的信息,会被接收器接收到。

阅读了上文后,小明和同学们非常兴奋,他们进行了热烈的讨论。

小明:我一定好好学习科技知识,将来设计出更好的宇宙飞船,把人类送到月球上去生活。

小刚:我将来要当一位建筑设计师在月球上建造最美最好的高楼大厦。

小张:我长大后当一位能源设计师,在月球上开发新能源,为人类解决能源短缺问题。

小英:现在多学几门外语,长大后当一位导游,带领游客在月球上观光游览。

……

他们的讨论给我们描述了一幅美丽的开发月球的蓝图。但对于下列问题你是怎样考虑的?

(1) "未来能源来自月球",太阳能电池板安装在月球上,比安装在地球上有哪些优点?

(2) 由于月球表面不像地球表面那样有一层厚厚的大气层,人类在月球表面将会产生"失重"的现象(即处于飘浮状态)。分①人在月球上行走②机器人在月球上工作两种情况分别说明你是怎样解决"失重"问题的?

(3) 由于月球表面不像地球表面那样受云彩和大气尘埃等影响,太阳能电池板接受的光照将比地球上多。

(4) 人在月球上行走时,必须穿上磁性鞋或加重鞋;机器人要做成"三头六臂",一只手臂用来稳定自身,一只手臂用来稳住工件,另几只手臂用来完成任务。

4.4　硝酸与第一次世界大战

硝酸不仅是工农业生产的重要化工原料,而且还能制造重要的战争物资。

最初制造硝酸的方法是普通硝石法,即用硝石与硫酸反应制取硝酸。但是,硝石的储量有限,因此硝酸的产量受到限制。

早在 1913 年之前,人们发现德国有发动世界大战的可能,便开始限制德国进口硝石,即对德国实行硝石禁行。这样以为世界就太平无事了。1914 年,德国终于发动了第一次世界大战,人们又错误地估计,战争最多只会打半年,原因是德国的硝酸不足,火药生产受到限制,由于人们的种种错误分析,使得第一次世界大战蔓延后,战争打了四个多年头,造成了极大的灾难,夺去了无数的生命和财产。那么,德国为什么能维持这么久的战争呢?是什么力量在支持它呢?这就是化学,德国人早就对合成硝酸进行了研究。

1908年,德国化学家哈柏首先在实验室用氢气和氮气在600℃ 200大气压下合成了氨气,虽然产率只有2%,但这也是一项重大的突破。后由布什提高了产率,完成了工业化设计,建立了年产1 000吨氨的生产装置,再用氨氧化法生产3 000吨硝酸,利用这些硝酸可制造3 500吨烈性炸药TNT。这项研究工作已在大战前的1913年便完成了。这就揭开了第一次世界大战能持续四年之谜。

4.5 自制汽水

汽水是由矿泉水或经过煮沸、紫外线照射消毒后的饮用水,充以二氧化碳制成的。属于含二氧化碳的碳酸饮料。工厂制作汽水是通过加压的方法,使二氧化碳气体溶解在水里。汽水中溶解的二氧化碳越多,质量越好。市场上销售的汽水,大约是1体积水中溶有1体积~4.5体积二氧化碳。有的汽水中除含二氧化碳外,还加入适量白糖、果汁和香精。

二氧化碳从体内排出时,可以带走一些热量,因此喝汽水能解热消渴。喝冰镇汽水时,由于汽水的温度更低,溶解的二氧化碳更多(0℃时,二氧化碳的溶解度比20℃时大1倍),有更多的二氧化碳要从体内排出,能带走更多的热量,所以更能降低肠胃的温度。因此,千万不能大量饮用冰镇汽水,以免对肠胃产生强烈的冷刺激,引起胃痉挛、腹痛,甚至诱发肠胃炎。此外,过量的汽水会冲淡胃液,降低胃液的消化能力和杀菌作用,影响食欲,甚至加重心脏、肾脏负担,引起身体不适。

在实验室和家庭中也可以自制汽水。取一个洗刷干净的汽水瓶,瓶里加入占容积80%的冷开水,再加入白糖及少量果味香精,然后加入2克碳酸氢钠,搅拌溶解后,迅速加入2克柠檬酸。并立即将瓶盖压紧,使生成的气体不能逸出,而溶解在水里。将瓶子放置在冰箱中降温。取出后,打开瓶盖就可以饮用。

第五章
揭开食品防腐剂的面纱

第一节　食品防腐剂起源

"食不厌精,脍不厌细。食饐而餲,鱼馁而肉败,不食;色恶不食;臭恶不食……祭肉不出三日,出三日不食之矣……"《论语》留下了古人对食物保鲜的最早观点。如果那时有防腐剂,孔夫子就不用担忧了。和孔子的那个年代相比,今天中国食品的生产、加工、经销、售卖和消费的方式已经彻底改变。食品从田间到餐桌之间的链条被拉得越来越长,食品添加剂越来越多地被运用于食品中。与此同时,对食品最基本的要求:安全,也受到了挑战。

图 5.1　古代饮食

从油条、豆腐开始,中国应用添加剂的历史已经很久了。早在东汉时期,就使用盐卤作凝固剂制作豆腐。从南宋开始,一矾二碱三盐的油条配方就有了记载,是老百姓早餐桌上物美价廉的食品。国人吃了上千年的油条、豆腐,历史上尚未出现因长期吃这种食品而产生的中毒事件。

图 5.2　齐民要求

亚硝酸盐大概在 800 年前的南宋用于腊肉生产。公元 6 世纪,农业科学家贾思勰还在《齐民要术》中,记载了天然色素用于食品的方法。泡菜的历史有几千年了。加工过程中先民不自觉使用了食品添加剂,过去的食盐、海盐等全都是粗制天然盐,正是泡菜口感变脆的因素。

世界范围内,公元前 1500 年,埃及用食用色素为糖果着色,公元前 4 世纪,人们开始为葡萄酒人工着色。最早使用的化学合成食品添加剂是 1856 年英国人 W. H. Perkins 从煤焦油中制取的染料色素苯胺紫。

到目前为止,全世界食品添加剂品种达到 25 000 种,其中 80％为香料。直接食用的有 3 000～40 000 种,常见的有 600 到 1 000 种。

从数量上看,越发达国家食品添加剂的品种越多。美国食品用化学品法典中列有 1 967 种,日本使用的食品添加剂约有 1 100 种,欧盟允许使用的有 1 000 到 1 500 种。

这个名单也在调整中。溴酸钾作为面团调节剂在发达国家已有 80 多年的历史。近年来,很多国家的研究报告显示,过量使用溴酸钾会损害人的中枢神经,血液及肾脏并可能致癌。中国在 2005 年 7 月 1 日下达了"禁止使用溴酸钾"的命令。

食品添加剂市场在中国规范发展的历史并不长。大概 1996 年才开始,都是化工店和小门市形式的,这边卖化肥,那边就卖食品添加剂,都用麻袋装。这造成一种错觉,大家认为添加剂跟农药是一样性质的。

1996 年,国家出台了 GB2760《食品添加剂使用卫生标准》,添加剂开始大量应用于食品加工了。10 年后,2007 年国家颁布了更严格的食品添加剂国标,从过去禁止放什么添加剂,具体到每种产品允许放什么。

大规模的现代食品工业,就是建立在食品添加剂的基础上的。因为消费者对食物的外观品质、口感品质、方便性、保存时间等方面提出了苛刻的要求,所以要想按照家庭方式来生产,几乎是不可能的。

图 5.3　古代饮食文化

如果真的不加入食品添加剂,只怕大部分食品都会难看、难吃、难以保存,或者价格高昂,使消费者无法接受。食品添加剂不是魔鬼。实际上,国家许可使用的食品添加剂整体安全性是比较高的,在正常用量下不会引起不良反应。对加工食品来说,如果没有食品添加剂,就很难想象食品能有足够的时间运输和出售,也很难想象消费者能够吃到放心的食品。

第二节　食品防腐剂概述

食品防腐剂是能防止由微生物引起的腐败变质、延长食品保藏期的食品添加剂。因兼有防止微生物繁殖引起食物中毒的作用,又称抗微生物剂。

2.1　概述

食品防腐剂是抑制物质腐败的药剂。即对以腐败物质为代谢底物的微生物的生长具有持续的抑制作用。重要的是它能在不同情况下抑制最易发生的腐败作用,特别是在一般灭菌作用不充分时仍具有持续性的效果。对纤维和木材的防腐用矿油、煤焦油、丹宁,对生物标本用甲醛、升汞、甲苯、对羟基苯甲酸丁酯、硝基糠腙衍生物或香脂类树脂。在食品中使用防腐剂受到限制,因此多靠干燥、腌制等一些物理的方法。特殊的防腐剂有乙酸等有机酸、以油酸酯为成分的植物油、芥子等特殊的精油成分。对于生物体的局部(如人体表面或消化道),可以根据具体条件采用各种防腐剂(如碘仿、水杨酸苯酯、苯胺染料等)。

图 5.4　食品防腐剂

我国规定使用的防腐剂有苯甲酸、苯甲酸钠、山梨酸、山梨酸钾、丙酸钙等 25 种。

2.2　食品防腐剂应具备的条件

1. 性质较稳定:加入到食品中后在一定的时期内有效,在食品中有很好的稳定性。

2. 低浓度下具有较强的抑菌作用。

3. 本身不应具有刺激性气味和异味。

4. 不应阻碍消化酶的作用,不应影响肠道内有益菌的作用。

5. 价格合理,使用较方便。

2.3 食品防腐剂作用机理

1. 能使微生物的蛋白质凝固或变性,从而干扰其生长和繁殖。

2. 防腐剂对微生物细胞壁、细胞膜产生作用。由于能破坏或损伤细胞壁,或能干扰细胞壁合成的机理,致使胞内物质外泄,或影响与膜有关的呼吸链电子传递系统,从而具有抗微生物的作用。

3. 作用于遗传物质或遗传微粒结构,进而影响到遗传物质的复制、转录、蛋白质的翻译等。

4. 作用于微生物体内的酶系,抑制酶的活性,干扰其正常代谢。

图 5.5 哪些能吃啊

2.4 食品防腐剂种类

食品防腐剂按作用分为杀菌剂和抑菌剂。两者常因浓度、作用时间和微生物性质等的不同而不易区分。按性质也可分为有机化学防腐剂和无机化学防腐剂两类。此外还有乳酸链球菌素,是一种由乳链球菌产生、含 34 个氨基酸的肽类抗生素。目前世界各国所用的食品防腐剂约有 30 多种。食品防腐剂在中国被划定为第 17 类,有 28 个品种。防腐剂按来源分,有化学防腐剂和天然防腐剂两大类。化学防腐剂又分为有机防腐剂与无机防腐剂。前者主要包括苯甲酸、山梨酸等,后者主要包括亚硫酸盐和亚硝酸盐等。天然防腐剂,通常是从动物、植物和微生物的代谢产物中提取。例如,乳酸链球菌素是从乳酸链球菌的代谢产物中提取得到的一种多肽物质,多肽可在机体内降解为各种氨基酸,世界各国对这种防腐剂的规定也不相同,我国对乳酸链球菌素有使用范围和最大许可用量的规定。

图 5.6 饮食与防腐剂

2.5 食品防腐剂使用范围

苯甲酸及盐:碳酸饮料、低盐酱菜、蜜饯、葡萄酒、果酒、软糖、酱油、食醋、果酱、果汁饮料、食品工业用桶装浓果蔬汁。

山梨酸钾:除同上外,还有鱼、肉、蛋、禽类制品、果蔬保鲜、胶原蛋白肠衣、果冻、乳酸菌饮料、糕点、馅、面包、月饼等。

脱氢乙酸钠:腐竹、酱菜、原汁橘浆。

对羟基苯甲酸丙酯:果蔬保鲜、果汁饮料、果酱,糕点陷、蛋黄陷、碳酸饮料、食醋、酱油。

丙酸钙:生湿面制品(切面、馄饨皮)、面包、食醋、酱油、糕点、豆制食品。

双乙酸钠:各种酱菜、面粉和面团中。

乳酸钠:烤肉、火腿、香肠、鸡鸭类产品和酱卤制品等。

乳酸链球菌:素罐头食品、植物蛋白饮料、乳制品、肉制品等。

纳他霉素:奶酪、肉制品、葡萄酒、果汁饮料、茶饮料等。

过氧化氢:生牛乳保鲜,袋装豆腐干。

2.6 食品防腐剂分类

1. 有机防腐剂

主要包括苯甲酸及其盐类、山梨酸及其盐类、对羟基苯甲酸的酯类等。苯甲酸及其盐、山梨酸及其盐等均是通过未解离的分子起抗菌作用。它们均需转变成相应的酸后才有效,故称酸型防腐剂。它们在酸性条件下对真菌、酵母及细菌都有一定的抑菌能力,常用于果汁、饮料、罐头、酱油、醋等食品的防腐。此外,丙酸及其盐类对抑制使面包生成丝状黏质的细菌特别有效,且安全性高,近年来被广泛用于面包、糕点等的防腐。

图 5.7 以后要少吃

2. 无机防腐剂

主要包括二氧化硫、亚硫酸盐及亚硝酸盐等。亚硝酸盐能抑制肉毒梭状芽孢杆菌,防止肉毒中毒,但它主要作为发色剂用。亚硫酸盐等可抑制某些微生物活动所需的酶,并具有酸型防腐剂的特性,但主要作为漂白剂用。杀菌剂很少直接加入食品。

2.7 食品防腐剂使用注意事项

与各类食品添加剂一样,防腐剂必须严格按中国《食品添加剂使用卫生标准》规定添加,不能超标使用。防腐剂在实际应用中存在很多问题。例如,达不到防腐效果,影响食品的风味和品质等。茶多酚作为防腐剂使用时,浓度过高会使人感到苦涩味,还会因氧化而使食品变色。

在食品的生产加工过程中,防腐剂在种类、性质、使用范围、价格和毒性等不同的情况下,应注意以下几点后再合理使用。

1. 在添加防腐剂之前,应保证食品灭菌完全,不应有大量的生物存在,否则防腐剂的加入将不会起到理想的效果。例如,山梨酸钾,不但不会起到防腐的作用,反而会成为微生物繁殖的营养源。

2. 应了解各类防腐剂的毒性和使用范围,按照安全使用量和使用范围进行添加。如苯甲酸钠,因其毒性较强,在有些国家已被禁用,而中国也严格地确定了其只能在酱类、果酱类、酱菜类、罐头类和一些酒类中使用。

3. 应了解各类防腐剂的有效使用环境,酸性防腐剂只能在酸性环境中使用具有强而有效的防腐作用,但用在中性或偏碱性的环境中却没有多少作用,如山梨酸钾、苯甲酸钠等;而酯型防腐剂中的尼泊金酯类却也能在 pH4～8 之间使用,且效果也不错。

4. 应了解各类防腐剂所能抑制的微生物种类,有些防腐剂对真菌有效,有的对酵母有效,只有掌握好防腐剂的特性,才能对症下药,一般以复配形式进行综合防腐保鲜的较多,如健鹰抗腐王和防霉保鲜剂等产品。

5. 根据各类食品加工工艺的不同,应考虑防腐剂的价格和溶解性,以及对食品风味是否有影响等因素,综合其优缺点,再灵活添加使用。

2.8　食品防腐剂危害性

提及食品防腐剂,人们常常会联想到"有毒、有害、不健康"。许多消费者在购买食物时,首先会选择那些标注了"不含防腐剂"的商品。那么,食品防腐剂到底是不是危害人体健康的"祸首"。

吃剩的食物如果不及时保存,肯定会变味,这是众所周知的常识——细菌作怪。细菌的威力不说不知道,一说把人吓一跳,如肉毒菌,它能产生世界上最毒的物质——肉毒素,这种毒素只需 1 g 便可毒死 200 万人;黄曲霉,它所产生的黄曲霉毒素是最强的致癌物质之一。黄曲霉毒素的毒性是氰化钾的 20 倍,而肉毒素是氰化钾的 2 万倍。此外还有痢疾杆菌、致病性大肠杆菌、副溶血弧菌、沙门菌、金黄色葡萄球菌等。如果食品在加工和储存过程中沾染了这些有害微生物,对消费者来说实在是太可怕了。

此外,由于微生物的活动而造成的食品变质、变味,失去原有营养价值的现象,也是人们所不愿看到的。这就引出了食品防腐剂。

图 5.8　能吃吗

食品防腐剂可以有效地解决食品在加工、储存过程中因微生物"侵袭"而变质的问题,使食品在一般的自然环境中具有一定的保存期。

生活中的食品防腐剂

目前世界各国允许使用的食品防腐剂种类很多,中国允许在一定量内使用的防腐剂有 30 多种。包括:苯甲酸及其钠盐、山梨酸及其钾盐、二氧化硫、焦亚硫酸钠(钾)、丙酸钠(钙)、对羟基苯甲酸乙酯、脱氢醋酸等。其中较多的是山梨酸和苯甲酸及其盐类。

苯甲酸钠是当前食品工业中应用较为广泛的一种食品防腐剂,其可以使用的范围包括:碳酸饮料、低盐酱菜、酱油、蜜饯、葡萄酒、果酒、软糖、食醋、果酱(不包括罐头)、果汁(味)型饮料、食品 IT 业用塑料桶装浓缩果蔬汁、果汁(果味)冰、预调酒、复合调味料、半固体复合调味料、调味糖浆、液体复合调味料。

图 5.9　进口食品

防腐剂作为重要的食品添加剂之一,在食品工业中被广泛使用。酱油中一般含有防腐剂苯甲酸钠;面包和豆制品中常常添加防腐剂丙酸钙;酱菜、果酱、调味品和饮料中常加入山梨酸钾;葡萄酒等果酒的防腐,传统上用亚硫酸盐等。可见,防腐剂在日常消费的食品中广泛存在。含防腐剂食品,可放心食用。

"民以食为天",食品防腐剂在老百姓日常选购的食品中大量存在,那么防腐剂是否有害人体健康。一种含有害物质的食品是否对人体产生危害，主要取决于人体食用的量，不应将食品含有害物质与食品有毒两种不同的概念混淆或等同起来。任何东西吃多了都有害，水喝多了一样死人，盐吃多了一样中毒，就是基于剂量决定毒性的概念。

图 5.10　添加剂

杭州某公司"防腐剂事件"中所涉及的苯甲酸钠，是人们日常食品中经常添加的一种防腐剂。世界卫生组织和国际粮农组织食品添加剂专家联合委员会第 57 届会议，对苯甲酸作出最新的风险评估，规定每日允许摄入量（ADI），即终身摄入对人体健康无不良影响的剂量，为 0～5 mg/kg，这相当于 60 kg 重的成人终身摄入的无毒副作用剂量是每天 300 mg；中国规定苯甲酸钠在饮料中的最大使用量为 0.2 g/kg，即一个成年人每天喝 1 L 饮料，苯甲酸钠为 200 mg，比国际规定的 ADI 值还低。

其实，国家法律规定允许使用的食品添加剂都是经过严格的安全性评价的。老百姓在正确的使用范围、正确的使用量内合理食用，其安全性是完全可以得到保障的。至于曾经发生过的那些引起公众关注的大型食品安全问题，都是因为食品生产过程的卫生标准没有得到有效执行，或者没有按规定使用食品添加剂，而不是防腐剂本身的"罪过"。

最后须特别提及一点：儿童、孕妇等处于身体发育特殊时期的敏感人群，不宜食用那些过多使用防腐剂的食品。

2.9　不要刻意追捧不含防腐剂的产品

目前市场上很多食品都单独将"不含防腐剂"作为卖点来宣传。这在一定程度上误导了消费者，引起消费者对食品防腐剂的恐惧。

消费者在市场上可以看到很多标注"不含防腐剂"的食品，其中有果汁饮料、茶饮料、罐头制品、调味品、蜜饯干果制品、方便面等，大多数品牌都在外包装上标注了"本品不含防腐剂"、"本产品不添加任何食品防腐剂"等字样。大多数消费者也认为标有"不含防腐剂"字样的食品更安全，要优先选购"不含防腐剂"的食品。

但是，统计数据显示，很多食品安全问题是由食品腐烂变质而引发的，在一定程度上可以说是由于没有按规定添加防腐剂造成的。同时，据国家质量技术监督局有关人员介绍，目前市面上很多标有"不含防腐剂"字样的食品还是含有一定量的防腐剂的。

图 5.11　食品安全法

按照国家标准使用防腐剂是对食品安全的一种保证，对于列入《食品原料和添加剂目录》的防腐剂，只要按国家标准添加，对身体是没有危害的，消费者不要过分迷信"不含防腐剂"。

2.10　五大发展趋势

食品防腐是一个古老的话题。在人类还没有化学合成食品防腐剂之前，人们已经找到了大量使食品保质期延长的办法,如高盐腌制、高糖蜜制、酸、酒、烟熏以及在水中、地下存放等。随着食品工业的发展,传统防腐方法已不能满足其防腐需要,人们对食品防腐方法提出了更高的要求:要求操作更简单、保质期更长、防腐成本更低。基于此,化学产品用于食品防腐的做法开始流行。早期的化学防腐主要有甲醛、硝酸盐类等高毒产品,以后又研究出苯甲酸、苯甲酸钠、脱氢醋酸钠、双乙酸钠等数十种各类化学合成食品防腐剂。

防腐剂在食品中得到广泛使用,因为它能有效防止食品由微生物所引起的腐败变质问题,从而延长食品的保存期。可以说,没有食品防腐剂就没有现代食品工业,食品防腐剂对现代食品工业的发展作出了很大贡献。但是,随着科学技术的进步,人们逐步发现化学合成食品防腐剂存在对人体健康的巨大威胁。而随着人们生活和消费水平的提高,人们对食品的安全水平提出了更高的要求,食品防腐剂的发展也将呈现出新的趋势:

趋势一

一是由毒性较高向毒性更低、更安全方向发展。人类进步的核心是健康、和谐。随着人们对健康要求的提高,食品的安全标准也越来越严格。各国政府在快速修订食品安全标准,提高食品安全水平和国民健康水平的同时,也通过"绿色壁垒"来保护本国食品工业,减少国外食品对本国食品业的冲击。

图 5.12　农药

趋势二

二是由化学合成食品防腐剂向天然食品防腐剂方向发展。鉴于化学合成食品防腐剂的安全性和其他缺陷,人类正在探索更安全、更方便使用的天然食品防腐剂。例如,微生物源的乳酸链球菌素、纳他霉素、红曲米素等;动物源的溶菌酶、壳聚糖、鱼精蛋白、蜂胶等;植物源的琼脂低聚糖、杜仲素、辛香料、丁香、乌梅提取物等;微生物、动物和植物复合源的 R-多糖等。

趋势三

三是由单项防腐向广谱防腐方向发展。目前广泛使用的食品防腐剂无论是化学合成的,还是天然的,它们的抑菌范围相对都比较狭小。有的对真菌有抑制作用,对细菌无效;有的仅对少数微生物有抑制作用。所以,大多数食品生产企业添加多种防腐剂以达到防腐目的。人们渴望单一使用既能杀菌又能抑菌的广泛意义上的食品防腐剂。广谱防腐剂将成为业界的研究方向。

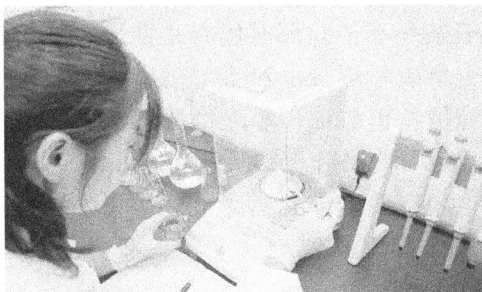

图 5.13　检测食品添加剂

趋势四

四是由苛刻的使用环境向方便使用方向发展。目前广泛使用的食品防腐剂,对食品生产环境有较苛刻的要求,如有的对食品的 pH、加热温度等敏感;有的水溶性差;有的异味太重;有的导致食品褪色等。发展趋势应该是对食品生产环境没有苛刻要求的食品防腐剂。

趋势五

五是高价格的天然食品防腐剂向低价格方向发展。天然食品防腐剂无毒无害,是发展方向,但目前天然食品防腐剂的价格高昂,每公斤高达上千元,甚至更高,大多数食品生产企业难以承受,如溶菌酶、乳酸链球菌素、那他霉素、鱼精蛋白等。大幅度降低天然食品防腐剂的成本是大范围推广应用天然食品防腐剂的先决条件。

第三节　食品防腐剂的使用

中国食品供应的工业化进程基本上可以认为是大约 20 年前开始,20 年时间还不足以让中国建立完全可靠的食品安全控制体系,西方工业化国家普遍用了一百多年。工业化程度越高,对食品加工的要求就越高,加到食品里的非食用物质也越多。这其中有合法无害的添加剂,也有非法有毒的添加物。

图 5.14　食品添加剂

1906 年,美国有位以社会小说和揭露丑闻闻名的作家 Upton Sinclair 出了一本书,叫做《The Jungle》,描写了一个肉加工厂的恐怖情形。肮脏、杂乱,就跟我们的社会中时不时爆出的"黑心作坊"一样。这本书产生了巨大的反响,经常让人吃不下饭。当时美国农业部化学局的主管,一位叫哈维·威利的化学家,组织一些勇敢的志愿者进行了"神农尝百草"的实验——他们大量服用甲醛(防腐剂)、硼酸(膨松剂)以及其他一些当时人们往食品里添加的东西,最后导致生病。《The Jungle》和哈维的实验,促进美国国会通过了《纯净食品与药品法案》,由哈维领导的农业部化学局对食品药品的生产销售进行管理。这个部门就是 FDA 的前身。美国的食品安全体系由此逐渐完善。

在中国食品工业化早期,食品安全还没有提到议事日程上来。食物从田间到餐桌的链条并不长。那时候有东西吃就不错了,食品安全意识无从谈起。其实那时候的食品安全事故并不少。20 世纪 80 年代在上海因食用毛蚶引起甲肝事件,涉及 30 万人。那时,往辣椒粉里掺红砖粉之类的行为是非常普遍的。因为没有食品安全意识,也没有相关法律规定,那时掺什么都毫无顾忌。

据卫生部资料可知,1982 年,中国食品卫生合格率是 61.5%,1994 年上升到 82.3%,2001 年提高到 88.6%。正是从 2001 年开始,食品安全事件进入公众视野,频度和影响也越来越大。

梳理中国近年来的食品安全事件,可以发现,从饲料、肥料、种养、屠宰、生产加工、运输、销售,食物供应的整个链条,日益工业化。每个环节都有安全漏洞,很多非食用物质在每个环节上都有可能被加入到食品中,甚至完全用化学材料"制造"出来的食品也会在市场上出现。

2001 年 3 月至 9 月,广东省中洋饲料有限公司因购买"瘦肉精"生产猪用混合饲料,导致河源 600 多名市民中毒,成为震惊一时的大案。该公司原经理被判有期徒刑 4 年。

2004 年,阜阳发生劣质奶粉事件,12 名婴儿因食用这种没有营养价值的"空心奶粉"而死亡,229 名婴儿因此营养不良。劣质奶粉是用淀粉、蔗糖替代乳粉,奶香精调香调味而成。

2004 年 5 月,央视《每周质量报告》节目,揭露龙口粉丝掺假。一些粉丝生产商为降低成本,掺入粟米淀粉,为了增白,使用有致癌作用的物质进行增白。龙口粉丝这一历史名牌也被非法添加物攻陷。

2005 年 2 月,英国食品标准局在官方网站上公布了一份通告:亨氏、联合利华等 30 家企业的产品中可能含有具有致癌性的工业染色剂苏丹红一号。随后,一场声势浩大的查禁"苏丹红一号"的行动席卷全球。最后,广州市增城区田洋食品有限公司生产的辣椒红一号的食品添加剂被认定为这次全球性食品安全事件的源头。

2005 年 2 月 23 日,中国国家质量监督检验检疫总局发出紧急通知,要求清查在国内销售的食品(特别是进口食品),防止含有苏丹红一号的食品被销售及食用。3 月 29 日,中国紧急制订了食品中苏丹红染料检测方法的国家标准,并正式实施。

在中国食品行业,目前使用的技术标准 99.8% 由国外制订的。国外一般按产品定标准,标准与产品一一对应;中国则是按类别划分,如各种蔬菜只有一个标准(蔬菜类)。因此,一个农药残留物,国外有 2 000 多项标准,中国只有 100 多项。

图 5.15　添加剂

图 5.16　火锅底料

图 5.17　依法处理

国外技术标准的修改周期一般是 3 到 5 年,而中国技术标准更新较慢。例如,牛奶,1986 年制定了国家生鲜牛奶收购标准 GB6914—86。该标准规定牛奶中的微生物指标,国家一级奶应小于 50 万个/毫升、二级奶应小于 100 万个/毫升、四级奶应小于 400 万个/毫升。而美国、加拿大规定,如牛奶中微生物超过 5 万个/毫升,就要从严处罚。

近年来,虽然更多的食品安全事件被曝光,但很多专家并不对中国食品安全的未来感到悲观。因为,我国食品安全状况总体来讲是好的,而且一年比一年好。它具体的标志就是我们国家总的食品合格率在 15 年以前大概只有 50％到 60％,而现在已经达到了 90％左右。

添加剂其实并不可怕,可怕的是添加其他一些非食用的物质。例如,明矾油条、滑石粉面条、漂白粉馒头、婴儿毒奶粉、地沟食用油、黑色素酱油、毒粉丝、甲醛啤酒、注水猪肉、蓝耳猪肉、炭疽病牛肉、禽流感鸡鸭、工业食盐、吊白块味精、孔雀绿鱼肉、高浓度残留蔬菜瓜果、外加苏丹红咸蛋、抛光陈米、硫磺银耳、三聚氰胺奶粉、福尔马林鸡爪,这些化学物质从未被批准添加到食品中,不属于食品添加剂。大家重视食品安全是好事。但是,三聚氰胺、苏丹红,根本不是食品添加剂,而是非法填充物。把这些东西放入食品中简直是投毒,但是大家把这些都归因于食品添加剂惹的祸。

小张回乡探亲,带回一箱家乡特产——芦笋罐头。傍晚,小张把芦笋罐头送给师傅,说是绿色食品,能抗癌防衰老,请师傅品尝。师傅甚是高兴,执意挽留小张一起共进晚餐,并让夫人开一瓶芦笋罐头上桌。片刻,菜上齐了,小张给师傅夹了一块芦笋说:"师傅,你尝尝。"师傅揉揉眼睛,瞅了瞅说:"小张!这明明是白的,你怎么说是绿色食品呢?我才知道原来你是色盲啊!"

请问师傅说的话对吗?你是怎样理解绿色食品的。

不对。绿色化学又称清洁化学或环境无害化学,它要达到的目标是:在化学品的生产中,尽可能不使用有毒、有害的物质,同时将原料中的每一个原子都转化成我们所需要的产品。因此绿色化学的根本宗旨是:既充分利用资源,又不产生任何废物和副产品,实现废物的零排放。人们常把用绿色化学原理生产的食品称为绿色食品。

3.1 卤水点豆腐的秘密

如果你注意一下豆腐坊里做豆腐的情形,就会发现:人们用水把黄豆浸胀,磨成豆浆,煮沸,然后进行点卤——往豆浆里加入盐卤。这时,就有许多白花花的东西析出来,一过滤,就制成了豆腐。

黄豆最主要的化学成分是蛋白质。蛋白质是由氨基酸所组成的高分子化合物,在蛋白质的表面上带有自由的羧基和氨基。由于这些基团与水的作用,使蛋白质颗粒表面形成一层带有相同电荷的水膜的胶体物质,使颗粒相互隔离,不会因碰撞而黏结下沉。

点卤时,由于盐卤是电解质,它们在水里会分成许多带电的小颗粒——阳离子与阴离子,由于这些离子的水化作用而夺取了蛋白质的水膜,以致没有足够的水来溶解蛋白质。另外,阴、阳离子抑制了蛋白质表面所带电荷而引起的斥力,这样使蛋白质的溶解度降低,而颗粒相互凝聚成沉淀。这时,豆浆里就出现了许多白花花的东西了。

盐卤里有许多电解质,主要是钙、镁等金属离子,它们会使人体内的蛋白质凝固,所以人如果多喝了盐卤,就会有生命危险。

豆腐作坊里有时不用盐卤点卤,而是用石膏点卤,道理也一样。

自制豆腐

【实验步骤及现象】

(A) 浸泡:1 千克黄豆加 300 毫升水浸泡 24 小时(若气温较高时,中间可更换一次水），使黄豆充分膨胀，然后倒掉浸泡水。

（B）研磨：将泡好的大豆放在家用粉碎机内，加入 200 毫升水，进行粉碎。

（C）制浆：将研磨好的豆浆和豆渣一并倒入放有双层纱布的过滤器中抽滤，另取 100 毫升水，分多次冲洗，充分提取豆渣中的豆浆。滤液即为浓豆浆。

（D）凝固变性：将自制的浓豆浆（或直接用市售的袋装浓豆浆）倒入一只洁净的 500 毫升烧杯中，用酒精灯加热至 80℃ 左右，然后边搅拌，边向热豆浆中加入饱和石膏水，直至有白色絮状物产生。停止加热，静置片刻后，就会看到豆浆中有凝固的块状沉淀物析出。

（E）成型：将上述有块状沉淀物的豆浆静置 20 分钟后过滤，再将滤布上的沉淀物集中成一团，叠成长方形，放在洁净的桌面上，用一只盛有冷水的小烧杯压在包有豆腐团块的滤布上，大约 30 分钟后，即可制成一小块豆腐。若用市售的浓豆浆为原料，制成的豆腐更为细嫩洁白。

（F）保存：为了使制成的豆腐保鲜而不变质，将新制成的豆腐浸于 2％～5％ 的食盐水中，放在阴凉处，可使豆腐数天内保鲜而不变质。

豆腐是中国古代的一项重要发明，现豆腐在全球已成为颇受欢迎的食品。下表是豆腐中主要成分的平均质量分数：

成　　分	水	蛋白质	脂肪	糖类	钙	磷	铁	维生素 B_1	维生素 B_2
质量分数/％	89.3	4.7	1.3	2.8	0.24	0.064	1.4	0.000 06	0.000 03

（1）在制豆腐的工艺流程中，磨浆属于什么变化，并说明原因。

（2）由豆腐花制豆腐的过程就是将豆腐与水的分离过程，该操作与化学中哪一种实验操作原理相似，该操作需要用到哪些主要仪器，并说明这种实验操作的一种主要用途。

（3）根据豆腐中主要成分的平均质量分数成分表，说明豆腐中哪些营养物质能为人体提供能量。

（4）简述豆腐中所含的维生素 B_1、维生素 B_2 对人体有哪些主要作用。

简答：（1）物理变化，只是物质的状态发生变化，没有新物质生成

（2）过滤、漏斗、玻璃棒、烧杯、难溶性固体与液体的分离

（3）脂肪、蛋白质、糖类

（4）① 维生素 B_1：是白色粉末，易溶于水，遇碱易分解。它的生理功能是能增进食欲，维持神经正常活动等，缺少它会得脚气病、神经性皮炎等。

② 维生素 B_2：人体缺少它易患口腔炎、皮炎、微血管增生症等。

3.2　饮酒与身体健康

1. 我国酿酒的历史回顾

中华民族是世界文明古国之一，我国的酿酒工艺的历史源远流长。据《蓬拢夜话》中记载"黄山多猿猱，春夏采花于石洼中，酝酿成汤，闻数百步。"这就是最原始的酒，是经野生花果堆积于高温季节自然发酵而成花蜜果酒或称猿酒。《礼记·月令仲夏》中云："秫稻必齐，曲糵必时，湛炽必洁，水泉必香，火齐必得。"这就是后来所说的"古遗方法"。从现代观点看，我国应用霉菌糖化谷物酿酒，大约可以溯源到五千多年前的龙山文化时期，当时的我国劳动人民已经掌握酿酒技术了。

2. 酒精的性质

酒精(化学名叫乙醇)是由碳、氢、氧三种元素组成的有机化合物,它是无色透明的液体,嗅之有特有的醇香气味。酒精易燃烧,变成二氧化碳和水,同时放出大量的热能。

3. 白酒中的有害成分及其卫生指标

在白酒生产过程中,会产生一些有害物质,有些是从原料带来的,另一些是在酿造过程中产生的。因为白酒是饮用的,关系到人民的身体健康,所以国家对有害物质做了严格的规定,现将白酒中的有害成分及卫生指标分述如下:

(1) 甲醇

甲醇对人体有很大的毒性,食入 4~10 克就可引起严重中毒。甲醇的急性中毒表现有恶心、胃痛、呼吸困难、昏迷等症状。少量的甲醇会引起慢性中毒,表现为头晕、头痛、视力减退(不能矫正),视野缩小,严重者可双目失明以及耳鸣等症状。甲醇在人体内有蓄积作用,不易排出体外,在人体内氧化成甲醛和甲酸,而甲酸的毒性比甲醇大 6 倍,甲醛的毒性比甲醇大 30 倍。国家对白酒中甲醇的含量有严格的规定:白酒甲醇的含量不能超过 0.12 克/100 毫升。

(2) 醛类

白酒中的醛类主要是在发酵过程中产生的。主要是甲醛、乙醛和糖醛。乙醛的毒性是乙醇的 10 倍,糖醛相当于乙醇的 83 倍。经常饮用含乙醛高的酒容易成瘾。甲醛的毒性最大,饮含有 10 克甲醛的酒,就可以使人死亡。国家规定:一般白酒总醛量不能超过 0.02 克/100 毫升(以乙醛计)。

(3) 杂醇油

杂醇油虽是白酒的重要香气成分之一,但如果含量较高,就会对人体造成危害,杂醇油的中毒和麻醉作用均比乙醇强,使饮用者头痛、头晕,所谓的"饮酒上头"主要就是杂醇油的作用。杂醇油的毒性作用随着相对分子质量的增大而加剧。丙醇的毒性是乙醇的8.5 倍,异丁醇为乙醇的 8 倍,异五醇为乙醇的 19 倍,杂醇油在人体内氧化很慢,停留时间长,故容易使人长醉不醒。国家规定:白酒中的杂醇油的总量不能超过 0.15 克/100 毫升(以戊醇计)。

(4) 铅

铅是有毒的重金属,人体内铅含量达到 0.04 克就可引起急性中毒,发生急性中毒的事故较少,主要是慢性中毒,表现为头痛、头晕、记忆力减退、四肢无力、贫血等。国家规定:铅含量不易超过 1 ppm。

(5) 氰化物

白酒中的氰化物主要与原料有关,如用木薯或野生植物酿酒,在酿造过程中分解为氢氰酸。氰化物有剧毒,饮用者轻者中毒,重者死亡。国家规定:木薯白酒中氰化物含量不能超过 5 ppm(以氢氰酸计),代用原料的白酒中氰化物含量不能超过 2 ppm。

3.3 如何避免儿童饮食中的化学污染

食品中的化学物质污染　有农药残留、兽药残留、激素、食品添加剂、重金属等。农残、兽残和激素对儿童的危害是肠道菌群的微生态失调、腹泻、过敏、性早熟等。因此,蔬菜、水果的合理清洗、削皮,选择正规厂家的动物性食品原料,不吃过大、催熟的水果等就显得十分重要。

劣质食品添加剂的泛滥　是儿童食品中化学污染的主要问题。街头巷尾的小摊小贩，学校周围的食品摊点，都在出售着没有保障的五颜六色的、香味浓郁的劣质食品。近年来医学界发现的中学生肾功能衰竭、血液病病例，已证实了儿童时期食用过多的劣质小食品的危害。

儿童的铅污染问题　值得关注。与铅有关的食品是松花蛋、爆米花；有关的餐具是：陶瓷类制品、彩釉陶瓷用具及水晶器皿；含铅喷漆或油彩制成的儿童玩具、劣质油画棒、图片是铅暴露的主要途径之一，因此，儿童经常洗手十分必要。另外避免食用内含卡片、玩具的食品。

目前市场上的油炸食品和高蛋白食品，已经给中国的小朋友们带来了许多危害：体重超标，身体虚弱，身体功能器官功能下降。

建议小朋友们尽量不吃或少吃爆米花、炸薯条（片）、肯德炸鸡等食品。另外方便面、饮料要少用。

3.4　茶里含有些什么化学成分

茶是我国的特产，种类很多，大别分为红茶和绿茶两种。红茶是将茶叶暴晒在日光下或微温后，使茶叶萎软，再搓揉，使它发酵，至茶叶转褐色，再烘焙制成的。绿茶是将新鲜的茶叶炒熬，破坏其中酵素，再搓揉，烘焙成的。红茶和绿茶中所含化学成分相同，不过分量方面略有不同而已。

茶叶中的化学成分，主要是茶碱 $C_8H_{10}N_4O_2 \cdot H_2O$，其他是鞣酸及芳香油等。纯粹的茶碱是白色针状结晶体，有苦味，能够溶解于热水，不易溶于冷水中，所以开水不热，茶叶是泡不开的。茶碱能够兴奋大脑，使思想灵敏，医药上用它作兴奋、强心、利尿的药剂。它还能够解吗啡或酒精的毒，所以酒醉的人要喝浓茶。鞣酸是制蓝黑墨水及鞣制皮革的原料，也能够溶于热水中，而难溶于冷水。绿茶所含的鞣酸量比红茶多，所以绿茶味比红茶味涩。鞣酸能够使胃液的分泌量减少，阻碍食物的吸收。茶有香味是茶中含有芳香油，芳香油在高温下会挥发变成气体，所以茶只能泡不能煮沸。

3.5　烧烤食品少吃为好

冬季是烧烤的黄金季节，一些制作、贩卖羊肉串等烧烤食物的摊点生意十分火爆。在一些烧烤摊点，质量原本很低劣的肉吃起来竟口感细嫩，其中的玄妙是经营者添加了过量嫩肉粉。嫩肉粉中一般都含有亚硝酸盐，如果过多食用就容易引起亚硝酸盐中毒。因此，别让烧烤食物成为健康杀手。

烤制羊肉串等肉食的过程中，会产生一种叫做苯并芘的致癌物质，除了木炭、煤火等燃烧会直接产生这种物质而污染食品外，烧烤过程中，肉中的脂肪滴在火上，也会产生苯并芘并吸附在肉的表面。人们如果经常食用被苯并芘污染的烧烤食品，致癌物质会在体内蓄积，有诱发胃癌、肠癌的危险。同时，烧烤食物中还存在另一种致癌物质——亚硝胺。亚硝胺的产生源于肉串烤制前的腌制环节，如果腌制时间过长，就容易产生亚硝胺。特别是不卫生的个体烤肉摊点，往往为了使劣质肉吃起来口感细嫩，会过量添加嫩肉粉，如果过多食用这种用嫩肉粉腌制的肉串，就容易引起亚硝酸盐中毒。

3.6　为什么多吃油条不好

油条是我国传统的大众化食品之一,它不仅价格低廉,而且香脆可口,老少皆宜。

油条的历史非常悠久。我国古代的油条叫做"寒具"。唐朝诗人刘禹锡在一首关于寒具的诗中是这样描写油条的形状和制作过程的:"纤手搓来玉数寻,碧油煎出嫩黄深;夜来春睡无轻重,压匾佳人缠臂金。"这首诗把油条描绘得何等形象化啊! 可当你们吃到香脆可口的油条时,是否想到油条制作过程中的化学知识呢?

先看看油条的制作过程:首先是发面,即用鲜酵母或老面(酵面)与面粉一起加水揉和,使面团发酵到一定程度后,再加入适量纯碱、食盐和明矾进行揉和,然后切成厚1厘米,长10厘米左右的条状物,把每两条上下叠好,用窄木条在中间压一下,旋转后拉长放入热油锅里炸,使其膨胀成一根又松、又脆、又黄、又香的油条。

在发酵过程中,由于酵母菌在面团里繁殖分泌酵素(主要是分泌糖化酶和酒化酶),使一小部分淀粉变成葡萄糖,又由葡萄糖变成乙醇,并产生二氧化碳气体,同时,还会产生一些有机酸,这些有机酸与乙醇作用生成有香味的酯。

反应产生的二氧化碳气体使面团产生许多小孔并且膨胀起来。有机酸的存在,就会使面团有酸味,加入纯碱,就是把多余的有机酸中和掉,并能产生二氧化碳气体,使面团进一步膨胀;同时,纯碱溶于水发生水解,后经热油锅一炸,有二氧化碳生成,使炸出的油条更加疏松。

从上面的反应中,我们也许会耽心,炸油条时不是剩下了氢氧化钠吗? 含有强碱的油条,吃起来怎能可口呢? 其巧妙之处也就在这里。当面团里出现游离的氢氧化钠时,原料中的明矾就立即跟它发生反应,使游离的氢氧化钠变成氢氧化铝。氢氧化铝的凝胶液或干燥凝胶,在医疗上用作抗酸药,能中和胃酸、保护溃疡面,用于治疗胃酸过多症、胃溃疡和十二指肠溃疡等。常见的治胃病药"胃舒平"的有效成分就是氢氧化铝,因此,有的中医书上谈到:油条对胃酸有抑制作用,并且对某些胃病有一定的疗效。

油条属于高温油炸食品,油温达190℃,并且油是反复使用的,会造成油脂老化色泽变深,黏度变大,异味增加,油脂中所含的各种营养物质如必需脂肪酸、各种维生素等成分,基本或全部被氧化破坏,不饱和脂肪酸发生聚合,形成二聚体、多聚体等大分子化合物,这些物质不易被机体消化吸收(在常温下豆油的吸收率为97.5%,花生油为98.3%)。动物实验证明,用含高温加热油脂的饲料喂养大白鼠几个月后,就出现胃损伤和乳头状瘤,并有肝瘤、肺腺瘤。故认为高温油脂有致癌的可能性,人们对此应引起高度的重视。许多学者认为:不饱和脂肪酸经反复高温加热后产生的各类聚合物,尤其是二聚体等毒性很强,大量动物实验表明,这些聚合物能影响动物的正常发育,降低生育机能,使肝功能异常、肝脏肿大。且油条面团中加入的碱和矾又对面粉的营养成分有一定的破坏作用,所以为防止油的老化,在炸制油条时,要经常更换新油,最大限度降低或减少有害物质的产生。因此,油条不要经常作为早点食用,为调剂口味,偶尔吃一次对身体也无妨。

第六章
神奇的水

英国化学家普利斯特里很喜欢给朋友表演化学魔术。每当朋友们来到他的实验室参观时,他便拿出一只空瓶子,先给大家看清楚。然后一边和朋友说笑,一边却把瓶口偷偷地移近蜡烛火焰,忽然发出"啪"的一声巨响。朋友们往往吓了一跳,有的甚至吓得钻到桌子下面。看到这种情景,普利斯特里总是得意地哈哈大笑起来。笑罢,他把秘密告诉朋友们。原来,瓶子里事先灌进氢气。氢气和空气中的氧气混合以后,点火,会燃烧起来,并发出巨响。

他不知将这个"节目"表演了多少遍,使它成了一出"拿手好戏"。

有一次,他表演完"拿手好戏",在收拾瓶子时,无意中发现瓶壁上有水珠。奇怪,变"魔术"前的瓶子是干干净净的,那瓶壁上的水珠是从哪儿冒出来的呢?

普利斯特里仔细揩干瓶子,重做实验。咦,瓶壁上依旧有水珠。经过反复实验,他终于发现:氢气燃烧后,变成了水,凝聚在瓶壁上!

在普利斯特里之前,尽管人们天天喝水、用水,可是并不知道水是什么。甚至把水当作一种"元素"。

图 6.1　普利斯特里

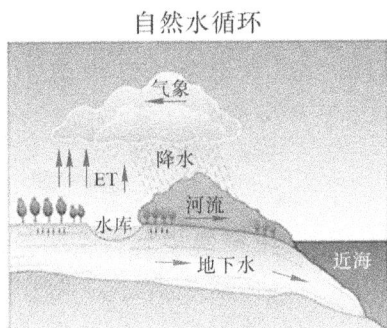

地球表面约有70%以上为水所覆盖,其余约占地球表面30%的陆地上也有水的存在,世间万物都与水有不解之缘,水是生命之源,没有水就没有生命,没有世间万物生机勃勃的景象。万物之所以繁衍生息,充满生机与活力,靠的是水的滋养哺育。

自然水循环

图 6.2　降水-ET-地表水-地下水-入海

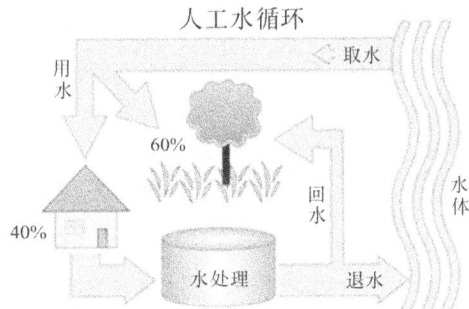

人工水循环

图 6.3　取水-用水-消耗-水处理-回用

水不仅是地球上各种生物的生命之本,同样也是万物之灵——人的生命本源,水是人类生存和文明进步的最重要的物质基础。人类创造的所有文明,都离不开水的滋润。如果没有水,五彩缤纷的大自然将变得黯然无光,整个世界也会变成一片废墟,我们美丽可

图 6.4　风景名胜

爱的家园也就不复存在……如果没有水,也就没有了横伸枝条的苍郁,没有了鲜艳山花的烂漫,没有了流觞曲水的诗意,没有了巫山云雨的伤怀……如果没有了水,也就没有了"日照香炉升紫烟"的气象,没有了"野渡无人舟自横"的清闲,没有"潮平两岸阔,风正一帆悬"的意境……

无水难成美景:历来的风景名胜之地,多半是以水为主角的。你看,钱塘江大潮、珠穆朗玛雪峰、庐山的迷雾、黄山的云海、哈尔滨的冰灯,都是水的换景变形。用地质的眼光来看,拔地而起的桂林山峰,鬼斧神工的云南石林,黄土高坡的千沟万壑,雨花石的玲珑剔透,处处都有水的杰出表现。

所以请大家节约用水。

第一节　水 与 人 体

在地球上,哪里有水,哪里就有生命。一切生命活动都起源于水。

水是细胞的重要组成部分,人体内的水分占成人体总质量的 60%～70%,占儿童体重的 80%以上。其中,脑髓含水 75%,血液含水 83%,肌肉含水 76%,脂肪含水 20%～35%,就连骨头还含有 16%～46% 的水分,坚硬的牙齿也有 10% 的水分。含水量最多的是各种体液,如血液、淋巴液、脑脊髓液等。

人体很多生理作用如消化、吸收、分泌、排泄都一定要有水的参与才能进行。

图 6.5　喝水

没有水,食物中的养料不能被吸收,废物不能排出体外,药物不能到达起作用的部位。人体一旦缺水,后果是很严重的。缺水 1%～2%,感到口渴;缺水 5%,口干舌燥,皮肤起皱,意识不清,甚至幻视;缺水 15%,即出现脉搏细速、血压下降、血容量不足等症状,缺水 20%出现休克伴代谢性酸中毒,甚至危及生命。

1.1　水在人体中的作用

1. 人的各种生理活动都需要水,如水可溶解各种营养物质,脂肪和蛋白质等要成为悬浮于水中的胶体状态后才能被吸收;水在血管、细胞之间川流不息,把氧气和营养物质运送到组织细胞,再把代谢废物排出体外,总之人的各种代谢和生理活动都离不开水。

2. 水在体温调节上有一定的作用。当人呼吸和出汗时都会排出一些水分。比如炎热季节,环境温度往往高于体温,人就靠出汗,使水分蒸发带走一部分热量,来降低体温,使人免于中暑。而在天

图 6.6　生命之水

冷时,由于水储备热量的潜力很大,人体不致因外界温度低而使体温发生明显的波动。

3.水还是体内的润滑剂。它能滋润皮肤。皮肤缺水,就会变得干燥失去弹性,显得面容苍老。体内一些关节囊液、浆膜液可使器官之间免于摩擦受损,且能转动灵活。眼泪、唾液也都是相应器官的润滑剂。

4.水是世界上最廉价最有治疗作用的奇药。矿泉水和电解质水的保健和防病作用是众所周知的。主要是因为水中含有对人体有益的成分。当感冒、发热时,多喝开水能帮助发汗、退热、冲淡血液里细菌所产生的毒素;同时,小便增多,有利于加速毒素的排出。

维持人体的存在,保持生命的活力,依靠的是新陈代谢。当我们吃进食物后,将它消化、吸收时,就需要水分参与,这时必须要消耗一些水分。人体其他器官组织维持其正常的代谢功能,都要排泄一些废物,当然也都要靠水来携带废物。所以要每天摄取适量水分,使整个新陈代谢流程保持顺畅。

那么,日均需水量是多少呢?

以补充的水分与流失的水分保持平衡为宜。人体流失水分的主要器官(即需水的主要器官):

肾:成人日均排尿 1~1.5 L,婴儿 500 mL 左右。

肺:成人 250~350 mL 水分由肺排出。

肠:成人大便中含 75% 水分,随大便排出之水分,每天约 100~200 mL。

皮肤:出汗会流失大量水分。经由皮肤流失的水分约 500 mL(成人)。

消化分泌:包括胰液、胃液、唾液、肠液,总量为成人每天约"流失"8 L,但它大半又被肠壁吸收回去。但若有某种因素妨碍这种"再回收"作用,则会损失大量细胞内液而导致严重脱水。

图 6.7　水资源

按照排出量估算,一般成年人每天的总排水量约为 2 500 mL,而根据摄入与排出平衡的原理可推算出,成年人每天所需补充的水量约为 2 500 mL。

一天补充 2 500 mL 水只是一个平均值,对单一的个体,我们可以用以下方式来测算自己大致的用水量。

第一,可以根据体重计算。成年人每天饮水量的标准是:每公斤体重每天应该补充 40 mL 水。

第二,按照排出量估算,一般成年人每天的总排水量约为 2 500 mL,而根据摄入与排出平衡的原理,成年人每天所需的需水量约为 2 500 mL。

图 6.8　饮用水

第三,按照美国膳食营养供给量标准估算,成年人每消耗 1 千卡能量需水 1 mL,婴儿为 1.5 mL。成年人每天平均大约需要消耗 2 000 千卡的热量,因此按这个计算方法,成年人每天需水量在 2 000~2 500 mL。

不管哪种计算方法,每人每天都应当摄入不少于 2 000 mL 的水分,尤其注意:不要等口渴了才想到补水。

那么,究竟每天要喝多少水才算充足呢?一个健康的成年人每天应起码喝 8~10 杯

（容量约 200 g 的中等大小的杯子）的水，要是在气温炎热和运动量较大的情况下，饮水量还须增加。

请多喝水

图 6.9 请多喝水

其实，我们每天吃的各种食物内含有很多水分。例如，大部分蔬菜、水果 90％以上是水，而像鸡蛋、鱼类中也有大约 75％的水分。粗略估计，我们吃一餐饭，至少可以由食物或汤里摄取 300～400 mL 水。因此，扣除三餐中由食物摄取的 1 000～1 200 mL 水分，我们每天只要再喝 1 000～1 200 mL 开水，平均上午 2 杯、下午 2 杯，也就足够了。但是，我们也应该知道，水的需求量必须视每个人所处环境（温度、湿度）、运动量、身体健康情况及食物摄取量等而定，没有一个确定的标准值。

1.2 饮水不足影响健康

美国健康学家通过调查后发现，高达半数以上的人竟长期处在不同程度的脱水状态中。原因是，他们往往在感到口渴时才去饮水。饮水不足将对生理的"诸多方面"产生不良影响：

当体内水分不足时，有害健康的种种排泄物便有可能潴留在肾内成为结石，甚至引起慢性中毒。

引起身体自发地积储水分以作补偿，使体重增加，并使不少人容易积聚体内脂肪，同时还可能使肌肉萎缩、质量变软或关节酸痛等。

引起人体新陈代谢功能的紊乱，从而使体质下降，免疫功能减弱。

对减肥者来说，饮水不足不仅使他们不能达到减肥目标，而且对健康造成比正常人更严重的损害。

水与人体健康

图 6.10 水与人体健康

第二节 水 与 植 物

水与植物的生产量有着十分密切的关系。所谓需水量就是指生产 1 g 干物质所需的水量。一般说来，每生产 1 g 干物质植物约需 300～600 g 水。不同种类的植物需水量是不同的，如各类植物生产 1 g 干物质所需水的质量（克）为：狗尾草 285、苏丹草 304、玉米 349、小麦 557、油菜 714、紫苜蓿 844 等。凡光合作用效率高的植物需水量都较低。当然，植物需水量还与其他生态因子有直接关系，如光照强度、温度、大气湿度、风速和土壤含水量等。植物的不同发育阶段吸水量也不相同。

依据植物对水分的依赖程度可把植物分为以下几种生态类型：

图 6.11 水与植物

2.1　水生植物

水生植物的适应特点是体内有发达的通气系统,以保证身体各部分对氧气的需要;叶片常呈带状、丝状或极薄片状,有利于增加采光面积和对二氧化碳与无机盐的吸收;植物体具有较强的弹性和抗扭曲能力以适应水的流动;淡水植物具有自动调节渗透压的能力,而海水植物则具有等渗性。

1.沉水植物:整株植物沉没在水下,为典型的水生植物。表皮细胞可直接吸收水中气体、营养物和水分,叶绿体大而多,适应水中的弱光环境,无性繁殖比有性繁殖发达,如狸藻、金鱼藻和黑藻等。

2.浮水植物:叶片飘浮水面,气孔通常分布在叶的上面,维管束和机械组织不发达,无性繁殖速度快,生产力高。不扎根的浮水植物有凤眼莲、浮萍和无根萍等,扎根的有睡莲和眼子菜等。

3.挺水植物:植物体大部分挺出水面,如芦苇、香蒲等。

图 6.12　水中花

图 6.13　陆生植物

2.2　陆生植物包括湿生、中生和旱生植物三种类型

1.湿生植物:抗旱能力小,不能长时间忍受缺水。生长在光照弱、湿度大的森林下层,或生长在日光充足、土壤水分经常饱和的环境中。前者如热带雨林中的各种附生植物(蕨类和兰科植物)和秋海棠等;后者如水稻、毛茛、灯心草和半边莲等。

2.中生植物:适于生长在水湿条件适中的环境中,其形态结构及适应性均介于湿生植物和旱生植物之间,是种类最多、分布最广和数量最大的陆生植物。

3.旱生植物:能忍受较长时间干旱,主要分布在干热草原和荒漠地区。又可分为少浆液植物和多浆液植物两类。前者叶面积小,根系发达,原生质渗透压高,含水量极少,如刺叶石竹、骆驼刺和夹竹桃等;后者体内有发达的储水组织,多数种类叶片退化而由绿色茎代行光合作用,如仙人掌、石蒜、景天和猴狮面包树等。

图 6.14　湿生植物

对陆生植物来说,失水是一个严重的问题。虽然植物不需要利用水来排泄盐分和含氮代谢产物,但植物在正常的气体交换过程中所损失的水要比动物多得多。动物在呼吸中所吸进的氧气约占大气成分的 20%,而植物所需要的二氧化碳却只占大气成分的

0.03％。因此,与动物吸入 1 mL 氧气相比,植物要获得 1 mL 二氧化碳就必须多交换 700 倍的大气,也就是说植物失水的可能性要比动物大 700 倍！夏天一株树木一天的需水量约等于其全部鲜叶重的 5 倍。植物从环境中吸收的水约有 99％用于蒸腾作用,只有 1％保存在体内。小麦每生产 1 kg 干物质就需耗水 300～400 kg,因此只有充分的水分供应才能保证植物的正常生长。

在根吸收水和叶蒸腾水之间保持平衡是保证植物正常生长所必需的。要维持水分平衡必须增加根的吸水能力和减少叶片的水分蒸腾,植物在这方面具有一系列的适应性。例如,气孔能够自动开闭,当水分充足时气孔便张开以保证气体交换,但当缺水干旱时气孔便关闭以减少水分的散失。当植物吸收阳光时,植物体就会升温,但植物表面浓密的细毛和棘刺则可增加散热面积,防止植物表面受到阳光的直射和避免植物体过热。植物体表生有一层厚厚的蜡质表皮也可减少水分的蒸发,因为这层表皮是不透水的。有些植物的气孔深陷在植物叶内,有助于减少失水。有很多植物是靠光合作用的生化途径适应于快速摄取二氧化碳(这样可使交换一定量气体所需的时间减少)或把二氧化碳以改变了的化学形式储存起来,以便能在晚上进行气体交换,此时温度较低,蒸发失水的压力较小。

一般说来在低温地区和低温季节,植物的吸水量和蒸腾量小,生长缓慢;在高温地区和高温季节,植物的吸水量和蒸腾量大,生产量也大,在这种情况下必须供应更多的水才能满足植物对水的需求和获得较高的产量。

第三节　植物对水分的调节作用

大气中的水、热相互作用,产生变化万千的气候特征,使地球表面水的分布极不均衡。水量的多少直接影响植物的生存与分布,同时植物也以各种各样的方式适应不同的水环境。城市地区水环境有其特殊性,园林植物对城市水环境具有一定的调节作用。

3.1　增加空气湿度

城市园林植物具有很好的增加空气相对湿度的效应,园林树木能遮挡太阳辐射,降低风速,阻碍水蒸气迅速扩散,还有很强的蒸腾作用。

如:1 公顷阔叶林一天蒸腾 2 500 t 水,比同面积裸露土地蒸发量高 20 倍,相当于同面积水库的蒸发量。

城市公园的相对湿度比城市其他地区夏季高 30％～40％,春秋季高 20％～30％,冬季高 10％～20％。

3.2　涵养水源、保持水土

园林植物与绿地能改变降水的去向,一般绿地土壤入渗量比裸露地高、地表径流量小,从而发挥涵养水源、保持水土的效益。

1. 林冠截留

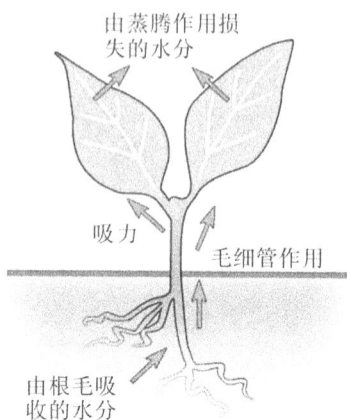

图 6.15　蒸腾作用

（图中标注：由蒸腾作用损失的水分；吸力；毛细管作用；由根毛吸收的水分）

Chemistry in Life

林冠截留降水,减弱雨水对地表的冲刷,减少水土流失,林内降雨先落到树叶、枝和干等树体表面,再流到林地表面,还有一部分降水未接触树体,直接落到林地。

林冠截留还使水质发生变化,通过林冠叶、枝和树干的降水,将积累在这些部位和幼嫩枝叶释放出来的养分淋溶下来,所以林内雨含有较多的养分。

在连续降水的一段时间内,林冠上部或空旷地雨量称为林外雨量。

图 6.16　涵养水源

2. 地被物层吸水保土

下渗:降水向土壤渗透的过程。

在降水下渗过程中,先接触地被物层,土壤表面的枯枝落叶等枯死地被层,结构疏松,表面粗糙,对降水有吸收和拦截作用,防止雨滴击溅土壤,提高土壤下渗能力。

不同森林的枯枝落叶层截留量有较大差异,随着林龄的增加,枯落物积累加厚,持水量也相应提高,有利于降水缓慢下渗,起到涵养水源的作用。

3. 增加地表水的吸收和下渗

绿地土壤孔隙度高、结构好,入渗量比裸露地高,可以减少地表径流量,增加植物可利用水量,防止水土流失。

4. 对融雪的调节作用

绿地内土壤温度变化小,冬春季融雪时间比林外晚,融雪慢,同时绿地内的土壤冻结比绿地外浅,这样就有利于融雪水的渗透和被土壤吸收,减少地表径流量。

在森林内部森林群落可大量储存水分,减少地表径流,从而发挥保持水土、涵养水源、调节周围小气候的作用。

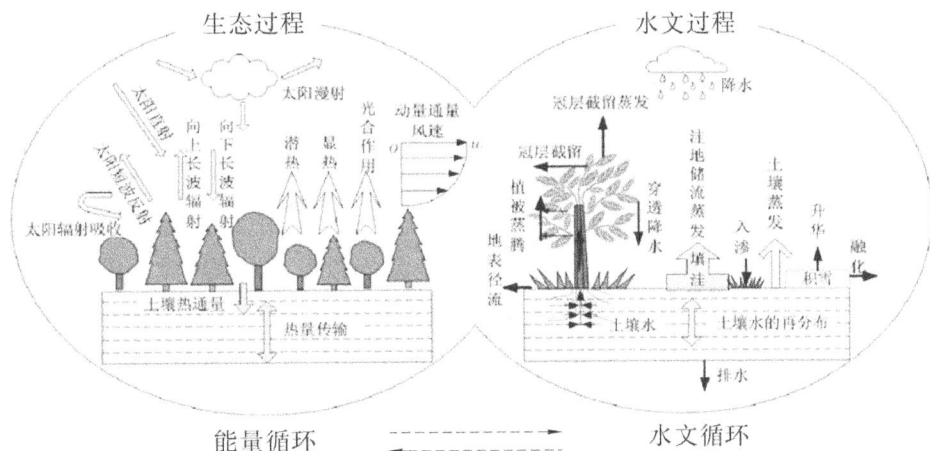

图 6.17　循环

3.3　净化水体

植物对水污染的净化作用主要表现在两方面:

一是植物的富集作用,植物可以吸收水体中的溶解物质,植物体对元素的富集浓度是水中浓度的几十至几千倍元素,对净化城市污水有明显的作用。例如,水葫芦能从污水中吸收金、银、汞、铅等重金属元素。芦苇能吸收酚及其他二十几种化合物,所以有些国家把芦苇作为污水处理剂。

二是植物具有代谢解毒的能力。在水体的自净过程中,生物体是最活跃、最积极的因素。

例如,水葱、灯心草等可吸收水体中或水底土中的单元酚、苯酚、氰化物,氰化物是一种毒性很强的物质,但通过植物的吸收,与丝氨酸结合变成腈丙氨,再转变成天冬酰胺,最终变为无毒的天冬氨酸。

第四节　人类文明与水

在人体内,在大自然中,水是无所不在的,也是不可替代的物质。水的存在,必然决定人们的思想意识。水文化也随着人们对水的认识而产生和发展。

4.1　人对水的态度

人们对水有各种不同的态度,归纳起来,主要有以下三种。

一是怕。上古时代,自然力对人类的威胁,以洪水最烈。所以人们敬畏水神。我国史书上有"河伯娶妇"的故事和很多地方有敬河神的习俗就是例证。记得小时候发病时,母亲说我是在河边摔跤吓走了魂。于是买来香烛,晚上跪在河边乞求水神将我的灵魂让她带回来。现在经常说的"洪水猛兽"、"水火不留情,屎尿胀死人"等成语和谚语也反映了人们对水的畏怯心理。

图 6.18　大禹治水

二是斗。我国神话中的女娲补天、大禹治水和《水经注》载的李冰斗河神等故事,都体现了一个"斗"字。我国各个历史时期的各种水利工程,如古代的都江堰、现代的三峡工程等,都体现了与水灾作斗争的精神。

三是敬。自古以来,人们都把水看成是自然界的美好客体加以尊敬。如《老子》说:"上善若水,水善利万物而不争。"《淮南子》说:"水之为道也……万物弗得不生,百事不得不成;大苞群生无好憎,泽及吱蛲而不求报,富瞻天下而不既,德施百姓而不费。"古人在这里赞扬水"善利万物"、"德施百姓"而不求回报的高尚品德。把它作为真、善、美的象征。

4.2　水对人们意识形态的影响

存在决定意识。水的存在,对人类的政治思想、文化艺术等意识形态产生了广泛而深刻的影响,"水意识"渗透在各个方面。

自古至今,人们都把水与人生观相联系。孔子川上曰:"逝者如斯夫,不舍昼夜。"劝诫人们应珍惜逝如流水的人生时光。孟子曰:"性犹水也,决诸东方则东流,决诸西方则西流。"他认为人性像水一样,经过教育引导,可以走向至善。"人平不语,水平不流"、"要一碗水端平"等俗语,主张为人、办事要公平。"流水不腐"的真理,告诫人们不要停止不前。以"逆水行舟""水滴石穿"为喻,敦促人们奋发进取,坚忍不拔等。

我国历史上开明的政治家都主张治国之道取法于治水。如魏征谏唐太宗说:"水可载舟,亦可覆舟。"将水与舟的关系比喻为政治的稳定决定于人民的安宁和民心的向背。人们还根据江河水系中干支流的分布状态和水流向下的态势,得出"水流长江归大海"的概念,把它运用到政治上,得出"大一统"思想。对我国历史上政治统一、民族团结、经济交流和文明建设,均起到了不可估量的促进作用。

我国古代的"五行"学说(载于《尚书·洪范》),把水、火、木、金、土作为构成世界万物的基本元素。水被列为五行之首。西汉时进一步发展这一学说,把方位、干支和五行联系起来,并用五行相生相克的关系去解释天象变化、朝代更替和人生祸福等现象。我国中医理论运用五行的相生相克,解释人体内脾、肺、肾、心、肝五脏相互影响的辩证关系。这说明水意识发展到推理高度。

图 6.19 水滴石穿

水意识对文学艺术的影响更加深远。自然界的美景多在山川名胜。而文学艺术又多取材于山水。状物叙情,意境交融。从《诗经》到唐诗、宋词,到现代各种文学艺术,都有无数写水的作品,如范仲淹的《岳阳楼记》,在描述了烟波浩渺、横无际涯、气象万千的洞庭湖水后,便抒发出"先天下之忧而忧,后天下之乐而乐"的名言。苏东坡在浚深西湖,修了苏堤后写下"水光潋滟晴方好,山色空濛雨亦奇,欲把西湖比西子,淡妆浓抹总相宜"等脍炙人口的诗句。李白望庐山瀑布也吟出了"飞流直下三千尺,疑是银河落九天"的名句……至于各种山水画、山水盆景等艺术作品,更是数不胜数。

图 6.20 逆水行舟

水意识在劳动人民中还形成了一种寓教于乐的水文化,如长期流行的赛龙舟、泼水节、放河灯等民间习俗。还有现代迅速发展的游泳、赛艇、冲浪等水上体育和江河湖海的旅游观光活动等。人们还根据水的特性创造了很多成语,如条件成熟的"水到渠成";如真相大白的"水落石出";如关系非常融洽或结合非常紧密的"水乳交融",还有"水涨船高""水深火热""水清无鱼""水滴石穿""水泄不通"等。

4.3 当今的水忧患

综上所述,人在利用水,水又影响人。如何爱护和利用水资源,如何保持水生环境的优美,如何利用人们水意识的积极因素寓道于水,寓教于水,寓政于水,为当今改革开放服务,是每一个人面临的重要课题。

然而,目前水资源的现实状况,让我们忧心忡忡,主要问题有:

一是水资源,特别是淡水资源越来越贫乏。在地球总水量中,97%水分布在海洋,还有一些无法取用的冰川和高山顶上的冰雪及盐碱湖和内海。真正适用于人类饮用的淡水和河流的水量不到地球总水量的1‰,而且分布极不均匀。随着人口的增长,人类的用水量大幅度增加。20世纪以来,全世界农业用水量增长7倍,工业用水量增长了20倍,城市用水量也在不断增加。这种淡水分布不均和用水量增加的情况,使世界上有43个国家和地区(约占全球陆地面积的60%)缺水。中国也不例外。我国水资源人均占有量仅是世界人均占有量的1/4,而工农业生产和城市居民生活用水总量却占世界第二位,仅次于美国。全国有180多个城市缺水,其中严重缺水的有40多个。

二是水质污染严重。全世界每年约有4 200多亿立方米污水排入江河湖海,污染了55 000亿立方米的淡水,约占地球径流总量的14%以上。随着人口增长和工业的发展,排出的污水量日益增加。此外,酸雨和化肥、农药等对水质也造成不同程度的污染。据我国对5.3万千米的河段调查,鱼虾绝迹、水质恶劣的"死水"河段有2 400千米,占全国河流总长的4.5%;水质污染不能灌溉的河段约占23.3%,两者合计占27.8%。

水资源的减少和水质的严重污染,已经给人类的生产生活带来严重威胁。如果人类还不积极采取措施保护水资源,防止水体污染,那么人类将会毁灭。

我国虽然加大了环境保护的力度,水污染有所控制,但还没有根本改变严重污染的状况。节水、保水任重道远,需要大家共同努力!

图6.21　海洋污染

水体污染的主要类型:

(1) 在城市中各类工业与大型企业密集,排入城区河段的污染物数量极大,故一般流经城市的河流污染都很严重。

(2) 海洋污染,其中以石油污染最为突出。

(3) 污染物种类越来越多,其中毒物、剧毒物、长期残留物特别令人关注,重金属在水中有积累作用,不会被自然分解。进入生物体后会在生物体内积累,不会被排出。且随着食物链一级一级传递,级别越高体内积累的重金属离子越多。导致水中的鱼等生物发生病变死亡(重金属离子可以破坏蛋白质)。使水质逐渐恶化,并且恶性循环,导致更多的生物出现中毒。比如,日本的水俣病!最后导致吃鱼的猫和人得怪病而死亡等怪病……

(4) 陆地水体中,河流流速大。稀释与自净能力强,污染较轻,较易恢复;湖泊交换能力弱,污染物能长期停留,易使水质恶化和引起富营养化;地下水遭受工业废水和城市污水的污染日益严重,而且一旦污染,不易恢复,甚至不能恢复。

(5)农田排水和地表径流等污染源造成的水污染比较普遍。

第五节　水　污　染

水污染主要是由人类活动产生的污染物造成的,它包括工业污染源、农业污染源和生活用水污染源三大部分。

工业废水是水域的重要污染源,具有量大、面积广、成分复杂、毒性大、不易净化、难处理等特点。1998 年中国水资源公报资料显示：这一年，全国废水排放总量共 539 亿吨（不包括火直电流冷却水），其中，工业废水排放量 409 亿吨，占 69%。实际上，排污水量远远超过这个数，因为许多乡镇企业工业污水排放量难以统计。

　　农业污染源包括牲畜粪便、农药、化肥等。农药污水中，一是有机质、植物营养物及病原微生物含量高，二是农药、化肥含量高。中国目前没有开展农业方面的监测，据有关资料显示，在 1 亿公顷耕地和 220 万公顷草原上，每年使用农药约 110 万吨。中国是世界上水土流失最严重的国家之一，每年表土流失量约 50 亿吨，致使大量农药、化肥随表土流入江、河、湖、库，随之流失的氮、磷、钾营养元素，使 2/3 的湖泊受到不同

图 6.22　水污染

程度富营养化污染的危害，造成藻类以及其他生物异常繁殖，引起水体透明度和溶解氧的变化，从而使水质恶化。

图 6.23　触目惊心的水污染

　　生活污水污染源主要是城市生活中使用的各种洗涤剂和污水、垃圾、粪便等，多为无毒的无机盐类，生活污水中含氮、磷等植物营养元素。

　　1998 年 3 月下旬，香港沿海海域和广东珠江口一带海域发生了一种奇怪的现象，海水泛红色、棕色或绿色，腥臭难闻，海水中的鱼、虾等动物大量死亡，当地沿海各大养殖场损失惨重。据《经济日报》1998 年 5 月 3 日报道，此次事件，香港渔民损失近 1 亿港币，广东养殖的珍贵鱼类死亡超过 300 吨，经济损失超过 4 000 万元……

5.1　赤潮

　　赤潮（red tide），又称红潮，是指在富营养化的海水中，由于甲藻、硅藻等真核藻类的大量急剧繁殖（当然也有少量蓝藻、原核动物等），聚集漂浮于海面，使水体呈现红色或褐色等，形成非常壮观的景象，主要发生在近海。赤潮的颜色是由形成赤潮占优势的赤潮生物种类的颜色决定的，如以夜光藻、红色中缢虫等为主形成的赤潮呈红色，而绿色鞭毛藻为优势种时为绿色，硅藻占优势则呈褐色，若蓝藻门的毛丝藻等大量分布时海水则为棕黄色。

图 6.24　赤潮

5.2　水华

　　水华（water bloom，又称水花 water flower），是指在富营养化的淡水中，以原核生物蓝藻为主大量繁殖所致（当然也伴有少量真核的绿藻等）。主要的蓝藻有铜绿微藻、水花微囊藻、水花束丝藻、水花鱼腥藻等，它们的细胞内含叶绿素和蓝色素等，大量繁殖使水体变蓝或形成其他颜色，并带有腥味或霉味。

5.3 水华与赤潮的形成原因

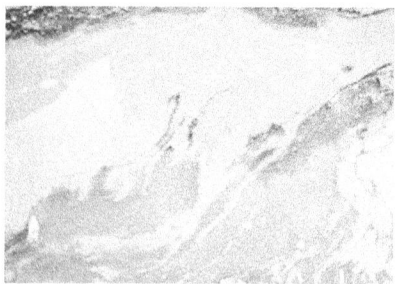

图 6.25 水华

水华与赤潮的形成原因有很多,水体的富营养化是其主要原因。水体污染物中的营养物质是产生水体富营养化的主要原因。据研究表明,藻类等浮游生物和水生植物的生长、繁殖需要 25～30 种元素,其中植物需要量最大的是碳、氮、磷等元素,碳在自然界中存在量多而且易得,而水中氮、磷的含量却较少,因此氮、磷通常是水生植物生长、繁殖的制约因素。而水体污染通常是引起水体中氮、磷的含量升高的主要因素。

5.4 水华——蓝藻

蓝藻在水体中过量增殖,往往形成"水华"。城市的池塘、湖泊、水沟中,含有较多的营养物质,特别是氮、磷,导致蓝藻的大量增殖,使水色蓝绿而浓浊;死亡分解时,散发出腐臭、腥臭气味,使水质变坏。

5.5 赤潮——甲藻

某些甲藻是形成赤潮的主要生物,对渔业危害很大。由于引起赤潮的生物种类不同,其危害程度和方式也不同,夜光藻等赤潮种类,可使海水缺氧,堵塞动物的呼吸器官,而导致生物窒息。而有些甲藻可分泌毒素,毒害其他水生生物,如短裸甲藻分泌神经毒素,直接排放到海水中,使鱼、虾、贝类大量死亡。多边膝沟藻则在藻体死亡后产生毒素,危害海洋生物。有些种类对鱼类、贝类不造成致命影响,但毒素可在它们体内积累,如果人类或其他脊椎动物食用了这些有毒鱼类、贝类就会发生中毒、死亡。

5.6 硅藻

硅藻是一类种类繁多的低等植物,约 11 000 多种。在海洋中硅藻的种类最多,淡水和潮湿的土壤中也有不少。据估测每立方厘米土壤中有羽纹藻约 1 亿个。硅藻的身体虽然只有一个细胞,可这一个细胞却非常有趣。它既不像动物细胞,没有细胞壁,也与植物细胞的细胞壁大不相同。硅藻的细胞壁由大量的硅质组成,分为上下两部分,上面的盖叫上壳,下面的底叫下壳,上壳套住下壳,并且上下壳面上纹饰图案非常精美。如同透明的水晶箱或精致的玻璃小屋。

5.7 其他常见赤潮的藻类生物

金藻的大量繁殖可形成赤潮、水华,给渔业带来危害,如三毛金藻,曾造成一定危害,但目前已有较有效的防治方法。

5.8 赤潮与水华的危害

一旦水体富营养化形成赤潮和水华引起危害相当严重,归纳起来主要有以下几种形式:

Chemistry in Life

1.赤潮和水华能使水体中的溶解氧大量减少,破坏水产资源。

2.赤潮和水华可造成水质恶化,使水体丧失饮用价值。

3.赤潮和水华可造成营养物质的循环存在,使水体难以自净。

5.9 水体富营养化的防治

赤潮和水华作为水体的灾害已严重制约着沿海和水域周围地区的经济发展,因此必须进行大力防治,加强水体环境的保护。

1.合理使用化肥,防止流失,开发生物肥料减轻污染。

2.生活污水可先进行污水灌溉或养殖水生植物以吸收氮、磷等植物营养元素。

3.研制无磷洗衣粉,代替含磷洗衣粉。

4.在湖泊、海湾及饮用地下水源带进行监测、预报。

图 6.26 无磷洗衣粉

若不加以防治,水体富营养化将致使大量水生植物尸体沉积水体底部,会使水深逐渐变浅,日积月累,这些湖泊、水库、浅海等的水体会演变成沼泽,最终演变为桑田。

小雨滴的自述

我是一滴小雨滴,我有个美好的愿望:到美丽的大海去旅游。但是,我却落到了下水管道里。我闻到周围臭气熏天! 我想马上逃走,但逃也逃不走。没办法,我只好捏住鼻子。我看见腐烂的果皮、油污……随处可见,水黑糊糊的。我既害怕又伤心。我害怕这又臭又黑的污水流到江河湖海里。我伤心因为这水又黑又臭,没有鱼,甚至连水草也没有,一片死气沉沉的景象。

图 6.27 小雨滴

我沿着下水管道来到一家很大的工厂,我流过一个个小池子,我一次比一次干净! 当我知道这是污水处理厂时,我心里悬着的石头也落了地。

处理完后,我来到水力发电站。我看见一个像水车样的东西和周围郁郁葱葱的树木。水力发电站没有烟囱,对面的小山坡上树木枝繁叶茂,小鸟叽叽喳喳,小兔蹦蹦跳跳,空气清新甜润,比下水管道美多啦!

在水力发电站停留了一段时间后,我被送去灌溉。我成了植物的一部分。后来,我又从叶子里的小孔出来,成了晶莹剔透的露珠。接着,我蒸发了,变成雨滴来到自来水厂的蓄水池里。我更加干净了! 我又通过自来水管来到了一个小女孩的家里。她刚放学回家,很渴,一口气把一杯水喝了下去。最后,我留在了小女孩的身体里,成了她身体的一部分。我虽然没有实现愿望,但我还是很高兴!

现在,我有一个更美好的愿望:希望工厂里没有黑烟,森林更多、更广一点,空气更清新一点,天空更湛蓝一点,水更甘甜一点!

水与土的对话

在大海的岸边,土和水相遇了。

土:老兄,你这日子过得可真舒畅啊,处处都有你的身影。你和我虽然都是人类生存重要的养料,但人类却经常向我唾弃。唉,真是生不如死!

水:老弟,你的眼界能否放宽些,你注意到近几年我的资源越来越少,更可气的是还有人在污染我。人们都说:"七分海洋,三分陆地"可见我们的地球是"水的行星",住在"水的行星"上的人们都知晓这件事,所以就肆无忌惮地浪费我,以为我是取之不尽用之不竭的,害得我经常口干舌燥……

土(草草打断):切!别说得那么危言耸听,我可没听过有如此严重的事情。

水:黄河,你知道吗?就是黄土高原上的那条河,你知道吗?

土(满脸不屑):那还用问?

图 6.28 水与土的对话

水(松了一口气):人们把黄河称为母亲河,你是否去过那儿,黄河中游支流的汾河、渭河、洛河……脏的不得了,在三什么峡到入海口,7 个水质监测口,6 个亮起了红灯。你还听说过黄河最近缺水的事情吗?

土:什么?(满脸惊讶)长 546 千米的黄河也会缺水?

水:这有啥大惊小怪的。近几年,黄河水量比以前少了一半多,而脏水却越来越多……(满脸惋惜)

土(恍然大悟):我还以为只有我命苦,原来你也同病相怜啊……

水:你有什么可担忧,苦恼的?

土:真是个井底蛙,最近由于人口的增长,导致固体废弃物的倾倒和堆放量日益增多,有害废水也往我的身体里渗透,就连大气中的有害气体和尘土也随雨水降落,导致了严重的土壤污染!

水:看来人类如果再没有环保意识的话,日复一日,年复一年,我们将会消失,而灾难也会降临到人类头上。

土,水:唉,人类何时才能听到我们的心声,了解我们的苦闷……

随后,便是沉默……

八大公害事件:是指在世界范围内,由于环境污染而造成的八次较大的轰动世界的公害事件。主要指:

1. 比利时马斯河谷事件(1930 年 12 月,比利时马斯河谷工业区,排放的工业有害废气和粉尘对人体造成综合影响,一周内近 60 人死亡,市民心脏病、肺病患者的死亡率增大,家畜死亡率也大大增大)。

2. 美国多诺拉事件(1984 年 10 月,美国滨西法尼亚洲多诺拉镇的二氧化硫及其氧化物与大气粉尘结合,使大气产生严重污染,造成 5 911 人暴病)。

3. 美国洛杉矶光化学烟雾事件(20 世纪 40 年代,美国洛杉矶的大量汽车废气在紫外

图 6.29　水污染事件

线照射下产生的光化学烟雾,造成许多人眼睛红肿、咽炎、呼吸道疾病恶化乃至思维紊乱,肺水肿)。

4. 英国伦敦烟雾事件(1952 年 12 月 5～8 日,英国伦敦由冬季燃煤引起的煤烟性烟雾,导致 4 天时间中有 4 000 多人死亡,两月后又有 8 000 多人死亡)。

5. 日本四日市哮喘事件(1961 年,日本四日市由石油冶炼和工业燃油产生的废气,严重污染大气,引起居民呼吸道疾病骤增,尤其是哮喘病的发病率大大提高,形成了一种突出的环境问题)。

图 6.30　多诺拉事件

6. 日本爱知县米糠油事件(1963 年 3 月,在日本爱知县一带,由于对生产米糠油的管理不善,造成多氯联苯污染物混入米糠油,人们食用了这种被污染的油后,酿成 13 000 多人中毒,数十万只鸡死亡的严重污染事件)。

7. 日本水俣病事件(1953 年～1968 年,日本熊本县水俣湾,由于人们食用了含汞污水污染的海湾中富集了汞和甲基汞的鱼虾和贝类及其他水生物,造成近万人的中枢神经疾病,其中甲基汞中毒患者 283 人中有 60 余人死亡)。

8. 日本富山的痛痛病事件(1955 年～1977 年,生活在日本富山的人们,因为饮用了含镉的河水和食用了含镉的大米以及其他含镉食物引起痛痛病,就诊患者 258 人,其中死亡者达 207 人)。

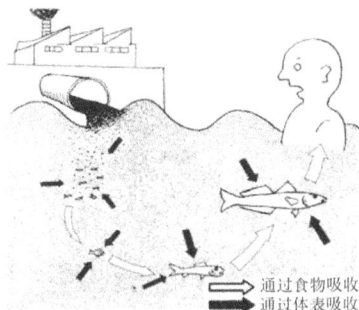

通过食物吸收
通过体表吸收

图 6.31　哮喘事件

图 6.32　镉污染

5.10 讨厌的水垢

肥皂在井水、泉水、海水里容易生成"豆腐渣"。开水壶用久了,内壁会长出一层厚厚的水垢。这些现象说明,看起来清亮透彻的水里确实有杂质。

雨水降落到地面上,涓涓细流汇成江河,穿过山脉,越过平原,冲刷着土壤和岩石,溶解了不少矿物质。井水、泉水等地下水中含有更多的矿物质。如果我们在一块干净的玻璃片上滴上一滴水,等到水滴干后,玻璃片上留下水痕。这就是水里溶解了矿物质。

含有钙镁盐类等矿物质的水叫做硬水。河水、湖水、井水和泉水都是硬水。自来水是河水、湖水或者井水经过沉降,除去泥沙,消毒杀菌后得到的,所以也是硬水。刚下的雨雪,水里不含矿物质,是软水。水烧开后,一部分水蒸发了,本来不易溶解的硫酸钙(石膏就是含结晶水的硫酸钙)沉淀下来。原来溶解的碳酸氢钙和碳酸氢镁,在沸腾的水里分解,放出二氧化碳,变成难溶性的碳酸钙和氢氧化镁(它们是石灰石、白云石的主要成分)沉淀下来。这就是水垢。

用硬水洗衣服时,水里的钙镁离子和肥皂结合,生成脂肪酸钙和脂肪酸镁的絮状沉淀,这就是"豆腐渣"的来历。在硬水里洗衣服,浪费肥皂。水壶里长了水垢,不容易传热,浪费燃料。这些对一个家庭来说,浪费还不算严重。对工厂来说,问题就大啦。工厂供暖供汽用的大锅炉,有的每小时要送出好几吨蒸汽,相当于烧干几吨水。据试验,一吨河水里大约有 1.6 公斤矿物质;而一吨井水里的矿物质高达 30 公斤左右。一天输送几十吨蒸汽,硬水在锅炉内壁沉积出的水垢数量,又该多么惊人!大锅炉里结了水垢,好比锅炉壁的钢板和水之间筑起一座隔热的石墙。锅炉钢板挨不着水,炉膛的火一个劲地把钢板烧得通红。如果水垢出现裂缝,水立即渗漏到高温的钢板上,急剧蒸发,造成锅炉内压力猛增,就会发生爆炸。锅炉爆炸的威力,不亚于一颗重磅炸弹!可见水垢的危害,决不能等闲视之!因此,在工厂里,往往在水里加入适量的碳酸钠,使水中的钙镁盐类变成沉淀除去,水就变成了软水。使硬水通过离子交换树脂,也能除去其中的矿物质,得到软水。家里的水壶、热水瓶里长了水垢,怎么清除干净呢?

小心地将水壶烧到刚刚要干,立即浸到凉水里。这一热一冷,由于铝和水垢热胀冷缩的程度不同,水垢就会碎裂,从壶壁上落下。水垢的主要成分是碳酸钙、氢氧化镁,它们可与酸发生化学变化。根据这个道理,在水壶里倒些食醋,在火上温热一下,水垢上放出密密麻麻的小气泡,很快水垢便粉碎了。用稀盐酸也能除水垢。稀盐酸"消化"碳酸钙的能力比食醋强,不过,操作起来要十分小心,要知道,盐酸和铝很容易发生反应。如果是搪瓷水壶,搪瓷又未脱落,可用稀盐酸除水垢。热水瓶里的水垢也可以这样除去。

5.11 用皂泡法检验硬水的硬度

【实验步骤及现象】

将 1 克普通的洗衣皂片溶解在 100 毫升酒精中,配成肥皂溶液。

取 5 毫升蒸馏水或软化水注入试管,向水中加入一滴肥皂液,用塞子塞住试管口,用力振荡试管,若没有出现皂泡,再加入一滴肥皂溶液并振荡。继续滴加肥皂溶液并振荡直到有充足的皂泡产生。记录产生充足皂泡所需的肥皂液的滴数。

用此方法便可检验不同硬水的硬度,例如:

（1）自来水

（2）雨水或蒸馏水

（3）矿泉水

（4）实验室制备的硬水

第七章

奇妙的洗涤用品

最早出现的洗涤用品是皂角类植物等天然产物,其中含有皂素,即皂角苷,有助于水的洗涤去污作用。此外,草木灰中含有钾碱,用水浸出后的水溶液,也有助于去除织物上的油污。这些天然的洗涤用品沿用甚久。

洗涤物体表面上的污垢时,能改变水的表面活性,提高去污效果的物质主要包括合成洗涤剂和肥皂,统称为洗涤剂。去污的范围很广,日常生活中的去污主要是指衣物的去污,这是洗涤用品最主要的功能。日用器皿、餐具和水果、蔬菜等的洗涤也属去污,但习惯上称为清洗,所用的洗涤用品则称为清洗剂。

图 7.1　洗涤用品

第一节　肥　　皂

肥皂是最古老的洗涤用品,它的由来依据古老的传说:

在古埃及的皇宫里,国王胡夫在宴请宾客。这时,厨房里忙得热火朝天,真是忙中出错,有位粗心的小厨师,不慎将油盒碰落到炭灰里。他十分惊慌,担心发现后被训斥,就趁人不注意时将混有油脂的炭灰捧到厨房外面墙角处的泥坑里。

望着自己满手的油腻,他想:这么脏的手,不知道要洗到什么时候才能洗干净啊!他一边犹豫着,一边把手放到了水中。奇迹出现了:他只是轻轻地搓了几下,那满手的油腻就很容易地洗掉了!甚至连原来一直难以洗掉的老污垢也随之被洗掉了。这个厨师很奇怪,就请其他几个伙伴也来试试,结果大家的手都洗得非常干净。于是,厨房里的佣人就经常用油脂拌草木灰来洗手。后来法老也知道了这个秘密,就让厨师做些拌了油的草木灰供他洗手用。这就是最早的肥皂。

古代不管是东方还是西方,最早的洗涤成分是碳酸钠和碳酸钾。前者为天然湖矿产品,后者就是草木灰中的主要洗涤成分。

据史料记载,最早的肥皂配方起源于西亚的美索不达米亚(意思是"两条河中间的地方",指幼发拉底河和底格里斯河之间)。大约在公元前3 000年的时候,人们便将1份油和5份碱性植物

图 7.2　古代有关洗涤剂的图案

灰混合制成清洁剂,在欧洲关于肥皂起源的传说很多,一说古罗马的高卢人,每遇节日便将羊油和山毛榉树灰溶液搅成稠状,涂在头发上,梳成各种发型。一次,节日中突遇大雨,发型淋坏了,人们却意外发现头发变干净了。又传说,罗马人在祭神时,烧烤的牛羊油滴落在草木灰里,形成了"油脂球"。妇女们洗衣时发现,沾了"油脂球"的衣服更易洗干净。这都说明了人们用动物脂肪与草木灰(碱)皂已用千年历史。

考古学家在意大利的庞贝古城遗址中发现了制肥皂的作坊。说明罗马人早在公元2世纪已经开始了原始的肥皂生产。中国人也很早就知道利用草木灰和天然碱洗涤衣服,人们还把猪胰腺、猪油与天然碱混合,制成块,称"胰子"。

早期的肥皂是奢侈品,直至1791年法国化学家卢布兰用电解食盐方法廉价制取火碱成功,从此结束了从草木灰中制取碱的古老方法。1823年,德国化学家契弗尔发现脂肪酸的结构和特性,肥皂即是脂肪酸的一种。19世纪末,制皂工业由手工作坊最终转化为工业化生产。让肥皂从原本只有王宫贵族买得起的商品,变成平民百姓的日常生活用品。

在此之前,肥皂的制造,靠的是有经验的工匠。利用油脂与碱汁的比例来调制,由于没有资料可参阅,经常因为无法凝固而重新再试。

值得一提的是,在拓荒时期的美国,移民会在初春天气暖和的时候,选择一天,召集全村的人来做肥皂。

肥皂的材料来源,是从橡树、山毛榉等木材中提炼涩汁,作为碱汁的来源,如果不够,就从暖炉的灰烬中添加。有了碱汁,再从动物脂肪或是料理用的植物油中取得油脂,但一旦油水分离,就得从头再来,到了19世纪,才有企业投资肥皂的生产。

图 7.3 制皂小实验

我国宋代就出现了一种人工合成的洗涤剂,是将天然皂荚(又名皂角、悬刀、肥皂荚,通称皂角)捣碎细研,加上香料等物,制成橘子大小的球状物,专供洗面浴身之用,俗称肥皂团。李时珍《本草纲目》中记录了肥皂团的制造方法:"肥皂荚生高山中,树高大,叶如檀及皂荚叶,五六月开花,结荚三四寸,肥厚多肉,内有黑子数颗,大如指头,不正圆,中有白仁,可食。十月采荚,煮熟捣烂,和白面及诸香作丸,澡身面,去垢而腻润,胜于皂荚也。"

在18世纪末工业革命兴起后,获得了大量的价廉的碳酸钠,促使肥皂工业有了新的发展。但是到了20世纪中期,合成化学和石油化工的发展为洗涤剂提供了廉价的化工原料,促使了合成洗涤剂的兴起,使得肥皂工业的发展发生了很大的变化,但近年环保意识加强已被忽略的手工皂又兴起。

由于手工皂有其天然特有的性能,各种组成极易被生物降解且易于被污水处理过程中的微生物分解,因此不会引起河流、湖泊和水道的污染问题。

1.1 肥皂种类

肥皂的用途很广,除了大家熟悉的用来洗衣服之外,还广泛地用于纺织工业。通常以高级脂肪酸钠盐用得最多,一般叫做硬肥皂;其钾盐叫做软肥皂,多用于洗发刮脸等。其铵盐则常用来做雪花膏。根据肥皂的成分,从脂肪酸部分分析,饱和度大的脂肪酸所制得的肥皂比较硬;反之,不饱和度较大的脂肪酸所制得的肥皂比较软。肥皂的主要原料是熔点较高的油脂。从碳链长短来考虑，一般说来，脂肪酸的碳链太短，所做成的肥皂在水中溶解度太大；碳链太长，则溶解度太小。因此，只有 $C_{10} \sim C_{20}$ 的脂肪酸钾盐或钠盐才适于做肥皂，实际上，肥皂中含 $C_{16} \sim C_{18}$ 脂肪酸的钠盐为最多。

肥皂中通常还含有大量的水。在成品中加入香料、染料及其他填充剂后，即得各种肥皂。

普通使用的黄色洗衣皂，一般掺有松香，松香是以钠盐的形式加入的，其目的是增加肥皂的溶解度和多起泡沫，并且作为填充剂也比较便宜。

白色洗衣皂则加入碳酸钠和水玻璃（含量可达12％），一般洗衣皂的成分中约含30％的水分。如果把白色洗衣皂干燥后切成薄片，即得皂片，用以洗涤高级织物。

在肥皂中加入适量的苯酚和甲酚的混合物（防腐，杀菌）或硼酸即得药皂。香皂需要比较高级的原料。例如，用牛油或棕榈油与椰子油混用，制得的肥皂，弄碎，干燥至含水量约为 $10\% \sim 15\%$，再加入香料、染料后，压制成型即得。

图 7.4　各种各样的肥皂

液体的钾肥皂常用作洗发水等，通常是以椰子油为原料制得的。

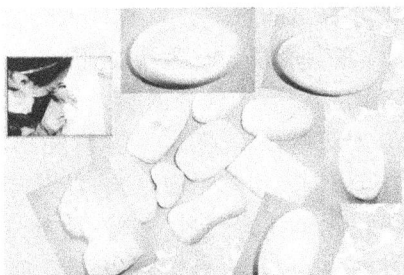

1.2　肥皂成分与应用

肥皂是脂肪酸金属盐的总称，日用肥皂中的脂肪酸碳原子数一般为 $10 \sim 18$，金属主要是钠或钾等碱金属，也有用氨及某些有机碱如乙醇胺、三乙醇胺等制成特殊用途的肥皂。肥皂包括洗衣皂、香皂、金属皂、液体皂，还有相关产品脂肪酸、硬化油、甘油等。

图 7.5　专用皂

肥皂中除含高级脂肪酸盐外，还含有松香、水玻璃、香料、染料等填充剂。从结构上看，在高级脂肪酸钠的分子中含有非极性的憎水部分（烃基）和极性的亲水部分（羧基）。憎水基具有亲油的性能。在洗涤时，污垢中的油脂被搅动、分散成细小的油滴，与肥皂接触后，高级脂肪酸钠分子中的憎水基（烃基）就插入油滴内，靠范德华力与油脂分子结合在一起。而易溶于水的亲水基（羧基）部分伸在油滴外面，插入水中。这样油滴就被肥皂分子包围起来，分散并悬浮于水中形成乳浊液，再经摩擦振动，随水漂洗而去，这就是肥皂去污原理。

普通肥皂不宜在硬水或酸性水中使用。在硬水中因生成难溶于水的硬脂酸钙和硬脂酸镁，在酸性水中生成难溶于水的脂肪酸，大大降低其去污能力。

中国 1903 年在天津创立造胰公司，1907 年在上海建立裕茂皂厂，这是中国开办的最早两家肥皂厂。此后南京、杭州、重庆、沈阳、大连、武汉等城市相继建立了肥皂厂，也有一些地区建立了手工业式的肥皂作坊。直到 1949 年，中国的洗涤用品工业还只有肥皂工业，而且多数是手工作坊，规模小，设备简陋，仅在上海、天津等少数大城市有几家规模稍大，采用机器生产的工厂。1949 年肥皂产量仅 3 万吨。1959 年肥皂产量达到 41.5 万吨。

肥皂自20世纪50年代以来,实现了生产过程的连续化,产品质量也有了较大的提高,但在性能和应用方面没有突破性的进展。产量虽略有增长,但在洗涤用品中所占的比重呈下降趋势。

直到20世纪20年代,大多数人还是用肥皂洗东西。肥皂是一种高效的去污剂。它可以廉价地用容易得到的诸如植物或动物的油脂等原料制造出来。但是,肥皂也有某些缺点。使用后它会留下一层浮垢,而且会使白东西变黄。

肥皂有两大缺点。一是制皂要消耗大量的动植物油脂。动植物油脂是重要的农产品,十分宝贵的资源。直到今天将近一半的油脂仍然用作食物,一半作为工业原料,在工业原料中,制造肥皂占一大半。肥皂在和人争夺食物。用油脂制肥皂实在太可惜。能不能用矿物或者化工产品来代替油脂做肥皂呢?二是浪费大。在井水、泉水里洗衣服,尽管搓了不少肥皂,泡沫却不多,衣服也不容易洗干净,洗衣盆里还飘浮着一层像豆腐渣一样黏黏糊糊的絮沫。在上海、天津等沿海城市,前几年每逢海水倒灌,自来水里混进不少海水,这时候用肥皂洗衣服也出现这种"豆腐渣"。这种"豆腐渣"沾在衣服上,很难漂洗干净,漂洗不干净,衣服上会出现黄斑,日久容易发脆,变质。这样,往往要多消耗三分之一的肥皂。肥皂在泉水、井水、海水里不经用,这是它的又一缺点。

第二节 合成洗涤剂

图7.6 合成洗涤剂

第一次世界大战时期,由于动植物油脂供应紧张,德国首先开发了合成洗涤剂,主要成分是短链的烷基萘磺酸盐,由丙醇或丁醇和萘结合,再经磺化而成,统称为涅卡尔(Nekal)。

20世纪20年代末期,开始用长链脂肪醇经硫酸化、中和成为脂肪醇硫酸钠,当时仅添加些硫酸钠,作为合成洗涤剂出售。30年代初期,随着石油化工的发展,美国生产了长链的烷基芳基磺酸盐,其中芳基、烷基是由煤油馏分制取的。这种烷基芳基磺酸盐直接作为洗涤剂出售,或添加一些硫酸钠。第二次世界大战后,由丙烯聚合而成的四聚丙烯。代替了煤油馏分,与苯结合而成为烷基苯,经磺化、中和而成为烷基苯磺酸钠。由于价格低廉、性能良好,发展很快,直到60年代初期,一直占据统治地位。当时世界上大部分合成洗涤剂是由这种表面活性剂配制而成的。60年代中后期,由于四聚丙烯在化学结构上存在支链,不易被生物所降解,造成环境污染,因此用直链烷基苯逐步取代了四聚丙烯烷基苯。

随着化学工业的发展,在使用烷基苯磺酸钠之类的优良表面活性剂作为基本组分外,还配用其他表面活性剂和各种不同的助剂和辅助剂,以提高洗涤效果。在第二次世界大战时期,德国就开始用羧甲基纤维素作为合成洗涤剂的辅助剂以消除污垢的再沉积问题。到第二次世界大战末期,将碳酸盐、硅酸盐、磷酸盐等碱性物作为合成洗涤剂的助剂加以使用。聚磷酸盐的使用是合成洗涤剂工业发展中的一个重要步骤。初期使用焦磷酸四钠,以后改用三聚磷酸钠,取得了良好的洗涤效果,但到60年代末,由于三聚磷酸钠在合成洗涤剂中使用量较大,用后排入下水道,因污染河流水源而造成水体富营养化问题,有些国家已禁止或限制使用,而改为4A沸石等其他代用品。

1959年我国开始生产合成洗涤剂,产量为0.57万吨。从1960年开始,随着合成洗涤剂的发展,逐步发展了烷基苯、三聚磷酸钠等原材料的生产。1961年开发利用石蜡生产皂用合成脂肪酸。1978年以后,洗涤用品生产发展迅速,花色品种逐步增加。如洗衣粉中发展了复配、加酶、杀菌消毒、加色加香、浓缩等许多品种;液体洗涤剂中发展了洗涤餐具、水果蔬菜、浴缸、炉灶、纱窗、玻璃、搪瓷器皿、地毯等各种专用洗涤剂,以及洗发香波等。还发展了润肤、护肤

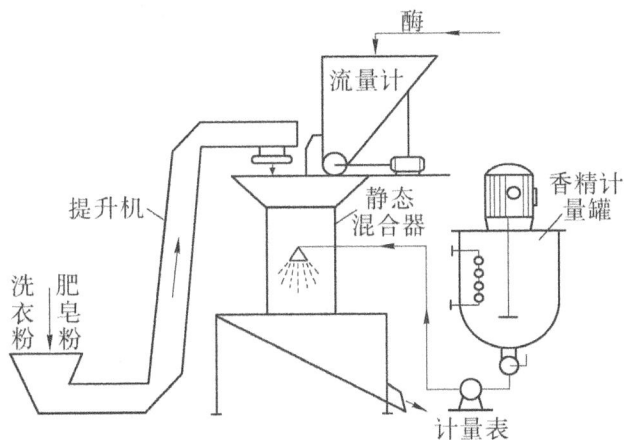

图 7.7 制皂流程图

以及具有一定疗效的香皂、香浴液,并发展了适合老年、妇女、儿童特点的产品。工业用洗涤剂的应用领域不断扩大,生产的各种表面活性剂和工业用的洗涤剂已应用于机械、冶金、石油、化学纤维、纺织、印染、皮革、造纸等各个领域。1985年洗涤用品总产量达到200万吨,其中:肥皂99.6万吨,合成洗涤剂100.4万吨。中国的洗涤用品工业,迄今已形成一个以肥皂和合成洗涤剂为主,包括主要原材料和辅助材料生产的,具有一定规模的洗涤用品工业体系。

图 7.8 合成洗衣粉

在洗涤用品中,合成洗涤剂的发展比肥皂快。但合成洗涤剂的发展也受到环境保护、生态平衡、织物组织结构的变化以及节约能源等因素的制约。合成洗涤剂在选择与配比使用表面活性剂和助剂方面,向更具有安全性和生物降解性方向发展。在产品结构上,向使用方便且具有多功能方向发展。洗衣粉的高塔喷雾成型因能源消耗、投资和生产成本都较高而逐渐转向无塔成型,尤其是附聚成型。

合成洗涤剂是20世纪随着化学工业特别是石油化学工业的发展而发展的。

第三节　洗涤剂的去污原理

衣物上的污垢常是液体和固体的混合物,以物理—化学作用,或甚至机械作用,吸附在衣服纤维的表面或进入纤维组织之间,既有损于衣物的外观,也有损于衣物的组织而缩短其使用寿命。洗涤用品的去污过程,可简单表示为:

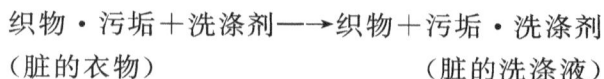

织物·污垢＋洗涤剂──→织物＋污垢·洗涤剂
(脏的衣物)　　　　　　　　(脏的洗涤液)

去污过程的机理,则比较复杂,大致包括下列物理—化学作用:

① 润湿作用:洗涤液中的表面活性剂能降低水的表面张力,从而增加了水对织物的润湿能力,使洗涤液充分渗入纤维之间,表面活性剂分子能和被洗织物上的污垢产生亲和作用,使污垢从织物上分离。

② 吸附作用:在水和被洗织物之间、在水和污垢之间,都存在着界面,洗涤液中的有效成分被织物和污垢吸附后,改变了界面能与织物对污垢的静电引力,使污垢在水里呈悬浮或乳化状态。

③ 增溶作用:污垢被裹挟在洗涤液的胶束层之间,产生增溶现象。

④ 机械作用:当污垢和织物吸附表面活性剂时,在人工搓洗或机械搅拌作用下,污垢从织物上分离而分散在溶液中,经反复漂洗,污垢即可除去。

肥皂的去污原理

肥皂是高级脂肪酸的钠盐,它的分子可分为两部分:一部分是极性的羧基,它易溶于水,是亲水而憎油的,叫做亲水基;另一部分是非极性的烃基,它不溶于水而溶于油,是亲油而憎水的,叫做憎水基。

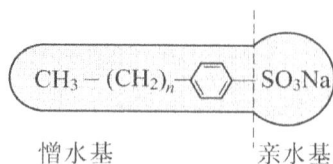

$$CH_3-(CH_2)_n \bigcirc SO_3Na$$

憎水基　　　　　　亲水基

图 7.9　合成洗涤剂分子结构示意图

当肥皂溶于水时,在水面上,肥皂分子中亲水的羧基部分倾向于进入水分子中,而憎水的烃基部分则被排斥在水的外面,形成定向排列的肥皂分子。这种高级脂肪酸盐层的存在,削弱了水表面上水分子与水分子之间的引力,所以肥皂可以强烈地降低水的表面张力,因而是一种表面活性剂。当肥皂在水中的浓度较低时,肥皂分子是以单分子形式存在的,这些分子聚集在水的表面,即亲水基团进入水中,憎水基团被排斥在水的外面。当水中肥皂的浓度逐渐增大时,水的表面上聚集的肥皂分子逐渐增多而形成单分子层。继续增大肥皂的浓度时,由于水的表面已被占满,水溶液内部的肥皂分子中憎水的烃基开始彼此靠范德华力聚集在一起,而亲水的羧基包裹在外面,形成胶体大小的聚集粒子,称为胶束。肥皂的胶束呈球形,如图7.10所示。形成胶束的最低浓度称为临界胶束浓度。达到临界胶束浓度时,水的表面已被占满,水的表面张力降至最

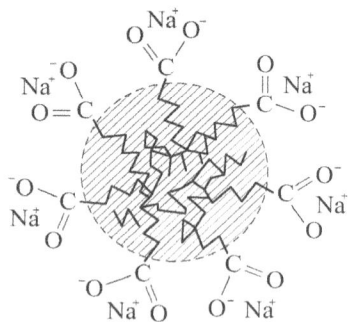

图 7.10　胶束示意图

Chemistry in Life

低。超过了临界胶束浓度,再增大水中肥皂的浓度,只能增加溶液中胶束的数量。

在洗涤衣物时,肥皂分子中憎水的烃基部分就溶解进入油污内,而亲水的羧基部分则伸在油污外面的水中,油污被肥皂分子包围形成稳定的乳浊液。通过机械搓糅和水的冲刷,油污等污物就脱离附着物分散成更小的乳浊液滴进入水中,随水漂洗而离去。这就是肥皂的洗涤原理,如图 7.11 所示。

在临界胶束浓度前后,去污能力与肥皂的浓度有很大的关系:低于临界胶束浓度,去污能力随肥皂的浓度的下降而急剧下降;超过临界胶束浓度,去污能力几乎不能随肥皂的浓度而改变。其他的洗涤剂也是如此。

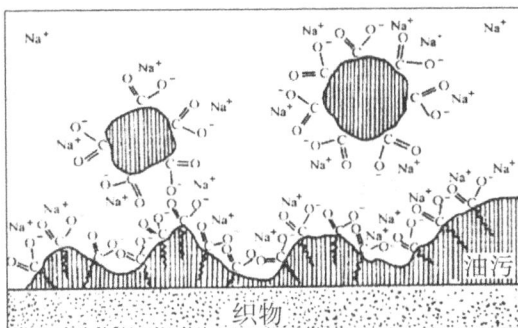

图 7.11　肥皂去污原理示意图

肥皂虽然具有优良的洗涤作用,但也有一些缺点。例如,肥皂不宜在酸性或硬水中使用,因在酸性水中能形成难溶于水的脂肪酸,而在硬水中能生成不溶于水的脂肪酸钙和脂肪酸镁。这样不仅浪费肥皂,而且去污能力也大大降低。另外,生产肥皂要消耗大量的食用油脂。所以近年来,根据肥皂的洗涤原理,合成了许多具有表面活性作用的物质,这些物质就叫做合成表面活性剂,它不仅可供洗涤用,而且还有其他方面的用途。

第四节　洗衣粉的成分

合成洗衣粉是合成洗涤剂中最主要的一种,产量占合成洗涤剂总产量的 70%～90%。其性能优良,使用方便,原料来源丰富,价格低廉,深受广大群众的喜爱。

合成洗衣粉的主要原料是表面活性剂,加入不同的助剂后,即可生产出性能不同的各种洗衣粉。因此,先介绍一下生产洗衣粉所用的各种原料的性能,以便选择合适的洗衣粉。

洗衣粉所使用的表面活性剂主要有烷基苯磺酸钠、烷基磺酸钠、脂肪醇硫酸钠等;助洗剂有三聚磷酸钠、硅酸钠、纯碱、硫酸钠、硼砂、羧甲基纤维素、泡沫促进剂、泡沫稳定剂、荧光增白剂、酶制剂、香料与色素等。

十二烷基苯磺酸钠	18	表面活性剂
三聚磷酸钠($Na_5P_3O_{14}$)	15	软水剂增加去污能力
羧甲基纤维素(CMC,化学糨糊)	2	抗再沉淀剂
硅酸钠溶液(40%,水玻璃)	5	碱性缓冲剂
次氯酸钠溶液(2%)	2	漂白、消毒剂
过氧酸盐(硼酸钠或过碳酸钠)		漂白、消毒剂
纯碱(Na_2CO_3)	58	增加碱性,填料
硫酸钠(芒硝,Na_2SO_4)		降低 CMC,填料

4.1 表面活性剂

烷基苯磺酸钠是洗衣粉的主要成分,性能比较全面,用它制成的洗衣粉,成品色泽、流动性及在水中的泡沫、乳化、润湿、去污能力都比较好。目前生产的有精烷基苯,质量较好;粗烷基苯,质量较差;脱油烷基苯,质量居中。一般洗衣粉都选用精烷基苯。

烷基磺酸钠在碱性、中性、弱酸性中均能使用,在硬水中有良好的润湿、乳化、分散、起泡和去污能力,缺点是洗衣粉的去污力和携污力较肥皂差。

4.2 助剂

（1）三聚磷酸钠也称为"五钠",是洗衣粉中的最重要的助洗剂,主要作用就是通过束缚水中所含的钙、镁离子,使水得以软化,从而保护表面活性剂,并使其发挥最大效用。三聚磷酸钠用量有时比表面活性剂还大;它具有惊人的分散、胶溶作用,能提高污垢的悬浮能力,防止污垢再沉积到织物上;其水溶液呈弱碱性,有利于除去衣物上的酸性污垢;它的吸湿性较小,可使洗衣粉保持良好的流动性与颗粒度,对防止洗衣粉吸潮、结块有很大作用。但是,三聚磷酸钠会造成水体富营养化,现已开发出用 4A 沸石代替三聚磷酸钠的无磷洗衣粉。

图 7.12　无磷洗衣粉

（2）硅酸钠俗称泡花碱或水玻璃,在洗衣粉助剂中配合能起互相调谐的作用,对洗衣粉的悬浮、胶溶、泡沫稳定有良好作用,且利于配料操作。

（3）纯碱能与脂肪污垢皂化而将污垢除去并有较好的吸附性能和促进泡沫生成作用,不过纯碱用量过大容易刺激皮肤及损伤丝、毛类蛋白纤维织物,对棉麻纺织物损伤不大。若与泡花碱共用就可减少对织物的损害。衣物上常见的污垢,一般为有机污渍,如汗渍、食物、灰尘等。有机污渍一般都是酸性的,使洗涤溶液处于碱性状态有利于这类污渍的去除,所以洗衣粉中都配入了相当数量的碱性物质。一般常用的是纯碱和水玻璃。

（4）洗衣粉中使用的硫酸钠有无水硫酸钠(元明粉或称精制芒硝)和结晶芒硝两种,在洗衣粉中作为填料和辅助洗衣剂,有去污、降低料浆黏稠度便于搅匀、输送和防止结块的作用,在洗衣粉中的含量随洗衣粉品种不同而不同。

（5）抗再沉淀是防止污垢再沉淀于织物上,主要品种有羧甲基纤维素、羧甲基淀粉、树胶、聚乙烯吡咯烷酮等,其中以羧甲基纤维素用量最广。在洗衣粉中,它除防止污垢再沉积外,还能保持织物的柔软性及起润湿织物和泡沫等作用。

（6）常用的泡沫促进剂、泡沫稳定剂是烷基醇酰胺(尼偌尔),它能稳定泡沫,促进泡沫稠厚、细致丰富及提高洗衣粉的去污能力,且浮化能力极强。

（7）荧光增白剂是一种无色或微黄色带有荧光染料,能在水中被织物的纤维吸附。

（8）料浆调理剂用来调整浆料的黏度,增加浆料的可溶性、流动性和总固体含量,便于输送、喷粉,对产品质量的稳定和产量的提高都有作用。常用的料浆调理剂是甲苯磺酸钠、二甲苯磺酸钠,一般是在制粉过程中加入。

（9）在洗衣粉中加入酶制剂可以除净织物上的各种血渍、奶渍及由肉汁、牛奶、酱料等所造成的污垢,但所使用的酶必须耐碱性,活力要高,颜色要浅,并易储存,能与洗涤剂活性物相混合。目前应用最多的是碱性蛋白酶,它不能直接加入洗涤粉剂料浆中,而是单独加一些非离子活性物保护,干燥成粒后再与洗衣粉混合制成产品。

(10)洗衣粉中增加少量香料,能使洗涤时具有香味,并使织物留香。香料大多数采用人工合成的香精。用酒精稀释后,喷入已干燥的粉品中,一般用量为粉重的 0.05%～0.1%。

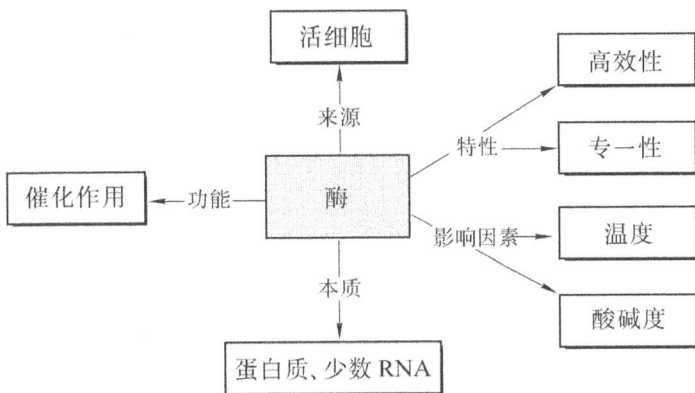

图 7.13 酶

① 碱性蛋白酶。它能有效地除去汗、血、奶等蛋白质类污垢,它适宜的 pH 为 8～12,温度为 30℃～60℃。

② 淀粉酶,亦称糖化酶。对除去淀粉及糖类污渍效果最好,它适宜的 pH 为 6～9.5,温度为 20℃～70℃。

③ 脂肪酶。清除油脂类污垢效果明显。

(11)色素是使洗衣粉带有各种悦目的色泽,但所使用的应为耐碱、热稳定性好、不污染织物、不与洗衣粉中其他原料发生化学反应的色素为好。常用的是能与洗衣粉本色有互助作用的蓝色,如靓蓝、直接耐晒翠蓝等,也有用翠蓝、红、皂黄的,用料一般每吨添加 2～4 g。

除以上原料外,在洗衣粉中还可根据用途不同,适当加入皮肤保护剂、防锈剂、织物柔软剂、抗氧剂、乳化稳定剂等。

第五节　怎样正确使用洗衣粉

误区一　泡沫越多去污力越强

有的消费者错误地认为洗衣粉泡沫越多越好,实际上泡沫的多少和去污力没有直接联系。在洗衣服时,洗衣粉的量应加足,洗涤特别脏的衣服时多加一些是应该的,但并不是洗衣粉加得越多越好。当洗衣粉达到一定浓度,水溶液的表面活性达到最大值以后,去污力就不再随着洗衣粉的增加而增加,反而有减少的趋势。

实践证明:洗衣粉的浓度在 0.2%～0.5% 时,水溶液的表面活性最高,洗涤去污能力最强,也就是说,在一面盆的清水中加入 5～10 g(约 1 茶匙)的洗衣粉就足够了。洗衣粉加过量除了不会再增加去污效果外,还会因溶液中碱性的增加而对衣服纤维有损伤。另外,大量洗衣粉附在衣服上,泡沫多,不易漂净,费水、费时间,造成浪费不说,残留在衣物上的成分还会对皮肤造成伤害,引起过敏反应等。

图 7.14 洗衣

图 7.15　清洗日用品

误区二　不伤手的洗衣粉

由于洗衣粉市场竞争激烈,为了显示产品的"独特"功效,一些厂家别出心裁地推出"不伤手的洗衣粉"、"不伤手的洗洁精"等,意在多占一点市场份额。然而,这些被夸大的宣传很容易误导消费者。因为,合成洗涤剂在本质上都属于化工产品,去污的同时或多或少对皮肤造成伤害。长时间接触后会导致皮疹、红斑、脱屑、湿疹等皮肤问题。如果通过皮肤过多地吸收到人体内,还可能损害人体的造血功能、淋巴系统和肝功能,有的甚至有致癌的危险。

误区三　洗衣粉当作洗碗剂

有的家庭用洗衣粉洗餐具,这是非常不好的。洗衣粉中的主要成分是烷基苯磺酸钠,具有中等毒性。如果它的微粒附在餐具上通过胃肠道进入人体后,可抑制胃蛋白酶和胰酶的活动性,从而影响胃肠消化功能,同时还会损害肝细胞,导致肝功能障碍,久而久之,会使人腹泻、消化不良、脾脏缩小,甚至引发癌症。因此,千万不要拿洗衣粉当洗碗剂使用。

误区四　洗衣时先放衣服再放水和洗衣粉

很多人习惯将脏衣服存放在洗衣机中,洗衣时再放入水和洗衣粉。事实上,洗衣时,应先放入洗衣粉。由于是粉状物,不易溶解,应先用水化开后才能更好地发挥其功效,以免冲洗不净,造成残留。

正确的方法是:先将洗衣粉溶于水,然后放入待洗衣物,浸泡十分钟后再清洗。

误区五　洗衣服时水温越高越好

首先,洗衣服的水温不是越高越好。常用各种含酶洗衣粉,其中的酶制剂主要有碱性蛋白酶和碱性脂肪酶。

图 7.16　洗衣粉使用的注意事项

碱性蛋白酶用于分解蛋白质类污物,如汗渍、血渍等。碱性脂肪酶则主要作用于脂肪酸及其酯类污物,也就是通常所指的油污类。两种酶的活性高低与温度有关,大约 $40℃$ 为最适合。温度过高或过低都会降低酶的活性。

其次,蛋白质有变性作用。其显著特征就是蛋白质凝固,溶解性显著降低,鸡蛋煮熟后凝固就是一例。引起变性的条件之一就是高温。衣物上的蛋白类污物同样会发生变性。所以,如果洗衣时水温过高,会使它们变性凝固于织物纤维之上,从而更难以洗净。

图 7.17　我会洗衣啦

误区六　有人以"肥皂是碱性,洗衣粉是酸性"为依据说两者不宜混用,否则会酸碱中和,抵消去污作用

首先,肥皂(主要成分脂肪酸钠盐和泡花碱)和洗衣粉(主要成分烷基苯磺酸钠和三聚磷酸钠)全是碱性化工产品,其 pH 在 9～11 之间,根本不存在所谓"酸碱中和"之说。

其次,肥皂的主要成分脂肪酸钠会与水中的钙、镁离子结合成沉淀,影响去污力。而洗衣粉中所含的三聚磷酸钠具有配合钙、镁离子,软化硬水的功效,可以使肥皂的去污能力得以提高而不是降低。

图 7.18 协同去污效应

第三,肥皂中的脂肪酸钠与洗衣粉中的烷基苯磺酸钠可产生"协同去污效应",提高了两者的去污能力。

第四,肥皂能抑制洗衣粉的发泡能力,使衣物易于漂洗过清。由于两者混用有诸多益处,在当今市面上出售的高效低泡洗衣粉中就含有 3％～5％的肥皂成分。

因此,肥皂与洗衣粉能一起使用。

第六节 怎样清洗蔬菜和水果

图 7.19 清洗水果示意图

在清洗水果蔬菜时,如何选择正确的洗涤方法,将水果蔬菜中残留的农药最大限度地去除。这是大家都应该注意的。

种植过程中,农药是经过喷洒而与水果蔬菜接触的,所以主要是存在于果蔬的表皮上,清洗的时候只要采取正确有效的清洗方法,就可以将农药的残留量大大降低。

怎样去除蔬菜上的残留农药

工具与原料:清水、菜刀、洗洁精
步骤与方法

1. 去皮法
有机磷、有机汞及除虫菊酯类农药在水中溶解度虽然很低,但易溶于有机溶剂或蜡质液中,而蔬菜表面多有蜡质,很容易吸收农药。因此,对能去皮的蔬菜如黄瓜、丝瓜、南瓜等应先去皮后再食用。

2. 流水冲洗及浸泡洗法
一般蔬菜买回家后要先用清水冲洗 3～4 遍,然后浸入清水中 1～2 小时再冲洗。流水冲洗是消除蔬菜瓜果上污物和去除残留农药的基本方法,尤其对叶菜类蔬菜如空心菜、菠菜、青菜、生菜、小白菜等非常有效。对包心类蔬菜,可先去除表面 1～2 张叶片,再切开清水冲洗 2～3 遍,然后在清水中浸泡 1～2 小时再清洗,以清除残留的农药(流水冲洗和浸泡洗不可倒换顺序,否则残

图 7.20 清洗蔬菜示意图

留在叶片表面的农药在浸泡过程中,反而会渗透到蔬菜细胞组织中)。

3. 碱水浸泡法

有机磷杀虫剂在碱性环境下会迅速分解,所以此方法是去除农药污染的有效措施,可用于各类蔬菜瓜果。方法是先在水中放少量小苏打,搅匀后再放入蔬菜,浸泡15分钟后,把碱水倒掉,接着用清水漂洗干净。

4. 加热法

随着温度的升高,氨基甲酸酯类杀虫剂分解加快,所以对一些其他方法难以处理的蔬菜瓜果,可通过加热去除部分农药,如空心菜、青菜、芹菜、花菜、豆角等。方法是先用清水将表面污物洗净,放入沸水中2～3分钟捞出,据试验,可清除80%以上的残留农药。

此外,还可用淘米水浸泡蔬菜10分钟左右,再用清水冲洗干净。

6.1 水果清洗步骤与方法

1. 将水果放置于塑料桶中,直接将果蔬清洗剂喷洒于水果表面,用筷子均匀搅拌或盖上塑料桶盖,均匀摇晃30～60秒;使其果蔬清洗剂完全溶解于水果表皮。

2. 经过第一步,当我们向杯子中加入水时,发现水特别浑浊,说明此果蔬清洗剂具有自动分解水果上的污泥及残留农药的功能。

图 7.21　洗水果

图 7.22　果蔬清洗剂的效果判别

3. 可再次向水果上喷洒果蔬清洗剂,重复第一步,然后加入清水摇晃几下,这时你看到的不是浑浊的水,而是清澈如初的纯净水,可直接饮用。说明果蔬清洗剂一次就能去除99%以上农药,且无任何残留。

6.2 蔬菜清洗步骤与方法

图 7.23　清洗蔬菜

1. 蔬菜的清洗步骤其实和水果的清洗步骤相差不大,只是在清洗蔬菜时,不容易搅拌和摇晃。把蔬菜放置于盆中,将果蔬清洗剂均匀喷洒于蔬菜表面,反复翻转蔬菜喷洒,翻转蔬菜1～2分钟,使果蔬清洗剂最大限度地与蔬菜接触。

2. 加入清水,清洗1至2次即可,蔬菜上的残留农药及污泥完全被清洗掉。也可重复清洗水果时的第三步。

另介绍一个办法:在一盆水中加入2匙小苏打,然后将蔬菜浸泡其中5～15分钟,再用清水冲洗数次,就可洗去蔬菜上的农药。这样可以放心地食用新鲜蔬菜。

另外,清洗水果蔬菜一定要选择专业的纯天然果蔬清洗剂,否则就不要用清洗剂清洗,因为石化清洗剂根本就没有去除残留农药的功能,而且还残留,不仅清洗不干净,还带来二次残留。尤其是市场上的洗洁精,试想一下,洗洁精清洗过的碗筷,用自来水冲洗多次都还有残留,别说用来清洗水果蔬菜了。

很多人在清洗水果蔬菜时,把清洗剂先滴入水中再放入蔬菜和水果清洗,这种洗涤方式是不正确的。因为水具有扩张力,清洗剂被一大盆水完全稀释掉,这样降低了清洗剂的洗涤功效,且不能让清洗剂和水果蔬菜表面完全接触,不能真正做到去除残留农药。所以正确的洗涤方式应该是,先把果蔬清洗剂喷洒于果蔬表面,使其自动分解完毕,再加入清水洗净即可。

6.3　常见水果清洗法

1. 葡萄怎么清洗最干净

葡萄表面有一层白霜,还黏附着一些泥土,动手重了洗烂,动手轻了洗不掉,怎么办?

清洗方法:把葡萄放在水里面,然后放入两勺面粉或淀粉,不要使劲去揉它,只需来回倒腾,然后放水里来回筛洗,面粉和淀粉都是有黏性的,它会把那些乱七八糟的东西都给带下来。

图 7.24　洗葡萄

2. 桃子怎么清洗最干净

新鲜的桃子非常好吃,就是毛太多,难清除。

清洗方法:可先用水淋湿桃子,然后抓一把盐涂在桃子表面,轻轻搓一搓后,再将桃子放在水中泡一会儿,最后用清水冲洗干净,桃毛就全部去除了。也可以在水中加少许盐,将桃子直接放进去泡一会儿,然后用手轻轻搓洗,桃毛会自动掉下来。

图 7.25　洗桃子

3. 苹果怎么清洗最干净

平常吃苹果,有许多人喜欢连皮一起吃,但现在许多保鲜技术让苹果表面残留化学物质不易清洗。

清洗方法:苹果过水浸湿后,在表皮放一点盐,然后双手握着苹果来回轻轻地搓,这样表面的脏东西很快就能搓干净,然后再用水冲干净,就可以放心地吃了。

图 7.26　洗苹果

4. 杨梅怎么清洗最干净

杨梅外表高低不平,稍稍用力就会破损,有人干脆不洗就吃,但它本身又可能里面含有寄生虫,让人不知从何下手。

清洗方法:将杨梅清洗干净后须用盐水浸泡20～30分钟再食用,因盐水有杀灭某些病菌的作用,亦可帮助去除隐匿于杨梅果肉中的寄生虫。

图 7.27　洗杨梅

5. 草莓怎么清洗最干净

草莓鲜红艳丽,酸甜可口,是一种色香味俱佳的水果。由于草莓不像生梨、苹果可削皮后吃,且草莓外表高低不平,表皮很薄,稍稍用力就会破损,所以不少人不知道应该如何洗,有的人干脆不洗就吃,经常有人因吃了不洁草莓而导致腹泻等。

图 7.28　洗草莓

清洗草莓包括以下几个步骤：

1. 首先用流动自来水连续冲洗几分钟，把草莓表面的病菌、农药及其他污染物除去。注意：不要先浸在水中，以免农药溶在水中后再被草莓吸收，并渗入果实内部。

2. 把草莓浸在淘米水（宜用第一次的淘米水）及淡盐水（一盆水中加半调羹盐）中3分钟，它们的作用是不同的，碱性的淘米水有分解农药的作用；淡盐水可以使附着在草莓表面的昆虫及虫卵浮起，便于被水冲掉，且有一定的消毒作用。

3. 再用流动的自来水冲净淘米水和淡盐水以及可能残存的有害物。

4. 净水（或冷开水）冲洗一遍即可。

另外需提醒的是：在洗草莓前不要把草莓蒂摘掉，以免在浸泡过程中让农药及污染物通过"创口"渗入果实内，反而造成污染。

6.4　世界洗手日

2008年被联合国指定为国际环境卫生年，为了响应联合国改善世界亿万人卫生状况的倡议，更好配合学校健康教育，培养学生养成良好的卫生习惯，共同发起首届"世界洗手日"倡议，号召世界各国在2008年10月15日共同迎接世界洗手日。让全世界儿童一起参与这个世界洗手日活动当中来，树立使用香皂洗手的良好健康习惯，唤起全社会关注儿童的健康问题。把洗手的好习惯带到生活中的每一天、每一个地方，将"大健康"理念由表及里，层层推进，直至深入人心，广为接受，从而形成一个和谐的校园、家庭乃至社会。

图 7.29　世界洗手日宣传画

第八章
探秘人体世界

第一节　人体组成

世间万物都是由各种元素的原子组成的,人体也不例外。从化学元素周期表得知,至今人类一共发现了天然的和人工合成的元素有 118 种,其中目前已知天然存在的化学元素有 92 种。在人体内已经发现 81 种,这 81 种元素统称为生命元素。

元素含量占人体质量万分之一以上的称为常量元素,又叫造体元素,如氧、碳、氢、氮、钙、磷、硫、钾、钠、氯、镁、硅等,这 12 种造体元素占人体质量的 99.95%。人体的肌肉和器官组织及体液都是由碳、氢、氧等元素组成的有机化合物构成的。蛋白质含氮较多,骨骼和牙齿含钙和磷较多,血液和体液中含水较多。

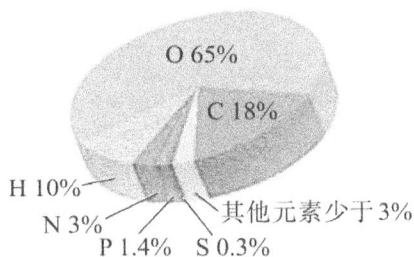

图 8.1　组成人体细胞的主要元素
（占细胞鲜重的质量分数）

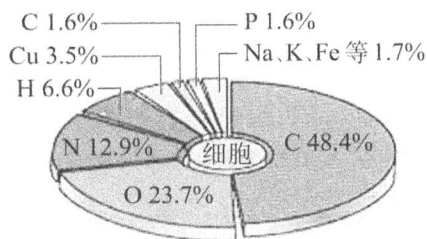

图 8.2　组成人体细胞的主要元素
（占细胞干重的质量分数）

元素含量占人体质量万分之一以下的称为微量元素,目前公认的必需微量元素有 14 种,如铁、锌、锶、铜、锡、碘、锰、硒、镍、铬、钼、钴、钒、氟等。虽然几十种微量元素加起来的总质量占人体质量不足 0.05%,给人的感觉是微乎其微,但作用却像原子弹一样威力很大,它在人体内具有非常重要的生理作用。经科学家研究发现,人体中各种疾病的出现就是因人体内某种元素缺乏或过量造成的,与人体元素不平衡有关。只要人们深入了解各种元素在人体中的作用和规律,并且通过微量元素检测,掌握自己身体中各种元素的含量,然后通过日常饮食合理调整人体内元素平衡,就能做到少生病或不生病,达到健康长寿的目的。

化学元素与人体的关系

人体是由许多化学元素组成的,蛋白质主要由碳、氢、氧、氮、硫、磷元素组成。氨基酸主要由碳、氢、氧、氮、硫元素组成。人体所需微量元素为 铁、锌、硒、碘、铜、锰、铬、氟、钼、钴、镍、锡、硅、钒。此外,亦有资料认为锶、砷、硼为人或动物所必需的微量元素。

（1）人体必需微量元素共 8 种,包括碘、锌、硒、铜、钼、铬、钴及铁。

（2）人体可能必需的元素共 5 种,包括锰、硅、硼、钒及镍。

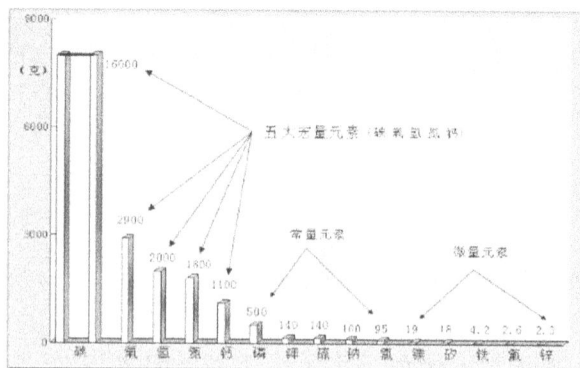

图 8.3　人体钙元素构成图解

（3）具有潜在毒性，但在低剂量时，可能具有人体必需功能的元素，包括氟、铅、镉、汞、砷、铝及锡，共 7 种。人体中的微量元素溶于人体的血液中。如果人体中缺少了某种微量元素，人就会得病，甚至导致死亡。正常人每天都要摄取各种有益于身体健康的微量元素。即：铁、锌、铜、锰、碘、钴、锶、铬、硒等微量元素。微量元素虽然在人体中需求量很低，但其作用却非常大。如：锰能刺激免疫器官的细胞增殖，大大提高具有吞噬、杀菌、抑癌、溶瘤作用的巨噬细胞的生存率。锌是直接参与免疫功能的重要生命相关元素，因为锌有免疫功能，故白细胞中的锌含量比红细胞高 25 倍。锶、铬可预防高血压，防治糖尿病、高血脂等。碘能治疗甲状腺肿大、动脉硬化，提高智力和性功能。硒是免疫系统里抗癌的主要元素，可以直接杀伤肿瘤细胞。

下面介绍几种元素在人体中的作用：

氮是构成蛋白质的重要元素，占蛋白质分子质量的 16%～18%。蛋白质是构成细胞膜、细胞核和各种细胞器的主要成分。动植物体内的酶也是由蛋白质组成。此外，氮也是构成核酸、脑磷脂、卵磷脂、叶绿素、植物激素、维生素的重要成分。由于氮在植物生命活动中占有极重要的地位，因此人们将氮称之为生命元素。植物缺氮时，老器官首先受害，随之整个植株生长受到严重阻碍，株形矮瘦，分枝

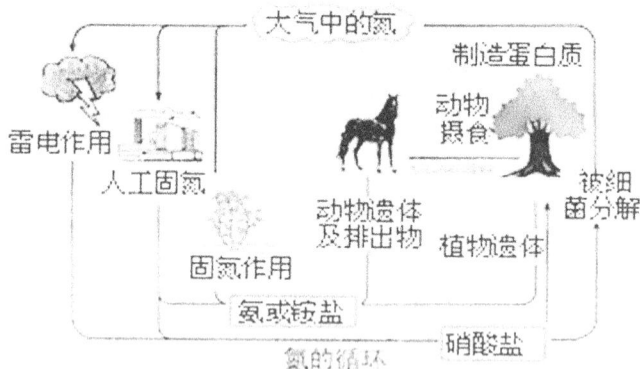

图 8.4　氮循环示意图

少，叶色淡黄，产量低。蛋白质是生物体的主要组成物质，有多种蛋白质的参与才能使生物得以存在和延续。例如，有血红蛋白；有生物体内化学变化不可缺少的催化剂——酶（一大类很复杂的蛋白质）；有承担运动作用的肌肉蛋白；有起免疫作用的抗体蛋白等。各种蛋白质都是由多种氨基酸结合而成的。氮是各种氨基酸的一种主要组成元素。

钠和氯在人体中是以氯化钠的形式存在的，起调节细胞内外的渗透压和维持体液平衡的作用。人体每天必须补充 4～10 g 食盐。

钙是一种生命必需元素，也是人体中含量最丰富的大量金属元素，含量仅次于碳、氢、氧和氮。每千克无脂肪组织中平均含 20～25 g。钙是人体骨骼和牙齿的重要成分，它参与人体的许多酶反应，血液凝固，维持心肌的正常收缩，抑制神经肌肉的兴奋，巩固和保持细胞膜的完整性。缺钙会引起软骨病，神经松弛，抽搐，骨质疏松，凝血机制差，腰腿酸痛。人体每天应补充 0.6～1.0 g 钙。

铁是构成血红蛋白的主要成分，铁的摄入不足会引起缺铁性贫血症。磷是人体的常

量元素,约占体重的 1%,是体内重要化合物 ATP、DNA 等的组成元素。人体每天需补充 0.7 g 左右的磷。碘是合成甲状腺激素的原料。缺碘会影响儿童的生长和智力发育,造成呆小症;会引起成人甲状腺肿大。

　　碘是合成甲状腺激素的重要微量元素,甲状腺激素通过血液作用于靶器官,尤其是肝、肾、肌肉、心脏和发育中的大脑。碘缺乏与碘过量,都对健康不利。碘缺乏可影响儿童身高、体重、骨骼、肌肉的增长和性发育,其中对胎儿和婴幼儿脑发育与神经系统发育形成的损伤不可逆转。碘过量可能引起中毒及发育不良,尤其是对婴幼儿的影响更为明显。临床资料显示,长期摄入过量的碘,可以引起急性甲亢、甲状腺肿大,严重的还可能引发甲状腺癌。尽管多数人对碘有较高的耐受性,但由于婴幼儿身体发育尚不健全,对碘过量反应可能会灵敏。

図 8.5　缺铁性贫血

　　铁在人体中含量约为 4～5 g。铁在人体中的功能主要是参与血红蛋白的形成而促进造血。在血红蛋白中的含量约为 72%。铁元素在菠菜、瘦肉、蛋黄、动物肝脏中含量较高。

　　铜。正常成人体内含铜 100～200 mg。其主要功能是参与造血过程;增强抗病能力;参与色素的形成。铜在动物肝脏、肾、鱼、虾、蛤蜊中含量较高;果汁、红糖中也有一定含量。

　　锌。对人体多种生理功能起着重要作用。参与多种酶的合成;加速生长发育;增强创伤组织再生能力;增强抵抗力;促进性机能。锌在鱼类、肉类、动物肝肾中含量较高。

　　氟。是骨骼和牙齿的正常成分。可预防龋齿,防止老年人的骨质疏松。含氟量较多的食物有粮食(小麦、黑麦粉)、水果、茶叶、肉、青菜、西红柿、土豆、鲤鱼、牛肉等。

　　硒。成年人每天约需 0.4 mg。硒具有抗氧化,保护红细胞的功用,并发现有预防癌症的作用。硒在小麦、玉米、大白菜、南瓜、大蒜和海产品中含量较丰富。

図 8.6　碘盐

　　碘。通过甲状腺素发挥生理作用,如促进蛋白质合成;活化 100 多种酶;调节能量转换;加速生长发育;维持中枢神经系统结构。碘在海带、紫菜、海鱼、海盐等中含量丰富。

　　钴。是维生素 B_{12} 的重要组成部分。钴对蛋白质、脂肪、糖类代谢、血红蛋白的合成都具有重要的作用,并可扩张血管,降低血压。但钴过量可引起红细胞过多症,还可引起胃肠功能紊乱,耳聋、心肌缺血。

　　氟。氟是人体骨骼和牙齿的正常成分。它可预防龋齿、防止老年人的骨质疏松。但是,过多吃进氟元素,又会发生氟中毒,得"牙斑病"。人体内含氟量过多时,还可产生氟骨病,引起自发性骨折。

　　铬。可协助胰岛素发挥作用,防止动脉硬化,促进蛋白质代谢合成,促进生长发育。但当铬含量增高,如长期吸入铬酸盐粉,可诱发肺癌。由此看来,微量元素虽对人体特别重要,但摄入量过多过少都能引起疾病。目前发现许多地方病和某些肿瘤都与微量元素有关。近几年来,医学界对微量元素的研究日益加深,它们对人的健康有着举足轻重的作

用。当然,少女健美也离不开它。

镁是构成人体内多种酶的重要来源。镁尽管在人体中的含量微乎其微,可缺乏镁元素时就会精神疲惫、面黄肌瘦、皮肤粗糙,甚至情绪不稳定,面部、四肢肌肉颤抖。少女一旦出现上述症状,就应当检查一下镁元素是否正常。如果镁元素缺乏或偏低,则可适当服用具有补镁作用的药物。据研究,无花果、香蕉、杏仁、冬瓜子、玉米、红薯、黄瓜、珍珠粉、蘑菇、柿子、黄豆、紫菜、橘子等,含有丰富的镁元素。

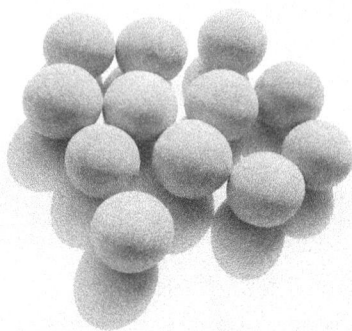

锌是人体中最重要的微量元素之一,主要集中在肝内和肌肉、皮肤之中。当锌缺乏时,会引起少女食欲减退、免疫功能低下、眼睛呆滞无神、皮肤粗糙易感染、贫血、视力下降、毛发枯燥,甚至引起肝脾肿大,从而导致发育缓慢。部分少女面部痤疮、粉刺较多,也与锌元素缺乏有关。锌缺乏同样可用食补。一些动物食品,诸如牡蛎、鱼类、动物肝脏、肉类、蛋中含有大量的锌元素。

铁元素在成人体内约含 $3 \sim 5$ g,其中 $60\% \sim 70\%$ 存在于血红蛋白内。缺铁会导致贫血,这不仅可使少女容颜逊色,还会给整个身体带来麻烦,以致发生头晕、心慌、体力下降、记忆力减退、注意力不集中、抗病能力低

图 8.7 桂圆

下等症状,失去少女健美的基础。动物血、动物肝脏、芝麻酱、黑木耳、蘑菇、海藻类、豆制品、海虾、海参、乌鱼、菠菜、黄豆等,均含有大量的铁元素,可适当增加进食量。铜含量在体内减少时,会影响铁的吸收,导致铁的利用障碍,最终发生缺铁性贫血。铜还与人体皮肤的弹性、润泽有密切的关系。

铜缺乏时,会引起少女皮肤干燥粗糙、面色苍白、免疫力下降,甚至影响今后的生育功能。

为了人体的健康,在我们的日常生活中,要注意饮食的平衡,特别是要注意上述元素和其他一些微量元素(如铜、钾、镁、氟、硒、锌等)的补充,以保证某些生理功能的正常。

微量元素在人体中的主要功能是:

(1)在酶系统中起特异的活化中心作用。微量元素使酶蛋白的亚单位保持在一起,或把酶作用的化学物质结合于酶的活性中心。铁、铜、锌、钴、锰、铝等存在于蛋白质的侧链上。

(2)在激素和维生素中起特异的生理作用。某些微量元素是激素或维生素的成分和重要的活性部分,如缺少这些微量元素,就不能合成相应的激素或维生素,机体的生理功能就必然会受到影响,如甲状腺激素中的碘和维生素 B_{12} 中的钴都是这类微量元素。

(3)输送元素的作用。某些微量元素在体内有输送普通元素的作用。如铁是血红蛋白中氧的携带者,没有铁就不能合成血红蛋白,氧就无法输送,组织细胞就不能进行新陈代谢,机体就不能生存。

(4)调节体液渗透压和酸碱平衡。微量元素在体液内,与钾、钠、钙、镁等离子协同,可起调节渗透压和体液酸碱度的作用,保持人体的生理功能正常进行。

(5)影响核酸代谢。核酸是遗传信息的携带者,核酸中含有相当多的铬、铁、锌、锰、铜、镍等微量元素,这些微量

图 8.8 番茄

元素,可以影响核酸代谢。因此,微量元素在遗传中起着重要的作用。

(6) 防癌、抗癌作用。有些微量元素,有一定的防癌、抗癌作用。如铁、硒等对胃肠道癌有拮抗作用;镁对恶性淋巴病和慢性白血病有拮抗作用;锌对食管癌、肺癌有拮抗作用;碘对甲状腺癌和乳腺癌有拮抗作用。

铁:动物性食物中,如肝脏、动物血、肉类和鱼类所含的铁为血红素铁,血红素铁也称亚铁,能直接被肠道吸收。植物性食品中的谷类、水果、蔬菜、豆类及动物性食品中的牛奶、鸡蛋所含的铁为非血红素铁,这种铁也叫高铁,以配合物形式存在,配合物的有机部分为蛋白质、氨基酸或有机酸,此种铁须先在胃酸作用下与有机酸部分分开,成为亚铁离子,才能被肠道吸收。所以动物性食品中的铁比植物性食品中的铁容易吸收。为预防铁缺乏,应该首选动物性食品。

图 8.9　蔬菜和鱼

锌:动物性食品中的牛肉、猪肉、羊肉、鱼类、牡蛎含锌量高。植物性食品中的蔬菜、面粉含锌量少,且难吸收。

铜:含铜最多的食品是肝脏,大多数的海产品,如虾、蟹含铜较多。豆类、果类、乳类含铜较少。

碘:因海水含碘丰富,所以海产品都含有碘,特别是海带、紫菜含碘量最多。

硒:谷物、肉类、海产品含量高,除缺硒地区外,一般膳食不缺硒。因各种食品含微量元素多少不同,为预防微量元素缺乏,应吃多种食物做成的混合食物,不能偏食、挑食。

第二节　七大营养素

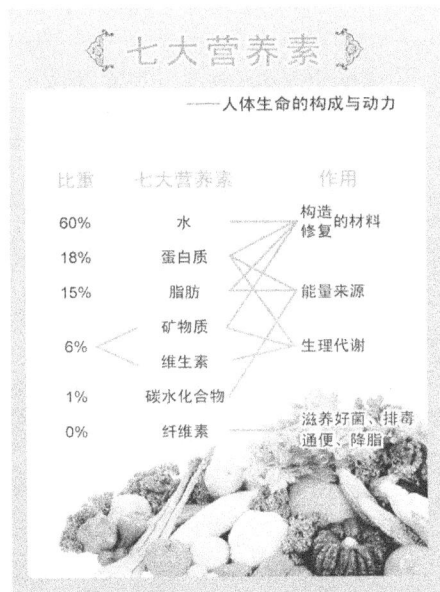

图 8.10　七大营养素

人体需要的营养素有七大类:矿物质(无机盐)、脂类、蛋白质、维生素、碳水化合物、水和膳食纤维。七种营养素在人体中可以发挥三方面的生理作用:其一是作为能源物质,供给人体所需要的能量(主要是蛋白质、碳水化合物和脂类);其二是既作为人体"建筑"材料又可供给人体所需要的能量,主要有蛋白质和脂类;其三是作为调节物质,调节人体的生理功能,主要有维生素、矿物质(无机盐)和膳食纤维等。这些营养素分布于各种食物之中。

2.1　蛋白质

蛋白质是生物体内一种极重要的高分子有机物,占人体干重的 54%。蛋白质主要由氨基酸组成,因氨基酸的组合排列不同而组成各种类型的蛋白质。蛋白质有完全和不完全之分,完全蛋白质是指含有人体必需氨基酸的蛋白(人体必需氨基酸有 8 种:苏氨酸、缬氨酸、赖氨酸、蛋氨酸、亮氨酸、异亮氨酸、苯丙氨酸、色氨酸;而组氨酸为婴幼儿必需氨基酸)。

源自:康内尔大学的金保教授公布的"金字塔式的素食食谱"。根据膳食对严格素食者的指导原则,已删除了原图示意鸡蛋和牛奶的内容。

图 8.11　素食金字塔

1. 蛋白质的生理功能

1) 构造人的身体:蛋白质是一切生命的物质基础,是肌体细胞的重要组成部分,是人体组织更新和修补的主要原料。人体的每个组织:毛发、皮肤、肌肉、骨骼、内脏、大脑、血液、神经、内分泌等都是由蛋白质组成,所以说饮食造就人体本身。蛋白质对人体的生长发育非常重要。比如,大脑发育的特点是一次性完成细胞增殖,人的大脑细胞的增长有两个高峰期。第一个是胎儿 3 个月的时候;第二个是出生后到 1 岁,特别是 0~6 个月的婴儿是大脑细胞快速增长的时期。到 1 岁时大脑细胞增殖基本完成,其数量已达成人的 9/10。所以 0 到 1 岁儿童对蛋白质的摄入对儿童的智力发展至关重要。

2) 修补人体组织:人的身体由百兆亿个细胞组成,细胞可以说是生命的最小单位,它们处于永不停息的衰老、死亡、新生的新陈代谢过程中。例如,年轻人的表皮 28 天更新一次,而胃黏膜两三天就要全部更新。所以一个人如果蛋白质的摄入、吸收、利用都很好,那么皮肤就既有光泽又有弹性。反之,则处于亚健康状态。组织受损后,包括外伤,不能得到及时和高质量的修补,便会加速机体衰退。

3) 维持肌体正常的新陈代谢和各类物质在体内的输送:载体蛋白对维持人体的正常生命活动是至关重要的。可以在体内运载各种物质。

4) 白蛋白:维持机体内的渗透压的平衡及体液平衡。

5) 维持体液的酸碱平衡。

6) 构成人体必需的催化和调节功能的各种酶。

7) 激素的主要原料。具有调节体内各器官的生理活性。胰岛素是由 51 个氨基酸分子合成。生长素是由 191 个氨基酸分子合成。

8) 提供热能。

2. 蛋白质摄入不足　当蛋白质的摄入量不足时,幼儿、青少年的生长发育表现为迟缓、消瘦、体重不足等;成人则常出现疲倦,体重下降、肌肉萎缩、贫血、泌乳量减少,血浆蛋白降低。日久就会形成营养不良性水肿,白细胞和抗体量减少,免疫能力下降;器官组织的受损修补能力缓慢。此外,蛋白质缺乏可引起肝脏脂肪沉着及肝硬化,内分泌调节失调等。生命运动需要蛋白质。

3. 蛋白质摄入过量　蛋白质过量摄入也对人体有害,蛋白质在体内代谢过程中,会产生一种"淀粉样蛋白物",使正常的组织器官受损,加重肝、肾的负担,对肝、肾功能不好的人(如婴幼儿)造成不良后果;使锌的排泄量增多,导致机

图 8.12　鸡蛋

体免疫力低下。所以，补充蛋白质也要注意量。

4. 食物来源　含优良蛋白质的食物包括新鲜的鱼类、肉类、蛋类、豆制品、牛奶、坚果类（如核桃、杏仁、花生等）。

判断蛋白质优劣有三点：

（1）蛋白质被人体消化、吸收得越彻底，其营养价值就越高。整粒大豆的消化率为 60％，做成豆腐、豆浆后可提高到 90％，其他蛋白质在煮熟后吸收率也能提高，如乳类为 98％，肉类为 93％，蛋类为 98％，米饭为 82％。

（2）被人体吸收后的蛋白质，利用的程度有高有低，利用程度越高，其营养价值也越高。利用的程度高低，叫蛋白质的生理价值。常用食物蛋白质的生理价值是：鸡蛋 94％，牛奶 85％，鱼肉 83％，虾 77％，牛肉 76％，大米 77％，白菜 76％，小麦 67％。动物蛋白质的生理价值一般比植物蛋白质高。

图 8.13　蛋制品

（3）看所含必需氨基酸是否丰富，种类是否齐全，比例是否适当。种类齐全，数量充足，比例适当，叫完全蛋白质，如动物蛋白质和豆类蛋白质。种类齐全，但比例不适当，叫半完全蛋白质，在谷物中含量较多。种类不全，叫不完全蛋白质，如肉皮中的胶质蛋白，平米中的平米胶蛋白。将两种以上的食物混合食用，使所含的蛋白质相互补充，能更好地适合人体的需求。食物里面摄取的蛋白质远远不够，所以要适当补充优质蛋白。

2.2　脂类

脂类是脂肪及类脂的总称，是机体的重要组成成分。脂肪是脂肪酸及甘油酯化生成的有机物。富含脂肪的食物有动物油和植物油。类脂主要有磷脂、糖脂、胆固醇及胆固醇酯等。

脂肪是组成人体组织细胞的一个重要组成成分，被人体吸收后供给热量。脂肪约占人体体重的 13％，女性高于男性。脂肪的产热量占人体需要总能量的 16％～20％，是同等量蛋白质或碳水化合物供能量的 2 倍；脂肪是人体内能量供应的重要的储备形式；脂肪还有利于脂溶性维生素的吸收；维持人体正常的生理功能；体表脂肪可隔热保温，减少体热散失，支持、保护体内各种脏器，以及关节等不受损伤。

图 8.14　食用植物油

1. 脂肪生理功能

1）供给维持生命必需的热能；保持体温和储存热能。

2）构成身体细胞的重要成分之一。脂肪中的磷脂、固醇是形成新组织和修补旧组织、调节代谢、合成激素所不可缺少的物质。

3）脂肪是脂溶性维生素 A、D、E、K 等的溶剂。

4）给人体提供必需脂肪酸。

5）多数芳香物质都是脂溶性的，脂肪有利于提高食品的香气和味道，以增进食欲。

6）可延长食物在消化道内停留时间，有利于各种营养素的消化吸收。

2. 脂肪过量　摄入过多的饱和脂肪酸容易诱发心脑血管病,会导致肥胖症,还会诱发高血压、糖尿病等。对以植物油作为食用油的人,一般不会出现脂肪缺乏症。只要在膳食中补充一定量的ω-3不饱和脂肪酸,可以预防高脂血症和老年痴呆症,在婴幼儿、儿童及青少年的饮食中补充适量的ω-3不饱和脂肪酸,可提高智商和记忆力。

3. 脂肪缺乏　脂肪摄入不足易导致抑郁症,损害身心健康。婴幼儿将影响其神经、智力的发育。

4. 食物来源　植物油:花生油、菜籽油、豆油、葵花籽油、红花油、亚麻油、鱼油。动物的肉、内脏,各类坚果如核桃仁、杏仁、花生仁、葵花籽仁等,各种豆类如黄豆、红小豆、黑豆等,部分粮食如玉米、高粱、大米、红小豆、小米等。

2.3　碳水化合物

碳水化合物是人体最主要的热量来源,参与许多生命活动,是细胞膜及不少组织的组成部分;维持正常的神经功能;促进脂肪、蛋白质在人体内的代谢作用。碳水化合物是自然界存在很广泛的一类物质,是食物的主要成分之一。碳水化合物又称为糖类。碳水化合物可分为单糖、双糖、低聚糖、多糖四类。

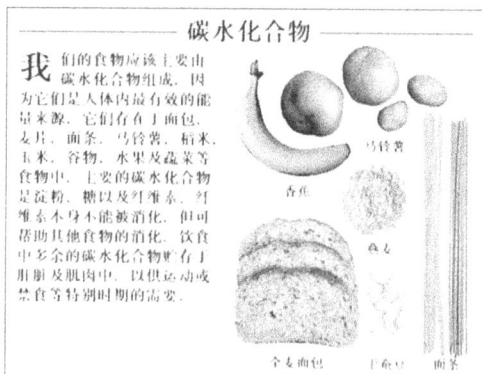

图 8.15　碳水化合物

1. 碳水化合物的生理作用

1)供给能量

2)构成细胞和组织

3)节约蛋白质

4)维持脑细胞的正常功能

5)碳水化合物中的糖蛋白和蛋白多糖有润滑作用。另外它可控制脑膜的通透性。并且是一些合成生物大分子物质的前体,如嘌呤、嘧啶、胆固醇等。

2. 碳水化合物过量　若碳水化合物摄入过多,会不正常地积存一些脂肪,出现虚胖或水肿,并且易于感染,还会在肠道发酵过强,可产生大量低级脂肪酸,易引起腹泻。

3. 碳水化合物缺乏　碳水化合物摄入不足,血糖就会下降,可出现低血糖综合征,轻则降低工作效率,重则影响脑组织的机能活动,因能源严重不足发生虚脱、惊厥,甚至昏迷。糖类也是构成细胞组织的重要成分,如细胞膜中的糖蛋白、结缔组织中的糖蛋白、神经组织中的糖脂都含有糖类成分。足够的碳水化合物供给还具有节约体内蛋白质消耗;减少脂肪过度分解中不完全代谢产物酮体的积蓄,从而防止酸中毒;还有保肝解毒作用。婴幼儿每天的活动及生长发育均需消耗大量的热能,但储存在组织内的碳水化合物仅占体重的1%。因此,必须每日足量供给。否则,机体将动员体内的脂肪和蛋白质参与供能。久之,则可致体重减轻及能量营养不良。婴幼儿需要碳水化合物的量较成

图 8.16　富含碳水化合物的食品与水果

人为多。1 岁以内的婴儿每日约需 12 g/kg 体重,两岁以上约需 10 g/kg 体重。乳、五谷及其制品、糖、水果、豆类等均含有较多的碳水化合物,可供人体利用。

4. 食物来源　植物是碳水化合物的主要来源,而在植物中谷类是人体可利用的碳水化合物最主要的来源。谷类食物中的碳水化合物是以淀粉的形式提供热量。

2.4　维生素

维生素(vitamin)又名维他命,是维持人体生命活动必需的一类有机物质,也是保持人体健康的重要活性物质。维生素在体内的含量很少,但在人体生长、代谢、发育过程中却发挥着重要的作用。维生素分为脂溶性和水溶性两大类。其中脂溶性维生素包括维生素 A、D、E、K 等;水溶性维生素包括维生素 B_1、B_2、PP、B_6、B_{12}、C 等。当膳食中供给维生素不足或缺乏时,会产生相应的维生素缺乏症。

▲ 维生素 A　又叫抗干眼病维生素,也叫视黄醇或脱氢视黄醇,是一种可溶于脂肪的脂溶性维生素,耐高温,在空气中易氧化是很重要的一种维生素,作用非常广泛。

1. 维生素 A 的生理功能:

① 防止夜盲症和视力减退,有助于对多种眼疾的治疗(维生素 A 可促进眼内感光色素的形成);

② 抗呼吸系统感染作用;

③ 有助于免疫系统功能正常;

④ 修复组织生病时能早日康复;

⑤ 能保持组织或器官表层的健康;

⑥ 有助于祛除老年斑;

⑦ 促进发育,强壮骨骼,维护皮肤、头发、牙齿、牙床的健康;

⑧ 外用有助于对粉刺、脓包、疖疮,皮肤表面溃疡等症的治疗;

⑨ 有助于对肺气肿、甲状腺功能亢进症的治疗。

图 8.17　蔬菜与维生素

2. 维生素 A 摄入过量　大剂量的维生素 A 对人体具有毒性,且维生素 A 都能够顺利地通过胎盘屏障,因而准妈妈补充维生素 A 时剂量过大,可能导致胎儿畸形或发生先天性白内障,而准妈妈则可能出现嗜睡、头痛、呕吐、视盘水肿等。

3. 维生素 A 缺乏症

1) 暗适应能力下降、夜盲及眼干燥症。

2) 组织上皮干燥、增生及角化。

3) 免疫功能低下,生长发育受阻。

4) 其他　味觉、嗅觉减弱,食欲下降。

4. 食物来源　黄绿色果蔬、蛋类、菠菜、豌豆苗、红心甜薯、青椒、鱼肝油、动物肝脏、牛奶、奶制品、奶油。

▲ 维生素 D

又称钙化醇,麦角甾醇,麦角骨化醇,"阳光维生素",抗佝偻病维生素。种类很多,以维生素 D_2(麦角钙化醇)和维生素 D_3(胆钙化醇)较为重要。来自食物和阳光。

1. 维生素 D 的生理功能

维生素 D 的主要生理功能是:调节钙、磷代谢,促进钙、磷吸收。

① 使钙和磷有效地被利用,制造强健的骨骼和牙齿;

② 和维生素 A、C 同时服用可预防感冒;

③ 有助于对结膜炎的治疗;

④ 帮助吸收维生素 A。

2. 维生素 D 过量　症状为厌食,恶心,呕吐,继而出现尿频、烦渴,乏力,神经过敏和瘙痒,头痛、肾功能受到损害,肾结石,肌肉萎缩、关节炎、动脉硬化和高血压等。治疗包括停用维生素 D,提供低钙膳食。

3. 维生素 D 缺乏　可引起佝偻病、软骨病、全身代谢障碍、发育不良。

4. 食物来源　鱼肝油、沙丁鱼、鲱鱼、鲑鱼、鲔鱼、牛奶、奶制品。

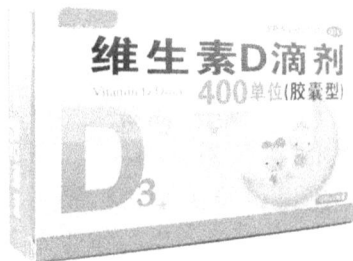

图 8.18　维生素 D

▲ 维生素 E

维生素 E 因与生育有关,故又名生育酚。

1. 维生素 E 的生理功能

① 抗自由基、抗脂质过氧化、抗衰老。

② 与动物的生殖功能和精子生成有关。

③ 可降低动脉粥样硬化的发病率,这与维生素 E 能阻碍动脉内皮细胞"泡沫化"及平衡内皮细胞胆固醇代谢有关。

④ 维生素 E 对多种急性肝损伤具有保护作用,对慢性肝纤维化有延缓作用。

2. 维生素 E 过量:可引起恶心、呕吐、眩晕、头痛、视力模糊、皮肤皲裂、唇炎、口角炎、胃肠功能紊乱、腹泻、乳腺肿大、乏力软弱。轻者会引起消化道异常、骨骼肌萎缩、生死功能障碍等病。重者引起血栓性静脉炎、高血压病等。

3. 维生素 E 缺乏症:维生素 E 缺乏症的表现是多方面的,但对生殖、肌肉、心血管和造血系统的各种作用最重要。

图 8.19　维生素 E

4. 食物来源

富含维生素 E 的食物包括豆油和其他植物种子榨成的油,坚果类特别是杏、扁桃、榛子、核桃、葵花子、粗粮、麦芽、大豆、植物油、坚果类、绿叶蔬菜、菠菜、全麦、未精制的谷类制品。

▲ 维生素 K

1. 维生素 K 主要生理功能　维生素 K 控制血液凝结。维生素 K 是四种凝血蛋白(凝血酶原、转变加速因子、抗血友病因子和司徒因子)在肝内合成必不可少的物质。人的肠中有一种细菌会为人体源源不断地制造维生素 K,加上在猪肝、鸡蛋、蔬菜中含量较丰富,因此一般人不会缺乏。

2. 食物来源:鱼、鱼卵、肝、蛋黄、奶油、黄油、干酪、肉类、奶、水果、坚果、蔬菜及谷物等。

▲ 维生素 C:又叫抗坏血酸,是一种水溶性维生素。

1. 维生素 C 主要生理功能

① 促进骨胶原的生物合成,有利于组织创伤口的更快愈合;

② 促进氨基酸中酪氨酸和色氨酸的代谢,延长肌体寿命;

③ 改善铁、钙和叶酸的利用;

④ 改善脂肪和类脂特别是胆固醇的代谢,预防心血管病;

⑤ 促进牙齿和骨骼的生长,防止牙床出血;

⑥ 增强肌体对外界环境的抗应激能力和免疫力。

2. 维生素 C 缺乏症

①早期有乏力、食欲差、体重减轻、性情暴躁、下肢肌肉或关节疼痛、牙龈肿胀、发红和出血等。

② 毛囊周围出血、溢血、紫斑,继之毛囊肿大与肥厚,使皮肤更显粗糙。

图 8.20　维生素 C

③ 常伴有贫血、水肿、伤口愈合缓慢而易继发感染。

儿童表现为:食欲不振,呕吐,兴奋,腹疼呼吸急促及困难等,严重时可出现一些心血管症状,甚至发生死亡。

3. 食物来源　主要食物来源为蔬菜与水果,如青菜、韭菜、菠菜、柿子等深色蔬菜和花菜,以及柑橘、红果、柚子等水果含维生素 C 的量均较高。野生的苋菜、苜蓿、刺梨、沙棘、猕猴桃、酸枣等含量尤其丰富。

▲ 维生素 B_1(又叫硫胺素)

1. 维生素 B_1 缺乏:又称脚气病。

成人表现为:对称性的周围神经炎,感觉出现障碍,有麻木和烧灼感等;心悸,心动过速,水肿等。

2. 食物来源:杂粮、豆类、干酵母、坚果、动物内脏、蛋类、瘦肉等。

▲ 维生素 B_2(又叫核黄素)

1. 维生素 B_2 缺乏:维生素 B_2 缺乏时会影响机体的生物氧化,使代谢发生障碍。其病变多表现为口、眼和外生殖器部位的炎症,如口角炎、唇炎、舌炎、眼结膜炎和阴囊炎等。另外,严重时可引起免疫功能低下和胎儿畸形等。

2. 食物来源:动物肝脏、心、肾、乳类及蛋类食物中含量尤为丰富,豆类食物及绿叶蔬菜中也含有大量的核黄素。

▲ 维生素 B_6(又叫吡哆醇)

1. 维生素 B_6 缺乏　维生素 B_6 长期缺乏会导致皮肤、中枢神经系统和造血机构的损害。动物缺乏维生素 B_6 的症状为皮炎、贫血等。单纯的维生素 B_6 缺乏症在人类极少见。临床上应用维生素 B_6 制剂防治妊娠呕吐和放射性呕吐。维生素 B_6 的缺乏往往和 B 族其他维生素缺乏具有相关性,其症状与 B_2 缺乏有相似性,也是一些炎症的表现,个别有精神症状。儿童受到的影响可能较大,出现烦躁,肌肉抽搐,惊厥等症状。

2. 食物来源　富含维生素 B_6 的食物,如啤酒酵母、小麦麸、麦芽、动物肝脏与肾脏、大豆、美国甜瓜、甘蓝菜、废糖蜜(从原料中提炼砂糖后所余的糖蜜)、糙米、蛋、燕麦、花生、胡桃。

▲ 维生素 B_{12}(又叫钴胺素)

1. 维生素 B_{12} 过量　维生素 B_{12} 过量,不仅会导致叶酸缺乏,还会出现哮喘、湿疹、面部水肿、寒战等过敏反应,发生心前区痛、心悸,常能使心绞痛的病情加重或发作次数增加。

图 8.21　维生素 B

2. 维生素 B₁₂ 的缺乏　主要是巨幼红细胞贫血以及精神抑郁,记忆力下降,四肢震颤等神经症状。

3. 维生素 B₁₂ 食物来源:主要食物来源为肉类、动物内脏、鱼、禽、贝壳类及蛋类,乳及乳制品中含量较少,在植物中难以找到。

▲ 叶酸

1. 叶酸缺乏症　婴儿缺乏叶酸时会引起有核巨红细胞性贫血,孕妇缺乏叶酸时会引起巨红细胞性贫血。孕妇在怀孕早期如缺乏叶酸,其生出畸形儿的可能性较大。膳食中缺乏叶酸将使血中高半胱氨酸水平提高,易引起动脉硬化。膳食中摄入叶酸不足,易诱发结肠癌和乳腺癌。

2. 食物来源:

绿色蔬菜:莴苣、菠菜、西红柿、胡萝卜、青菜、龙须菜、花椰菜、油菜、小白菜、扁豆、豆荚、蘑菇等。

新鲜水果:橘子、草莓、樱桃、香蕉、柠檬、桃子、杏、杨梅、酸枣、山楂、石榴、葡萄、猕猴桃、草莓等。

动物食品:动物的肝脏、肾脏、禽肉及蛋类,如猪肝、鸡肉、牛肉、羊肉等。

豆类、坚果类食品:黄豆、豆制品、核桃、腰果、栗子、杏仁、松子等。

谷物类:大麦、米糠、小麦胚芽、糙米等。

▲ 烟酸(维生素 PP)

1. 烟酸的作用:维护皮肤和神经末梢的生理活动,并调节皮肤中感光质的形成,防止糙皮病(又名癞皮病)。

2. 烟酸缺乏:烟酸缺乏症又称癞皮病。

3. 食物来源:动物肝脏、全谷、种子、豆类等。

2.5　矿物质

矿物质又叫无机盐或灰分。人体需要的矿物质分两大类——常量元素和微量元素。功能:

1. 矿物质是构成机体组织的重要材料;

2. 调节体液平衡;

3. 维持机体酸碱平衡;

4. 酶系统的活化剂。

钙和磷是构成人体骨骼和牙齿的主要成分。碘是甲状腺素的主要组成成分,甲状腺有调节能量代谢和促进蛋白质合成的作用,有助于胎儿生长发育。

▲ 钙 Ca

1. 钙缺乏:

小儿:夜惊、夜啼、烦躁、盗汗、厌食、方颅、佝偻病、骨骼发育不良、免疫力低下、易感染。

青少年:腿软、抽筋、体育成绩不佳、疲倦乏力、烦躁、精力不集中、偏食、厌食、蛀牙、易

图 8.22　矿物质

感冒、易过敏。

孕产妇:腰酸背痛、关节痛、水肿、妊娠高血压等。

中老年:腰酸背痛、骨质疏松和骨质增生、骨质软化、各类骨折、高血压、心脑血管病等。

2. 食物来源:乳制品、虾皮、虾米、海带、豆类、芝麻酱等。

▲ 铁 Fe

1. 铁缺乏:可引起缺铁性贫血。

2. 食物来源:肝脏、瘦肉、鸡蛋、动物血、鱼类等。而蔬菜中的铁含量大多不高,且生物利用率低。

▲ 锌 Zn

1. 锌缺乏:开始表现为食欲不振、厌食或拒食,常伴有味觉减退、异食癖及复发性口腔溃疡等。而后,生长迟滞或停止,身材矮小。视觉暗适应能力下降,重症者可出现角膜浑浊。免疫力差、反复感染、伤口不易愈合。皮损呈特征性分布,主要分布于口、肛周围等处。亦可出现牙龈炎、舌炎、结膜炎等。孕妇饮食中长期缺锌可影响胎儿生长发育。儿童严重缺锌可影响脑功能,表现为急躁、嗜睡、抑郁或学习能力差等。

2. 食物来源:贝壳类海产品(如牡蛎、蛏干、扇贝)、动物肝脏、红肉、谷类胚芽、花生、鱼、蛋等。

2.6　水

水是地球上最常见的物质之一,是包括人类在内所有生命生存的重要资源,也是生物体最重要的组成部分。水在生命演化中起到了重要的作用。水是一切生命所必需的物质,是饮食中的基本成分,在生命活动中有重要生理功能。

功能:

1. 人体构造的主要成分,水占成人体重的 60%～70%。

2. 营养物质的溶剂和运输的载体。

3. 调节体温和润滑组织。

① 维持细胞形态,增加新陈代谢功能。

② 调节血液和组织液的正常循环。

③ 溶解营养素,使之易于吸收和运输。

④ 帮助排泄体内废弃物。

⑤ 散发热量调节体温等。

⑥ 使血液保持酸碱平衡,电解质平衡。

2.7　膳食纤维

膳食纤维是指不能被人体小肠消化吸收,而在人体大肠中能部分或全部发酵的可食用的植物性成分、碳水化合物及其相类似物质的总和,包括多糖、木质素以及相关的植物物质。膳食纤维具有润肠通便、调节控制血糖浓度、降血脂等一种或多种生理功能。膳食纤维可分为可溶性和不可溶性膳食纤维两类。可溶性膳食纤维指可溶解于水、又可以吸水膨胀并能被大肠中微生物酶解的一类纤维。不溶性纤维一般不能被肠道微生物分解。

图 8.23　膳食纤维

营养学会建议：每日应该至少摄入 35 g 以上膳食纤维素才能起到预防和保健作用。

功能：

1. 改善肠道功能。
2. 调节脂类代谢。
3. 调节糖类代谢。
4. 调节酸碱体质。
5. 帮助控制体重。

膳食纤维虽然不是营养素，但对于促进良好的消化和排泄有很重要的作用，膳食纤维可使食道中的食物增大变软，促进肠道蠕动，从而加快排便速度，防止便秘，膳食纤维可调节血糖，有助预防糖尿病，还可减少消化过程中对脂肪的吸收，有助预防高血压、心脑疾病的作用。

含膳食纤维的食物：胡萝卜、黄豆、玉米、燕麦、大麦……即谷、薯、豆类及蔬菜、水果等植物性食物。植物的成熟度越高，其膳食纤维含量也就越多。谷类加工越精细则所含的膳食纤维越少。

据粗略计算：一碗麦片含 15 g 膳食纤维、一片全麦面包含 2 g 膳食纤维、一根香蕉含 3 g 膳食纤维、一只苹果含 3 g 膳食纤维。

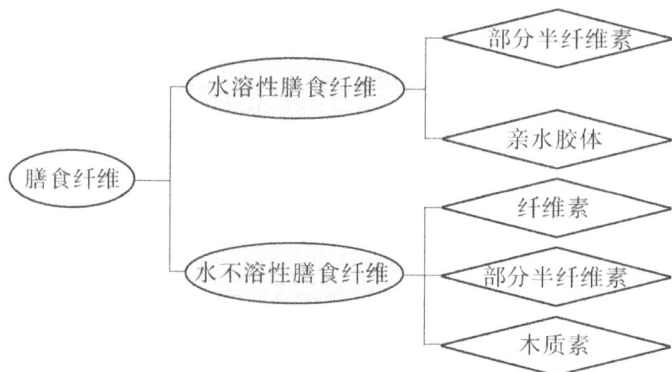

图 8.24　膳食纤维分类示意图

第三节　绿色植物中的化学知识

绿色，给人以清新、柔和、惬意之感。绿色植物，维系着生态平衡，使万物充满生机。从化学角度看，它还微妙而准确地反映我们周围环境的特征和变化，为人类提供许多有用的信息和物质。

绿色植物丛生之地，常会发现地下有铜矿；地下若有金矿石，上面往往长忍冬；地下有锌矿，上面多长三色堇；兰液树分泌物里，镍含量较高时，暗示可能有镍矿；美国曾靠一种粉红色的紫云英"提示"，发现了铀矿和硒矿。

许多绿色植物，还起着化学试剂的作用。杜鹃花、铁芸箕共生的地方，土壤一定呈酸性；马桑遍野之地，土壤呈微碱性；碱茅、马牙头群居处，是盐化草甸土的标志；如果荨麻、接骨木的叶里含有铵盐，预示它们生长的土壤中含氮量丰富……

绿色植物是庞大的"吸碳制氧厂"。植物的绿叶能吸收空气中的二氧化碳，在日光和叶绿素的作用下，跟由植物吸收的水分发生反应，形成葡萄糖，同时放出氧气：$6CO_2 + 6H_2O$

Chemistry in Life

$$\xrightarrow[\text{叶绿素}]{\text{光}} C_6H_{12}O_6 + 6O_2$$

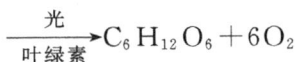

葡萄糖再形成淀粉：

$$nC_6H_{12}O_6 \longrightarrow (C_6H_{12}O_6)_n + nH_2O$$

当淀粉在叶子里受酶的作用时又会分解为葡萄糖：$(C_6H_{12}O_6)_n + nH_2O \longrightarrow nC_6H_{12}O_6$

葡萄糖随着植物液汁散布到整个植物体内，成为用以合成各种植物生长所必需的原料。一部分植物被动物摄取后，在体内水解并进一步氧化，又将有机物中的碳转化为CO_2，排入大气（或海洋）中。

在"环境污染日益严重"的情况中，绿色植物起着"报警器"的作用。在低浓度、微量污染的情况下，人是感觉不出来的，而一些植物则会出现受害症状。人们据此来观测与掌握环境污染的程度、范围及污染的类别和毒性强度，进而采取相应的措施和对策，及时提出治理方案，防止污染对人体健康的危害。

如当你发现在潮湿的气候条件下，苔藓枯死；雪松呈暗褐色伤斑，棉花叶片发白；各种植物出现"烟斑病"。请注意，这是SO_2污染的迹象。假如丁香、垂柳萎靡不振，出现"白斑病"，说明空气中有臭氧污染（实验测得，臭氧浓度超过 $0.08 \sim 0.09$ ppm 时，会使植物出现褐斑，继而变黄，最后褪成白色，叫做植物"白斑病"。臭氧浓度达 0.11 ppm 以上时，则100％植物发病）。要是秋海棠、向日葵突然发出花叶，多半是空气中含有氯气。

绿色植物是空气天然的"净化器"，它可以吸收大气中的 CO_2、SO_2、HF、NH_3、Cl_2 及汞蒸气等。据统计，全世界一年排放的大气污染物有 6 亿多吨，其中约有 80％降到低空，除部分被雨水淋洗外，大约有 60％是依靠植物表面吸收掉，如 1 公顷柳杉可吸收 60 千克 SO_2。许多植物可以吸收一部分有毒气体。例如，空气中出现 SO_2 污染，广玉兰、银杏、中国槐、梧桐、樟树、杉、柏树、臭椿纷纷会吸收；若发现 Cl_2 污染，油松、夹竹桃、女贞、连翘一起去迎战；发现 HF 污染，构树、杏树、郁金香、扁豆、棉花、西红柿一马当先吸收之；洋槐、橡树专门对付光化学烟雾。

此外，树木还能吸收土壤中的有害物质。施用农药及用污水、污泥作肥料，会污染土壤继而污染农作物，如粮食蔬菜内有残留的有机氯会转移到人体内，而树木可吸收土壤中的有机氯，净化土壤。

随着石油等矿物资源的不断枯竭，人们再次把注意力转向可以再生的资源—森林，除利用其薪材外，正加快开发"石油人工林"：直接能代替石油的烃类和油脂类的树种，它生产的液汁甚至不用加工就可以用作汽车的燃料。如诺贝尔奖获得者美国加利福尼亚大学化学博士卡尔文，在澳洲南部建立了一个"柴油林场"，这种植物生长在半干旱地区，产量很高。卡尔文还在巴西发现一种可直接用作汽油的含油植物—苦配巴。我国的油楠也是很有希望成为"柴油树"，直径 $40 \sim 50$ 厘米的油楠心材部位就能形成黄色油状树液，一棵油楠，可从锯口中流出几十斤油状物。

绿色植物是一个大"化工厂"，不但制造养分，把养分储藏在土壤中，而且它本身全是宝。木材经过机械和化学加工，可以产生胶合板、刨花板、纤维板，制成纸浆、人造丝、人造毛。还可以制成多种糖类和甲醇、乙醇、糖醛、活性炭、醋酸等。树木的枝、梢、叶可作饲料、肥料、燃料。有些树木的皮、根、树液还可提炼松香、橡胶、栲胶、松节油等工业原料。

远古有神农尝百草的传说，李时珍编著的《本草纲目》更是驰名中外。直到今天，还有新的中草药不断被发现利用,但草的最广泛的用途还是放牧。单是我国的牧草就有一万五千种以上,牧草含有丰富的蛋白质,一般含量达百分之十几,牛羊等动物,吃进青青的草,产出高蛋白的乳。

葱郁的枝叶,芬芳的果花,无不令人陶然。然而,植物群落中各种族之间又无时无刻不进行着化学战争。植物化学武器的种类很多,几乎都是有机物,酸类有:香草酸、肉桂酸、乙酸、氢氰酸等;生物碱类有:奎宁、丹宁、小檗碱、核酸嘌呤;醌类有:胡桃醌、金霉素、四环素;硫化物有:萜类、甾类、醛、酮、卟啉等,这些化学武器分布于各类植物中,多集中于植物的根、茎、叶、花、果实及种子中,可随时释放。

植物间的化学战有"空成"、"陆战"、"海战"三类。

空战:植物把大量毒索释放于大气中,形成大气污染使其他植物中毒死亡。加洋槐树皮挥发一种能杀死周围杂草的物质,使根株范围内寸草不生;风信子、丁香花都是采用空战治敌的。

陆战:这些植物把毒素通过根尖大量排放于土壤中,对其他植物的根系吸收能力加以抑制。如禾本科牧草高山牛鞭草,根部分泌醛类物质,对豆科植物旋扭山、绿豆生长进行封锁,使之根系生长差,根瘤菌也明显减少。

海战:利用降雨和露水把毒气溶于水中,形成水污染而使对方中毒。如桉树叶的冲洗物,在天然条件下可以使禾本科草类和草本植物丧失战斗力而停止生长;紫云英叶面上的致毒元素—硒,被雨淋入土后,能毒死其他异种植物。

绿色世界中的化学变化是异常复杂多变的,人们对其的认识大部还处在"知其然,不知其所以然"的状态,有待进一步研究。

第九章
千姿百态的服饰世界

用于制作穿戴品的纤维是指长度比直径大很多倍并有一定柔韧性,经加工可制成各种纺织品的纤细物质,根据来源,服装材料的纤维可以分为天然纤维和化学纤维两大类。化学纤维又分为人造纤维和合成纤维两类。人造纤维是用天然原料、化学方法加工而成;合成纤维用的是纯粹的化学原料,用化学方法加工而成。

第一节 天 然 纤 维

大自然是一家绿色化工厂,为人类提供麻、丝、毛、棉等天然纤维,满足人们穿戴的需要。这些天然纤维来自于植物中的有机化合物,主要成分都是纤维素。天然纤维分植物纤维和动物纤维两类。

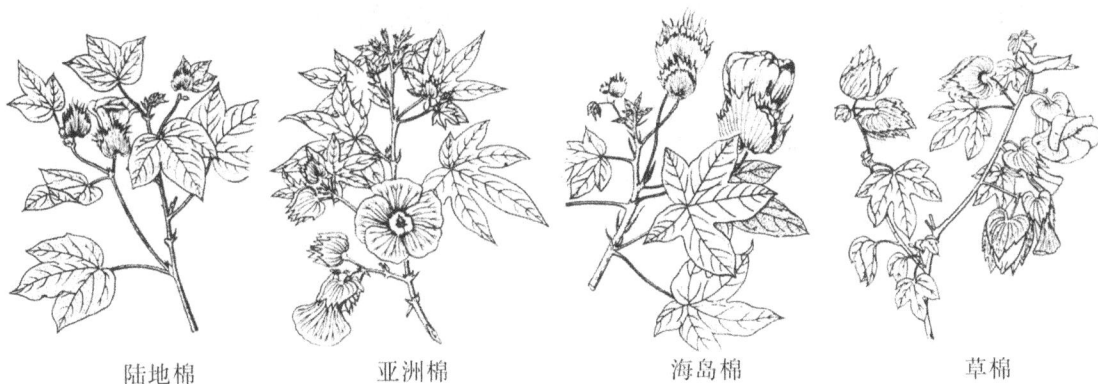

| 陆地棉 | 亚洲棉 | 海岛棉 | 草棉 |

图 9.1 棉

1.1 植物纤维

植物纤维的主要成分是纤维素,燃烧时生成的产物是二氧化碳及水,所以没有异味,主要有棉、麻两类。

1. 棉在显微镜下看到棉纤维呈细长略扁的椭圆形管状,由于空心,故吸湿性、透气性好,既吸汗又保暖,是做内衣的理想材料。

2. 麻为实心棒状的长纤维,不蜷曲,洗后仍挺括,适于做夏季服装、蚊帐等。

1.2 动物纤维

动物纤维的主要成分为蛋白质,系角蛋白,没有营养价值。均呈空心管状结构,常用的有丝、毛两类。

1. 丝纤维细长,由蚕分泌汁液固化而成,通常一个蚕茧即由

图 9.2 麻

一根丝缠绕，长达 1 000 m～1 500 m，强度高、有丝光、宜做夏季衬衫，是一种高级衣料。

2. 毛纤维包括各种兽毛，以羊毛为主。纤维比丝纤维粗短。构成羊毛的蛋白质有两种，一种含硫较多，称为细胞间质蛋白，另一含硫较少叫做纤维质蛋白。后者排列成条，两者构成羊毛纤维的骨架，有很好的耐磨和保暖功能，具有柔软、蓬松、保暖、舒适、容易蜷曲等优点，适宜做外衣和水兵服。只是容易发霉、遭虫咬。所以，羊毛织物内一般都添加了防虫蛀成分，因此羊毛织物依然受人喜爱。

用这些天然纤维纺成纱，织成布，制成衣服既可以保暖，又能防晒。因为天然纤维的导电传热能力差，加上纤维分子蜷曲缠绕、左右勾连，形成许多缝

图 9.3　丝

隙洞穴，包藏了不少空气，使热量不宜穿过纤维层。麻、丝、毛、棉，同样是纤维，它们外貌有些相似，但构造有很大差别。丝、毛放在火焰中会很快蜷曲起来，发出吱吱声，散出一股臭味；棉、麻燃烧起来像柴草，没有臭味。棉、麻是植物纤维，它是碳、氢、氧组成的纤维素，燃烧以后生成二氧化碳和水，所以没有气味。丝、毛是动物纤维蛋白质，是由蛋白质组成的，除了碳、氢、氧外，还含硫和氮，燃烧以后有烧焦头发的气味产生。用这个方法就能把植物纤维和动物纤维区别开来。

图 9.4　毛

第二节　人造纤维

2.1　人造纤维的起源

天然纤维的资源有限，亚麻一年一熟，每 10 棵亚麻，只能剥到 5 kg 左右的亚麻皮；经过晒干去皮，只剩 1 kg 左右。10 条家蚕只能结 10 个茧，从 10 个茧只能出 5 g 左右蚕丝。一只羊每年只能剪 10 kg 左右羊毛。棉花一年收获一次，一亩棉田大约可收 60 kg 皮棉。

蜘蛛在屋檐边、树丛间抽丝织网，捕捉昆虫。这引起了法国科学家卜翁的注意。他根据前人的论点，进行人工制丝的试验——把蜘蛛囊割破，挤出胶液，抽成细丝，制成了历史上第一副人造丝手套。

抽丝试验的成功，推动人们进一步研究纤维的结构。1884 年，法国席尔顿纳用硝酸处理木纤维，使它变成硝化纤维素，然后将它溶解在酒精或乙醚等溶剂中，配成黏液，最后通过细孔抽细丝获得成功，并用它制成第一件人造纤维衣服。这种人造丝衣服光滑、耀眼，可以洗涤。

1891 年，世界上第一座硝酸纤维工厂建成。该厂从木材中提取纯净纤维素，然后用烧碱、二硫化碳处理，得到一种橙黄色的黏胶状物质，

图 9.5　亚麻

抽成丝,就是黏胶纤维。这是历史上最早批量生产的人造纤维。

2.2　人造纤维的分类

人造纤维离不开大自然,用天然纤维作原料,采用化学的方法制造而成。由于许多植物纤维如木材,芦苇、棉短绒、甘蔗渣、棉秆、麦秆等纤维较短,不适合直接用于纺织,需经化学加工以改性,得到的人造纤维主要有人造棉、人造毛和人造丝。

现代人穿的许多漂亮的衣裳,都是用木材、芦草制成的人造纤维做的。人造纤维是用木材、芦苇、蔗渣、玉米芯、麦秆、稻草、竹子等经过清理以后,用化学方法,把这些原料中的粗短纤维制成适于纺织的长纤维。人造纤维用这些富含纤维素的植物作原料,用亚硫酸钙和烧碱等使其水解、蒸煮、漂白做成像纸板一样的"浆箔",制得纯净的

图 9.6　人造纤维

纤维素;再用氢氧化钠、二硫化碳处理成"纤维素磺酸酯",制成"黏胶液",最后通过许多微细的小孔,喷射到含硫酸等的溶液中,凝固成再生纤维。这就是人造纤维工厂最早制出的黏胶纤维,是连续不断的丝,叫做人造丝,人造丝可以织成许多漂亮的人造丝绸缎;这种丝截短后,蜷曲度高的,叫做人造毛;黏曲度低的,叫做人造棉。人造丝、人造毛、人造棉都是黏胶纤维,只是纤维长短、曲直不同。

黏胶纤维穿着舒适,透气性好。人造棉容易染色,织出的布色彩鲜艳绚丽;人造丝织物轻柔滑软,可制成多种丝绸;人造毛与羊毛可混纺成毛黏绒线,还可与合成纤维混纺,取长补短,改善织物性能。

人造纤维的吸水性比较好,穿在身上不会感到闷。通常将它们与合成纤维一起做成混纺织品,如涤纶和人造棉的混纺品叫做"棉的确良";腈纶和人造毛混纺成花呢和凡立丁等

图 9.7　黏胶纤维

"毛腈"织物。采用混纺的目的,是取长补短,提高布匹的质量;人造纤维印染花色容易,吸水性好,缺点是润湿状态时强力低,因此不经洗不耐穿;合成纤维结实、耐磨,但不易染色,吸水性差。把它们混纺后,就可以相得益彰,织成既美观又结实耐穿的衣裳。

2.3　人造纤维的化学制造及特点

1. 人造棉最早是在 1891 年把含木(质)纤维素(单体为戊糖或木糖)的木材,除去木质素后和二硫化碳及氢氧化钠作用,生成纤维素黄原酸盐,经进一步处理而得,主要有:

① 胶纤维　是将上述黄原酸酯除去杂质后溶于稀碱中,成为黏稠状液体,将此黏胶液喷丝入硫酸及硫酸钠溶液中,纤维素黄原酸酯分解,重新变成纤维素,可成均匀细丝,结构上与棉纤维相同,但为实心棒状,较脆,强度差,由于经多次化学处理,纤维素分子排列较棉纤维松散而零乱,分子之间空隙较大,水分子易钻入,故缩水率大,纤维经向膨胀后(直径可加粗一倍),

图 9.8　胶纤维

制品发胀、变厚变硬，不易洗且强度下降，主要性能与棉相近，可作内衣等。

② 富强纤维　是将黏胶纤维用合成树脂处理，在整理技术上改进，这些合成树脂（也可用其他化学试剂）如同钩子，在黏胶纤维的分子间挂接，使其排列整齐，干、湿强度均增大，洗涤性能好，不缩水，因而有"富强纤维"的雅号。

2. 人造毛主要分为：① 人造羊毛是将优质黏胶纤维长丝变成羊毛的长度（76～102 mm），外表酷似羊毛，但遇水膨胀、变硬，且不耐磨；② 氰乙基纤维是由纤维素中的羟基和丙烯腈反应生成的，结构相当于纤维素，这种纤维非常牢固耐磨（为普通纤维的 4 倍）。

图 9.9　人造毛

3. 人造丝主要分为：① 普通人造丝，用黏胶纤维中的长丝纺成，特点与棉布相似，可做衬衫、窗帘，湿时不结实，洗涤易变形；② 铜氨纤维，将氢氧化铜溶于浓氨水即得铜氨溶液，加入木质纤维使其溶解制成纺丝液，在酸液中喷丝，专用于人造丝制备，质地比黏液纤维好。③ 乙酸纤维，将纤维和乙酸酐在硫酸的催化下反应，此时纤维素中的羟基在上述乙酸酐的作用下，生产乙酸纤维酯聚合物，此酯不溶于丙酮，但它部分水解后，可溶于丙酮，将此丙酮液压过小孔，通过热空气使溶剂蒸发即得丝状纤维素，本品不能燃烧，为优质人造丝。

第三节　合成纤维

合成纤维是用石油、煤、天然气、石油废气、石灰石、空气、水等非纤维类的化工原料合成的纺织品（通常成丝状，如为片状或块状者则为树脂，合成树脂添加各种助剂后的制成品称为塑料）作原料，经过化学合成和机械加工制成的，这种纤维才是真正的"人造纤维"。合成纤维为重要的高分子聚合物，有优异的化学性能和机械强度，在生活中应用极广。

1 000 吨石油炼出汽油以后，分离出的乙烯和丙烯，可以制造合成纤维 1.5 吨，用它可织 20 万平方米布，做 10 万件衬衫。

合成纤维具有天然纤维所没有的一系列优良性能，如强度高、耐磨、耐虫蛀、密度小、保温性好，并且还耐酸碱的腐蚀。合成纤维中主要有锦纶、涤纶、腈纶、维纶、丙纶、氯纶、氨纶、芳纶、氟纶等。其中锦纶、涤纶、腈纶被称为现代化纤的三大支柱。

图 9.10　合成纤维

（1）锦纶，即尼龙，化学名叫做"聚酰胺纤维"。锦纶的种类五花八门，为区分锦纶的不同品种，人们在锦纶后面加上阿拉伯数字，如锦纶-6、锦纶-66、锦纶-610，其中前面一个数字表示胺中的碳原子数，后面一个数字表示酸中的碳原子数。锦纶-610是由 6 个碳原子的己二胺和 10 个碳原子的癸二酸制成。制造锦纶的基本原料是苯、苯酚或环己烷，可大量从石油及蓖麻油、鲸鱼油中得到。锦纶的最大优点是耐磨性比一般纤维好得多，强度高、耐疲劳、耐腐蚀。其缺点是吸湿性较差，不透气。人们用锦纶与黏胶、羊

Chemistry in Life

毛等吸水较好的纤维混纺成华达呢、黏锦哔叽、锦纶花呢等织品，彼此取长补短。

（2）涤纶，即的确良，是从石油或煤的焦化产品二甲苯、萘中制得对苯二甲酸，从乙烯中得到乙二醇，经适当化学加工得到涤纶树脂，再经各种处理后缩聚成聚酯纤维。涤纶是三大合成纤维中工艺最简单的一种，价格比较便宜，再加上结实耐用、弹性好、不易变形、耐腐蚀、绝缘、挺括、易洗快干等特点，为人们所喜爱。的确良

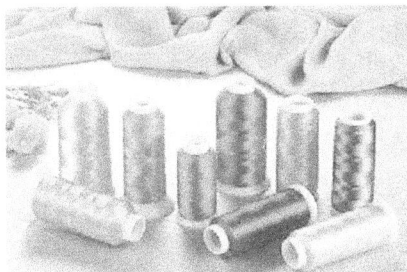

图 9.11 锦纶丝

（的确凉）织物颜色雪白、光洁、质地柔软、耐热性好，虽经多次蒸煮也不会降低强度。的确良主要用作衣料，但不适合做内衣，因为它不吸水，出了汗，衬衣就湿漉漉的，而且很闷气。但只要把它同适量的棉花混纺，就可弥补这些缺点。近年来，市场上出现了针织的纯的确良衣料，利用针孔有较大空隙的特点来增强它的透气性，效果很好，很受欢迎。

（3）腈纶，是聚丙烯腈的简称，与羊毛非常相似，故俗称"人造羊毛"，具有质地轻、弹性强、耐腐蚀和不霉不蛀、蓬松耐晒等特点。但是，腈纶的耐污性、稳定性以及保暖耐穿方面不及羊毛。

第四节 新型的化学纤维

4.1 异形纤维

锦纶等原有的化纤品种已经不能满足人类日益增长的需要，要求有更多、更好的合成纤维问世。研制新型的化学纤维，不外两条途径：一是采用物理改性技术，用原有材料经过特种喷丝法，制成异形纤维、中空纤维，使之产生新的性能；二是改变纤维的高分子结构，或采用新的化合物，聚合成新的合成纤维。

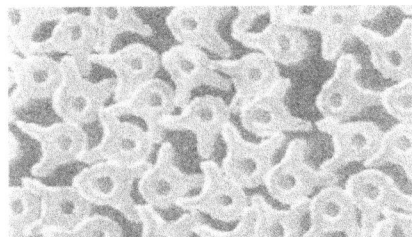

图 9.12 中空异形涤纶纤维截面图

异形纤维是把原来一模一样的合成纤维制成截面畸形的纤维，像天然纤维那样呈现下角形、星型、多叶型等，异形纤维的截面远远不限于天然纤维的形状，五花八门，种类繁多，甚至可以随心所欲地生产各种截面的化学纤维。归纳起来，可以分为四类：异形截面纤维、中空纤维、异形中空纤维、复合异形纤维。这些纤维同一般断面圆形的纤维相比，具有柔和、素雅、光泽好，纤维的合抱力提高，更蓬松、柔软，性能更加优良等特点。

异形纤维的制造并不复杂，只要把各种高分子聚合物通过特别的畸形喷丝头，就可以喷出异型纤维。各种化学纤维，无论采用什么纺丝形式，都能制成异型纤维。

4.2 复合纤维（混纺）

混纺纤维是在合成纤维的基础上为改善纺织品的功能，将多种纤维混合，利用不同纤维的特点，优势互补，制成各种混纺制品。混纺织物的命名为纺织成布的所用原料名称，

Chemistry in Life

如两种以上按比例混纺,比例大者放在前面如 75％黏丝～25％锦纶混纺华达呢,称为黏锦华达呢,50％黏胶～40％羊毛,10％锦纶混纺凡立丁,称为黏毛锦呢或三合一等。

图 9.13　复合纤维

复合纤维是由一种原料作纱芯,另一种原料作包芯纱黏合而成单丝的化纤。例如,涤纶和锦纶,各有优缺点,涤纶挺括却不易染色;锦纶染色性好,却容易起皱。如果以涤纶作纱芯,锦纶作包芯纱,复合成为锦涤纤维,就可以兼有两者的优点。

用特种喷丝工艺,把两种不同的原液分别输进同一只喷丝头,在同一喷丝孔前方一齐压喷出来,就可以成为左右不同,或外周同内芯不同的复合纤维。如果用腈纶和蛋白质人造纤维制成复合纤维,它的编织物的弹性、手感可同羊毛媲美,能保持永久蜷曲,尺寸不走样,蓬松柔软度超过羊毛衫,洗后不易松散,也不易起毛结球。人们还可以根据需要,采用不同的化纤组成,制成各种复合纤维,来改进纤维的蜷曲性、蓬松性、手感、吸湿性、耐磨性、染色性和抗静电性等性能。

第五节　合成纤维的改性及特殊功能

近年来化纤新产品日新月异,复合纤维、超细纤维、高缩纤维、有色纤维、变色纤维等层出不穷。

超细纤维　现在,合成纤维已进入超细纤维时代。通常,化学纤维一般在 1.5～15 旦("旦尼尔"的简称,是表示纤维粗细的一种单位,直径大致为 10～50 μm)。粗细在 0.6～1旦之间的化纤叫做细旦纤维,常常用来制造较精细的织物。超细纤维就更细了,通常在0.1～0.5 旦之间,200 根超细纤维并列排紧在一起,还不到 1 mm 宽。特殊用途的超细纤维甚至只有 0.001 旦细。锦纶、涤纶、腈纶、氯纶、过氯纶、特氟纶等,都能纺成超细纤维,用它们编织的织物特别柔软光滑,精巧细致,还有美丽的光泽。

高缩纤维　是一种受热后收缩力特别强的化纤,常规涤纶受热后的收缩率为 10％,而涤纶高缩纤维的收缩率达25％以上。这种纤维经加热处理后,由于纤维收缩,织物显得丰满致密。它同别的纤维组成复合纤维,热处理收缩后,类似泡泡纱,或出现立体感很强的浮雕花纹。它还可用做化纤平绒、灯芯绒、花色起圈呢绒的底布,用来制作仿鹿皮、花色丝绸。

有色纤维　合成纤维中,像丙纶、氯纶等染色比较困难,至今还缺少理想的染料;而涤纶、维纶等虽有染料可染,却要耗用很多能源,还会污染环境。人们在化纤喷纺以前

图 9.14　高缩纤维

的原液中,添加各种着色剂,再用这种有色原液喷纺出五颜六色的有色纤维,纺织成布后就不必再染色了,一举数得。

网络丝　是 20 世纪 70 年代的新品种,这是以 15～100 根很细的单丝相互平行并合而成

的复丝。在喷丝过程中,用压缩空气将丝条吹松,相互旋转扭合而成。用这种丝制成的织物,表面有一定的毛感,不用上浆,它又叫做"免浆丝"。

空气变形纱　又叫 ATY,是 20 世纪 80 年代国际上崛起的一种长丝新品种。它是利用压缩空气对化纤长丝作喷气变形处理,并使丝束外圈局部起小圈,将它断裂成许多露头。这样,就省却过去化纤生产过程中将化纤长丝切短后再纺成长纱的工序。用这种纱线织出的织物,十分接近用短纤维织出的纱和布。目前,涤纶、锦纶、丙纶、黏胶纤维、醋酸纤维和玻璃纤维等,都有了空气变形纱,可用来制作仿绢丝、仿棉、仿毛型织物,可以做衣料、家具布、毡毯、汽车用布等。

图 9.15　空气变形纱

防火纤维　棉、毛、麻、丝都经不起火烧,化纤一般也难以防燃。石棉纤维虽能防火,却穿着不舒服;碳纤维也能防火,可是价格太贵。目前的防火衣服,多数是采用防火的黏合剂、特种树脂等喷涂在织物表面而制成的。这种防火服虽能防火,却太笨重。新型的防火纤维是在化纤内添加限燃剂制成的。例如,在涤纶中加进金属离子阻燃剂,这种防火纤维制成的衣服,像普通衣服一样轻盈柔软,遇上烈火却不会燃烧起来。

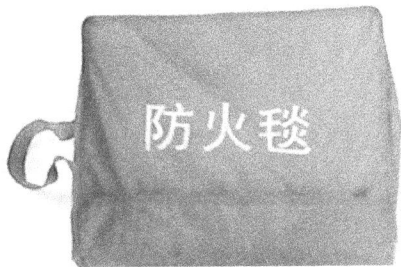
图 9.16　防火毯

改性纤维　合成纤维的主要缺点之一是吸湿性能差,夏天穿这种衣服,感到湿热闷黏。人们采用化学改性的方法,在纤维分子长链中接入亲水性基因(羟基、磺酸基等)或掺入吸水性盐类等成分,制成具有良好吸湿性的涤纶、锦纶、腈纶等织物,可用来制作运动衣和贴身内衣。

镀金属纤维　在茫茫大海上寻找遇难者是十分困难的,伸手不见五指的黑夜寻找失踪者更是没有头绪,但现在有办法了。在化学纤维和天然纤维的表面镀上一层薄薄的金属,如镍、铜、金等,这就是镀金属纤维。它保持了纤维的柔软、弹性、伸长等特性,可以制成各种纺织品或无纺织物。

这种镀金属纤维对微波有一定的反射或吸收能力,对超高频范围的辐射能反射 90% 以上,而且不受水分等外界干扰。航海和野外工作者穿上这种镀金属纤维做的衣服,如果遇难失踪了,营救人员就可以用雷达来确定失踪者的方位,立即营救。

镀金属纤维对高频范围的微波能吸收,只有 0.1% 以下的微波辐射能穿过织物,因此长期在微波辐射下的工作人员,穿着用镀金属纤维制的工作服,对身体有很好的保护作用。

图 9.17　镀金属纤维

镀金属纤维的纺织物还是一种低压加热元件,在 6 伏、12 伏或 24 伏的低电压下,会产生显著的加热温度,可以做极地探险人员的盖被和面罩。用它做加热垫,放在水族馆的热带鱼鱼缸下,即使在严冬季节,也能保持 30℃ 的恒温,而且加热十分均匀,不会使鱼缸破裂。这种镀金属纤维的加热垫,还可用于温室作物、花卉栽培、汽车司机的坐垫等。

发光纤维　美国发明家丹尼尔发明了一种奇妙的发光织物。

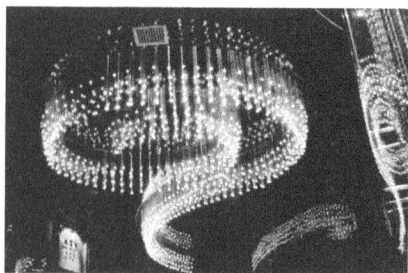

图 9.18　发光纤维

在一个地下展览馆里,大厅的顶部和四壁都粘贴着用发光织物制成的墙布,它们将大厅的每个角落都洒满了光辉。这种纤维有一个发光系统,是由太阳光收集板、光纤导管、发光织物和其他器件组成的。太阳光收集板安装在大楼顶上。太阳光被采集后,通过光纤导管输送到需要照明的地方,照射到发光织物上。发光织物由特殊的三角形的光学玻璃纤维织成,它像三棱片那样具有折光作用,使照射过来的光线沿着玻璃纤维扩散到整幅发光织物上,并向外辐射,使整个房间充满阳光。奇妙的是,它还可通过选择器来控制调节光线的亮度、发光的范围、发光的位置。而且具有储能装置可将阳光转换成电能,并储存起来,在需要的时候,再把电能转化成光能,供人们使用。

军事装备纤维　　20 世纪 70 年代,美国杜邦公司研制成功的凯芙拉纤维投放市场以后,由于它具有坚韧耐磨、刚柔相济、刀枪不入的本领,很快受到各国军事部门的青睐。它用来制造胸甲、避弹衣、钢盔、钢性装甲等,被誉为"防弹新秀"、"装甲卫士"。

凯芙拉纤维被广泛应用的有两种:凯芙拉 29 型和凯芙拉 49 型。它们都具有相同的优点:抗拉强度高,密度小,在 -70℃ ~ 180℃ 的温度之间,性能无重大改变;不燃烧,不熔化,在温度高达 500℃ 时才开始碳化,不导电,抗腐蚀力强。但它也有缺点,容易受紫外线辐射的影响,被水浸透后会严重损害防弹的性能。

图 9.19　军事装备纤维

凯芙拉纤维是军事领域里绽开的一朵奇花,它不仅在战场上能拯救成千上万士兵的生命,而且为现代大型武器轻型化提供了可能性。

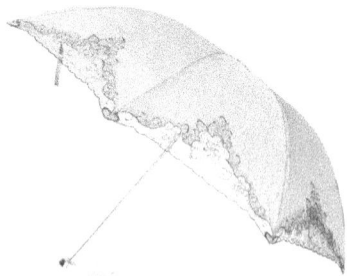

图 9.20　变色纤维

变色纤维　　变色纤维是一种用光色性燃料来染色合成的纤维,它可以随环境而改变颜色。用它制造军服,士兵穿上后,在不同的环境里,衣服显现不同的颜色:在丛林里,军装显绿色;进入草原,军装显草绿色;走进黄土高原,军装也呈现一片土黄;走进湖边,又同"天水一色"。这种染料目前很贵,还不能普及。现在还有一种变色纤维,这种变色纤维被一定波长的光照射以后,能改变颜色,保持 24 小时之久,用它做衣服,颜色可以天天换,等于一天穿一件新衣服。

第六节　服装材料的鉴别

服装材料的鉴别有感官法、化学法和燃烧法。

6.1　感官鉴别法

① 光泽,搽棉光亮,富纤色艳,维棉暗,丝织品有丝光。② 挺括,用手攥紧布迅速松开,毛纤混纺品一般无皱折且毛感强,涤棉皱折少、复原快,富棉和黏棉皱折多、恢复慢,维

棉则不易复原且留有折痕。③ 纤维长短，可抽出丝观看，并在润湿后试验，黏胶湿处易拉断，蚕丝干处断，锦丝或涤丝干、湿处都不断；短丝则为羊毛或棉花，粗的为毛，细的为棉，如较长且均匀，则为合成短纤维。

6.2　化学法

化学法鉴别服装材料有燃烧法和溶解法两种。燃烧法主要是观察纤维的燃烧方式和烟、焰、灰、味等燃烧现象，不同的纤维其燃烧情况是不同的。溶解法鉴别纤维均基于形成纤维的单体的化学结构不同，有的机制尚不清楚。

6.3　燃烧法

表 9—1　服装材料的化学鉴别方法(燃烧法)

纤维名称	燃　烧　现　象	溶解现象
棉	燃烧块，同时发出有烧纸的气味，黄色火焰及蓝烟，燃烧后能保持原线形，手触灰烬分散。灰少，灰末细软呈浅灰色	易溶于浓硫酸(脱水及酯化作用)，铜氨溶液(羟基及醛基的配合及还原作用)
麻	有烧草的气味，其余与棉同	铜氨溶液
蚕丝	燃烧慢且蜷缩成一团，灰呈黑褐色小球，易压碎，有臭味	酸、碱(氨基酸的两性)溶液，铜氨溶液
羊毛	接近火焰时，先蜷缩，有烧毛发的臭味，烧成的灰蜷缩成黑色膨胀易碎的颗粒，燃烧时徐徐冒黑烟，显黄焰，起泡，灰多，为发光的黑色脆块(碳化物)	氢氧化钠(脂层破坏后进攻蛋白质)
黏胶纤维	容易燃烧，燃烧速度很快，并有烧纸的气味，残品灰烬极少	同棉
涤纶	接近火焰时，立即蜷缩，边熔融边冒黑烟燃烧，燃烧慢、蜷缩、熔化，有芳香气味，灰烬为黑褐色玻璃球硬块	苯酚(缩合反应)
维纶	接近火焰时，纤维迅速蜷缩，在软化收缩同时，缓慢燃烧，冒浓黑烟，并有特殊臭味，火焰小呈红色，灰烬黑褐色不规则状	酸
锦纶	接近火焰时，纤维迅速蜷缩，边熔融边缓慢燃烧，燃烧时有火漆气味或微带芹菜气味(有酰胺类气味)，无烟，灰烬为褐色玻璃球状，不易捻碎	苯酚及各种酸(酰胺的碱性)
腈纶	接近火焰时，边蜷缩熔融边燃烧，火焰明亮、有闪光，有特殊气味，略有黑烟，有鱼腥气味，灰烬为黑色硬球	硫氰化钾溶液，二甲基甲酰胺
丙纶	接近火焰时，边蜷缩边熔融边缓慢燃烧，有石蜡气味，没有灰烬，但燃烧剩余部分是透明球状。灰为硬块能捻碎	氯苯
氯纶	难燃，近火焰时蜷缩熔融，离火即熄灭，有氯气的刺激性臭味，灰烬呈不规则黑色块状	二甲基甲酰胺、四氢呋喃及氯苯等

6.4 石灰"家族"

石灰是人们生活中常见的物质。石灰家族里有很多成员,分别是石灰石、生石灰、熟石灰、石灰水、石灰乳、碱石灰等。

石灰石,生在深山里,是一种青色的石头。由石灰石形成的山,一般风景较优美,入桂林多为石灰石,那里青山绿水,有许多大溶洞,形成了许多石笋、石钟乳。石灰石比较坚硬,铁路的路基常用石灰石为原料。石灰石的主要化学成分是碳酸钙,它又是水泥和其他工业的原料。与石灰石成分相同的是大理石,它生得洁白、晶亮,漂亮极了,是高级建筑物的装饰材料。石灰石通过锻烧变成生石灰。

生石灰的化学成分是氧化钙,是白色块状物,它的吸水性很强,常用作干燥剂,它与水反应生成熟石灰。

熟石灰的成分是氢氧化钙,是白色粉末状固体,具有较强的腐蚀性,因此又名苛性钙,主要用作建筑材料,室内墙壁、砌砖的料浆中不能缺少它。化工生产中用它可制得消毒剂漂白粉等。因为它是由生石灰加水消化而成的,因此又称为消石灰。

石灰乳是浑浊的石灰水,又称为氢氧化钙悬浊液,它是固体和液体的混合物。常用于涂刷旧墙壁、配制波尔多液(与硫酸铜配合)和石硫合剂(与硫磺配合)等,用作农药杀虫剂。

石灰水是氢氧化钙的水溶液。石灰乳澄清(通过静置)后的上层清液是饱和石灰水,碱性很强,家庭中可用它来做米豆腐。

碱石灰,是氧化钙与氢氧化钠的固体混合物,具有很强的吸水性,所以在实验室中常用作干燥剂。

6.5 能用来织布的石头

石头是我们随处可见的物质。盖房子会用到它;铺马路会用到它。可是,你听说过吗?坚硬的石头也能像棉花一样用来织布。

首先,让我们来看一看用棉花是怎样织布的。原来在每一朵雪白的花絮里,有着许许多多一根根极细的细丝,这种细丝叫做纤维。布就是利用这种纤维纺织而成的。

大约在 4 500 年以前,古代的埃及人,开始有目的地用石头来烧制玻璃。石头织布也可以说是石头制玻璃的发展。因为石头织布首先就是将砂岩和石灰等粉碎,放到窑炉里,再加进一些化学原料,用高温把它们熔化成液体,然后把它拉成玻璃纤维,玻璃纤维和玻璃虽然原料相同,但由于玻璃纤维细得有时连肉眼都看不见,所以增强了曲挠性能,像雪白的蚕丝那样能纺纱,织成布。这种布叫做玻璃布。由于它具有耐高温、耐潮湿、耐腐蚀等许多特性。因此,它越来越多地在电气、化工、航空、建筑等部门代替原来所用的棉布和绸缎呢。

虽然用石头织布的历史并不长,但是,它有着辉煌的前途。随着科学技术的不断更新,会有更多种类的"石头布"出现。

6.6 高分子智能材料

目前在新材料领域中,正在形成一门新的分支学科——高分子智能材料,也称为机敏材料,高分子智能材料它是通过有机合成的方法,使无生命的有机材料变得似乎有了"感觉"和"知觉"。这类材料在实际中已有了应用,并正在成为各国科技工作者崭新的研究课题,预计不远的将来,这些材料将进入我们的日常生活中。

数千年来,人们建造的建筑物都是模拟动物的壳,天花板和墙壁都是密不透风,以便把建筑物内外隔开。科学家正在研制一种能自行调温调光的新型建筑材料,这种制品叫做"云胶",其成分是水和一种聚合物的混合物,这种聚合物的一部分是油质成分,在低温时这种油质成分把水分子以一种冰冻的方式聚集在这种聚合物纤维的周围,就像"一件冰茄克衫",这种像绳子似的聚合物是成串排列起来的,呈透明状,可以透过 90% 的光线。当它被加热时,聚合物分子就像"面条在沸水里"翻滚,并抛弃它们的像冰似的"冰茄克衫",使聚合纤维得以聚在一起,此时"云胶"又从清澈透明变成白色,可阻挡 90% 的光。这一转变能在 2℃～3℃温差范围内就能完成,并且是可逆的。

建筑物如果具有这样的"皮肤",就可以适应周围的环境。当天气寒冷时,它就会变成透明,让阳光照进来。当天气炎热且必须把阳光挡住时,就让它变成半透明。一个装有云胶的天窗,当太阳光从天空的一端移向另一端时,能提供比较恒定的进光量。充满云胶的多层玻璃,不仅可作天花板,而且可作墙壁。

德国正在研制一种智能塑料,它可以按人们的需要时而变硬时而变软。

这种名为"施马蒂斯"的塑料是由舒勒发明的。他在烧杯中倒入一种乳白色流体,用一根金属棒搅拌,液体渐渐变稠,最后成为硬块,接着硬块又在顷刻之间变成液体。如果急速把金属棒从液体中抽出,那么液体就会像胶水一样把棒拉住,只有非常缓慢地提起,才能抽出金属棒。产生这种现象的原理是,这种塑料的溶剂是水,其微小的颗粒排列整齐时呈液体状,受到干扰时就呈固体状。因而人们可通过各种外因来变换它的物理状态。这种塑料能自行消除外来的撞击,特别适合于车辆的缓冲器,用这种塑料制成的油箱即使被坦克压过也不会破裂,用于建房则抗震性能特强,如果在桥梁钢架上套一层用这种塑料制成的微型管道网,其中储存有防锈剂,一旦钢架生锈,管道会自行熔解,释放出防锈剂。用此制成的胶囊丸服用后,可到体内指定部位才释放出药物。

日本正在研制的用高分子聚碳酸酯与液晶结合而成的液晶膜或人工分离膜已在医药工业得到应用。比如,在医疗中,将薄膜做成胶囊状,把消炎剂放入里面,然后将胶囊埋入发炎部位,胶囊可依据患处发炎而引起的温度变化,及时释放出药剂,达到预期的治疗目的和治疗效果,在食品工业方面,利用人工膜可研制出"辨味机器人"的味觉感知器,并可改进或制造所需的各种食品成分,又如用薄膜技术可浓缩葡萄汁,提高葡萄酒的味质;可制造低盐分酱油,纯化果汁,给食品着色等。这既可改进食品质量,增强人的食欲,又可扩大食品销售市场,提高食品工业的经济效益。

把高分子材料和传感器结合起来,已成为智能材料的一个新的特点。意大利研制的有"感觉"功能的"智能皮肤",处于世界领先地位。根据人类皮肤有表皮和真皮(外层和内层)组织的特点,为机器人制造了一种由外层和内层构成的人造皮肤,这种皮肤不仅富有弹性,厚度也和真的皮肤差不多,为了使人造皮肤能"感知"物体表面的质感细节,研究小组还研制了一种特殊的表皮,这种表皮由两层橡胶薄膜组成,然后在两层橡胶薄膜之间放置只有针尖大小的传感器,这些传感器是由压电陶瓷制成的,在受到压力时,就产生电压,受压越大,产生的电压也就越大。这种针尖大小的压电陶瓷传感器很灵敏,对纸张上凸起

Chemistry in Life

的斑点也能感觉到,可以灵敏地感觉到一片胶纸脱离时产生的拉力,或灵敏地感觉到一个加了润滑剂的发动机轴承脱离时磨擦力突然变化的情况,迅速作出握紧反应。

美国正在研究主动式智能材料,能使桥梁出现问题时自动加固;研究一种能自动加固的直升飞机水平旋翼叶片,当叶片在飞行中遇到疾风作用而猛烈振荡时,分布在叶片中的微小液滴就会变成固体而自动加固;人们还研究一种住宅用的"智能墙纸",当住宅中的洗衣机等机器产生噪音时,智能墙纸可以使这种噪音减弱。

总之,高分子智能材料已成为材料科学的一个重要研究领域,各国科学家正在为此作不懈努力。人类发展的历史证明,每一种重要材料的发现和利用,都会把人类支配和改造自然的能力提高到一个新的水平,给社会生产力和人类生活带来巨大的变化,把人类物质文明和精神文明向前推进一步。终有一天各种各样实用的智能材料会大量出现在我们的面前。

6.7 常用塑料中文名称和英文代号

1. 随着石油化工生产技术的不断发展,石油的用途越来越广。利用石油可炼制各种燃料油和各种机器所需要的润滑油。可制造合成纤维、合成橡胶、塑料以及农药、化肥、炸药、医药、染料、油漆、合成洗涤剂等产品,石油产品已被广泛地应用到国民经济各个部门。所以人们把石油称为"工业的血液"。请回答下列问题:

(1) 常规的通用塑料主要包括哪几类? 它们的中文名称和英文代号分别是什么?

(2) 塑料是怎样的一种材料? 它的主要成分是什么? 它在制造过程中有哪些形态?

(3) 原来超市里免费提供的塑料袋是用什么材料制成的? 你记得超市不免费提供塑料袋的时间吗?(如记得,需写出具体从哪一天开始的)超市是根据什么规定而不免费提供塑料袋的?

(4) 你认为不免费提供塑料袋的主要原因是什么? 如果你是超市经理是怎样认识的?

简答:

(1) 5 种

中文名称	英文代号
聚乙烯	PE
聚氯乙烯	PVC
聚苯乙烯	PS
聚丙烯	PP
工程塑料	ABS

(2) 塑料是一种以高分子化合物为主要成分的材料;它的主要成分是树脂;它在制造过程中可以显现各种形态,如液体、固体、胶体等

(3) 是用聚乙烯为原料制成的;2009 年 6 月 1 日;中国国务院办公厅《关于限制生产销售使用塑料购物袋的通知》

(4) 不同意;如果超市不免费提供塑料袋是省钱(1 个塑料袋成本最多 2 角),顾客为

了方便而去其他超市或商店购物,所以为了省钱而这样做,损失的利润将更大;这是国务院规定必须执行;为了保护环境,因为它的自然消失不但时间长(400～1 000 年),而且还会产生大量二氧化碳;塑料袋生产过程中还会消耗大量石油这一不可再生的宝贵资源;提倡使用环保袋;宣传塑料袋的危害

6.8 蜘蛛的启示

三百多年前,英国有一位年轻的科学家对"八卦飞将军"蜘蛛发生了浓厚的兴趣。他经常从早到晚,目不转睛地观察蜘蛛。他看见蜘蛛忙忙碌碌,吐丝织网。刚从蛛囊里拉出的细丝是黏液,迎风一吹,瞬间变成又韧又结实的蛛丝。

这位青年科学家想,要能发明一个机器蜘蛛,"吃"进化学药品,抽出晶莹的丝来纺线织布,那该多好啊!他一头扎进化学实验室,摆弄起瓶瓶罐罐,用各种化学药品做试验。他用硝酸处理棉花得到了硝酸纤维素,把它溶解在酒精里,制成黏稠的液体,通过玻璃细管,在空气中让酒精挥发干以后,便成了细丝。这是世界上第一根人造纤维。但是,这种纤维容易燃烧、质量差、成本高,没法用来纺纱织布。

后来,科学家模仿吐丝的蚕儿,将便宜、易得的木材里的木质纤维素溶解在烧碱和二硫化碳里,做成黏液,再在水面下喷丝,拉出千丝万缕。这就是大名鼎鼎的"人造丝"(黏胶纤维)。它的长纤维可以织成人造丝印花绸、人造丝袜。短纤维造出"人造棉"布、"人造毛"呢。它们穿着舒适,和棉麻织物差不多:透气良好,容易吸水,可以染上漂亮的颜色,而且价格低廉,颇受欢迎。这样,人造纤维在问世仅三十年后,就代替了十分之一的棉、麻、丝、毛。

可是,人们并不满意。人造丝、人造棉潮湿的时候很不结实,洗涤后容易变形,缩水严重。再说,人造纤维虽然扩大了原料的来源,把不能直接纺纱织布的木材、短的棉花纤维、草类利用了起来,可是,资源毕竟有限。于是,人们眼光从天然纤维跳到了矿物,石头、煤、石油能不能变纤维呢?

五十年前,德国出现了用煤、盐、水和空气做原料制成的聚氯乙烯纤维(氯纶)。它的化学成分和最普通的塑料一样。这是最早的合成纤维。用氯纶织成的棉毛衫裤、毛线衣裤,既保暖又容易摩擦后带静电,穿着它,对治疗关节炎还有好处呢。

比氯纶晚几年出世的尼龙(锦纶),比蛛丝还细,但非常结实,晶莹透明,一下子以它巨大的魅力使人们着了魔。用尼龙丝织成的袜子结实耐磨,一双顶四五双普通的棉线袜穿用。曾经很流行的"的确良"(涤纶),挺括不皱,免烫快干,是产量最大的一种合成纤维。腈纶,俗称"合成羊毛",蓬松耐晒,用它做的毛线,毛毯,针织衣裤,我们都很熟悉。价廉耐用的维尼龙(维纶),织成维棉布,做床单或内衣,吸水、透气性跟棉织品差不多。维纶棉絮酷似棉花,人称"合成棉花"。除了涤纶、锦纶、腈纶、维纶四大合成纤维外,由丙烯聚合而成的丙纶一跃而起,成为合成纤维的新秀。

丙纶是密度最小的合成纤维,入水不沉。用它制作飞机上的毛毯、宇航员的衣服,可以减轻升空的负担。如今,化学纤维的年产量已经和天然纤维平起平坐了,而它在国民经济和国防事业上的作用却远远超过了天然纤维。不过,今天规模巨大的"机器蚕"在日夜运转,还多亏了蚕儿吐丝、蜘蛛织网给人们的启示呢!

第十章
笔中的化学

第一节 可擦可改的铅笔

铅笔是一种用来书写以及绘画素描专用的笔类,距今已有四百多年的历史。

1564 年,在英格兰的一个叫巴罗代尔的地方,人们发现了一种黑色的矿物——石墨。由于石墨能像铅一样在纸上留下痕迹,这痕迹比铅的痕迹要黑得多,因此,人们称石墨为"黑铅"。直到 18 世纪末,世界上还只有英、德两国能够生产这种石墨铅笔。因此,拿破仑发动了对邻国的战争后,英、德两国切断了对法国的铅笔供应。因此,拿破仑下令法国的化学家孔德在自己的国土上寻找石墨矿,然后造出石墨铅笔。

1761 年,德国人 F. 卡斯特在纽伦堡市创建了法泊·卡斯特石墨铅笔厂,采用硫磺、锑等作黏结剂与石墨加热混合制造铅芯,使石墨铅笔制造技术前进了一大步。1790~1793 年,法国康德首次采用水洗石墨的办法,使石墨的纯度提高,并用黏土将石墨黏结制成笔芯,此法被称为康德法。1793 年建立康德石墨铅笔厂,为铅笔工业奠定了基础。

图 10.1 铅笔

后来,法国化学家孔德经过反复试验,改用黏土作增固剂,制出的笔芯比原先还要坚实耐磨,而且这种方法适用于任何石墨矿,直到今天仍在使用。

黑铅心用起来会弄脏手指,还容易摔断。1812 年,美国有一位名叫威廉·门罗的木匠,在刻有凹槽的木条中,嵌一根黑铅心,再把两根木条对拼黏合在一起,制成了世界上第一支铅笔杆。

普通铅笔杆在使用时,由于没有笔帽,非常不方便携带、不卫生。2012 年,中国人发明的新型铅笔,其笔帽采用涡旋开放式一体设计,把笔帽和笔杆结合成一体,成为世界上第一支开放式戴帽铅笔。这种戴帽铅笔的使用很简单,

图 10.2 铅笔

只要将笔杆旋入笔帽即可,人们称这种铅笔为"鹅式铅笔"。

在石墨中掺入的黏土比例不同,生产出的铅笔芯的硬度也就不同,且颜色深浅也不同。这就是今天我们看到铅笔上标有的 H(硬性铅笔)、B(软性铅笔)、HB(软硬适中的铅笔)的由来。其硬度越高,石墨含量越少。以石墨或加颜料的黏土做成的笔芯为书写介质,用于学习、办公、工程制

图 10.3 铅笔

图、美术、绘画、各种标记等的书写或绘画工作具。有的彩色铅笔因笔芯添加了特殊颜料，还有专门的用途。比如，用"耐晒青莲色淀"作颜料的拷贝铅笔，书写的字迹用橡皮不能擦掉，适于善写长期保存的重要文件、记载账目。

木杆铅笔发展史三大里程碑

第一次，石墨铅笔的诞生：此时的"铅笔"还处于仅仅满足可以书写的原始阶段；

第二次，木制铅笔杆的诞生：经历百年的发展后，此时的"铅笔"进入了其自身演变的初级阶段；

第三次，戴帽铅笔的诞生：伴随世界上第一支'完整铅笔'的诞生，铅笔进入了自身发展的高级阶段。

1.1　笔杆

图 10.4　铅笔

给铅笔套上木杆外套的任务是由美国工匠门罗完成的。他先造出了一种能切出木条的机械，然后在木条上刻上细槽，将铅笔芯放入槽内，再将两条木条对好、黏合，笔芯被紧紧地嵌在中间。铅笔杆用料主要包括木材和胶合剂。木材用于制作笔杆，要求纹理正直，结构细而匀，质软或稍软，略带脆性，少含树脂，吸湿性低，胀缩性小，不变形。主要有铅笔柏（红柏）、香杉、西达木、椴木、桤木等。胶合剂应有适当黏度、流动性和润湿性，硬化后胶层有韧性，对刀具损伤小，具有一定耐水、耐热、耐老化性能，常温下易固化，硬化时间短，无毒等。主要有动物胶、聚酯酸乙烯乳液、热熔胶等。

1.2　铅笔帽

铅笔帽是伴随着"笔帽铅笔"的出现而被人们所熟知的。随着普通铅笔的伤人事件不断发生，恶性铅笔伤害儿童事件也屡见不鲜，戴帽铅笔应运而生。

铅笔帽由最初人们自发制作的纸制笔帽，后变成铅笔上的标准配置件，经历了上百年的时间。目前，较常见的有封闭式和开放式两种铅笔帽，封闭式铅笔帽由于结构复杂或使用性等原因而难以在铅笔上普及；开放式铅笔帽因采用了一体式设计，能适合大规模的笔帽铅笔的生产需要。

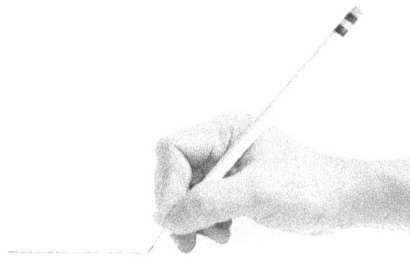

图 10.5　用铅笔写字

1.3　铅笔芯

石墨铅芯原料和辅助材料有石墨和黏土。石墨为着色剂，利用其滑腻性和可塑性，制成铅芯能划出黑色痕迹，牢固黏附在纸面上，并能用橡皮擦掉。应选用含碳量高、颗粒细的石墨。黏土为黏结剂，利用其可塑性和黏结性，将石墨颗粒黏结起来。要求选用可塑性好，含铁量低，烧结范围宽的黏土。辅助材料包括成型材料和改变铅芯性能材料。成型材料用于提高可塑性和黏结力,改善铅芯成型性能。常用的有饴糖、黄耆树胶等。改变铅芯性能材料用于铅芯烧结后油浸处理,借以改善铅芯物理性能(如磨耗、浓度、芯尖受力、滑度、硬度等)。常用的有石蜡、牛羊油、凡士林等,通常两种或两种以上搭配使用。颜色铅芯原料有色料、体质原料、胶黏剂、油脂和蜡。色料(包括颜料和染料)起着色作用,要求着色力好,遮盖力高,质软,细度高,耐热性好,无毒等。常用的有钛白粉、炭黑、酞菁蓝等。体质原料起黏结、骨架和调节硬度作用。

外观装饰用料主要有硝基纤维铅笔漆、印花油墨、电化铝箔、橡皮头和铝箍、笔帽等。制作工艺可分为铅笔板、铅芯、铅笔杆、成品装饰等工艺过程。铅笔板加工将原木开解、截断,开方锯解成木块,经水热处理后通过切板机切成铅笔板。板长184 mm,宽 73 mm,厚 4.8～5.2 mm。再经加热(60℃～120℃)干燥和高温(130℃～200℃)变性处理,使铅笔板达到软化易卷削的程度。铅芯加工石墨铅芯是以石墨与黏土按一定比例配好,经捏练机、三辊机调混后,通过压芯机挤压出一定规格尺寸(如 HB～3H 铅芯直径为 1.80～2.10 mm)的铅芯,经加热(50℃～150℃)干燥和高温(800℃～1 100℃)焙烧,使其具有一定机械强度和硬度,最后经油浸处理而制成。颜色铅芯加

图 10.6　思考

工和石墨铅芯类似,但不需进行烧结。加工方法有两种:一种是将黏土、滑石粉、胶黏剂、色料、油脂和蜡等混合均匀后,经成型、干燥而制成,称为混合法;另一种是将瓷土、滑石粉、色料及胶黏剂等混合均匀后挤压成铅芯或将经干燥的铅芯放在油芯容器中,在一定温度下使其充分吸收油脂而制成,称为油浸法。铅笔杆加工用刨槽机将铅笔板刨削成厚度为 4.1～4.2 mm,并有与铅芯直径相适应的芯槽的槽板,然后使用胶合剂将铅芯和铅笔板胶合起来,在夹紧状态下加热(50℃～120℃)干燥 1～8 小时后,经刨杆机加工制成长度为 178～180 mm 的白杆铅笔。外观装饰加工将白杆铅笔进行油漆和印花装饰,以及切光、打印商标、装橡皮头、装铅笔帽等加工,使其成为具有一定规格、外观颜色和花纹图案的成品铅笔。

图 10.7　铅笔

铅笔规格通常以 H 和 B 来表示,"H"是英文"Hard"(硬)的首字母,表示铅笔芯的硬度,它前面的数字越大,表示它的铅芯越硬,颜色越淡。"B"是英文"Black"(黑)的首字母,代表石墨的成分,表示铅笔芯质软的情况和写字的明显程度,它前面的数字越大,表明颜色越浓、越黑。

铅笔的分类正是按照笔芯中石墨的分量来划分。一般划分为 H、HB、B 三大类。其中 H 类铅笔,笔芯硬度相对较高,适合用于界面相对较硬或粗糙的物体,比

图 10.8　铅笔头的充分利用

如木工画线,野外绘图等;HB类铅笔笔芯硬度适中,适合一般情况下的书写;B类铅笔,笔芯相对较软,适合绘画,也可用于填涂一些机器可识别的卡片。比如,目前我们常使用2B铅笔来填涂答题卡。另外,常见的还有彩色铅笔,也就是人们常说的蜡笔,主要用于画画。

1.4　铅笔杆上的金字和银字是用什么材料印制的

在每支铅笔上都印着一长串金色以及银色的文字,这是铅笔的商标、型号、制造厂厂名以及其他的标志。这么做是让人们一看就知道这是一种什么类型的铅笔:是用来写字的,还是用来素描的;是本地制造,抑或是从外地制造的。

其实有部分铅笔杆上的那些银光闪闪的文字,是用带鱼鳞为材料印制的。

要使带鱼鳞变成涂料,先要把它制成鱼鳞粉;然后在鱼鳞粉里加入适量的酒精和松香,把它制成鱼鳞漆。

新制的鱼鳞漆还不能马上使用。铅笔制造工人先把鱼鳞漆刷到玻璃纸上,等到玻璃纸上的鱼鳞漆风干后(提示:这种鱼鳞漆很容易受热熔化),工人会把这种玻璃纸放到打印机上去。

打印机就是给铅笔杆打字的机器。这种机器有一种装着电热设备的印章——钢模。钢模上刻着字。发热的钢模在有玻璃纸的铅笔杆上一压,铅笔上就会出现一行漂亮的银字。

也有一部分的铅笔杆上的银字,是用一种"银粉"制成的漆印上去的。如果改用一种"金粉"制成的漆,铅笔上就会出现一行金字。

图 10.9　铅笔上的标号

这种"金粉"其实是铜锌合金磨成的细粉;"银粉"的成分其实是铝磨成的细粉。

1.5　铅笔芯有毒吗

其实铅笔芯并没有毒。铅是有毒的,而制造铅笔芯的主要原料是石墨和黏土,所以没有毒。

安全、便捷、环保的戴帽铅笔,无疑将成为铅笔未来的发展方向。铅笔市场的主要消费群体是学生和美术专业人员;由于近年来学习美术的学生数量减少,导致画材铅笔的需求下降,所以如何打开低幼年龄学生画材铅笔的需求和引导他们使用新的画材,则需要铅笔生产企业开发更多的新产品来满足人们日益增长的需求。

第二节　刚柔相济的毛笔

最早的毛笔始于中国,大约可追溯到两千多年之前。一般人都以为是秦代的蒙恬,有"蒙恬始作秦笔"之说。公元前223年,秦国大将蒙恬带兵在外作战,他都要定期写战报呈送秦王。当时,人们用竹签写字,很不方便,蘸了墨没写几下又要蘸。一天,蒙恬打猎时看见一只兔子的尾巴在地上拖出了血迹,心中不由来了灵感。他立刻剪下一条兔尾巴,插在竹管上,试着用它来写字。可是兔毛油光光的,不吸墨。蒙恬又试了几次,效果还是不行,于是随手把那支"兔毛笔"扔进了门前的石灰坑里。有一天,他无意中看见了那支被自己扔掉的毛笔。捡起来后,他发现湿漉漉的兔毛变得更白了。他将兔毛笔往墨盘里一蘸,兔尾竟变得非常"听话",写起字来非常流畅。

原来,石坑里的水含有石灰质。经碱性水浸泡后,兔毛中的油脂去掉了,变得柔顺起来。传说这就是毛笔的来历。但考殷墟出土之甲骨片上所残留之朱书与墨迹,系用毛笔所写。由此可知毛笔起于殷商之前,而蒙恬实为毛笔之改良者。传统的毛笔不但是古人必备的文房用具,而且在表达中华书法、绘画的特殊韵味上具有与众不同的魅力。不过由于毛笔易损,不好保存,故留传至今的古笔实属凤毛麟角。

图 10.10　毛笔

毛笔的分类主要有依尺寸,还有笔毛的种类、来源、形状等来分。

图 10.11　毛笔画

按笔头原料可分为:胎毛笔、狼毛笔(狼毫,即黄鼠狼毛)、兔肩紫毫笔(紫毫)、鹿毛笔、鸡毛笔、鸭毛笔、羊毛笔、猪毛笔(猪鬃笔)、鼠毛笔(鼠须笔)、虎毛笔、黄牛耳毫笔、石獾毫等,以兔毫、羊毫、狼毫为佳。

依常用尺寸可以简单地把毛笔分为:小楷、中楷、大楷。更大的有屏笔、联笔、斗笔、植笔等。

依笔毛弹性强弱可分为:软毫、硬毫、兼毫等。

按用途可分为写字毛笔、书画毛笔两类。

依形状可分为:圆毫、尖毫等。

依笔锋的长短可分为:长锋、中锋、短锋。

我国制笔历史上以侯笔(河北衡水)、宣笔(安徽宣城)、湖笔(浙江湖州)、齐笔(山东广饶)为上。

第三节　儒雅的钢笔

1809 年,英国颁发了第一批关于储水笔的专利证书,这标志着钢笔的正式诞生。在早期的储水笔中,墨水不能自由流动。写字的人压一下活塞,墨水才开始流动,写一阵之后又得压一下,否则墨水就流不出来了。这样写起字来当然很不方便。1829 年英国人詹姆士·倍利成功地研制出钢笔尖。它经过特殊加工,圆滑而有弹性,书写起来相当流畅,深受人们的欢迎。然而,这种笔必须蘸墨水书写,使用起来十分麻烦。直到 1884 年,有个叫华特曼的美国人有一次他的墨水笔漏水,不慎将一份合同弄脏了。可是等他拟好另一份合同时,竞争对手早已抢走了这笔生意,他失去了一个重要的盈利机会。为了使这类事

图 10.12　钢笔

情不再发生,华特曼根据植物体内的毛细管输送液体的原理发明了一种现代墨水笔。这种墨水笔装有新型给墨装置,笔的笔端可以卸下来,墨水用一个小的滴管注入,所以又叫自来水笔,俗称钢笔。而这一切都是他以小刀、锯和锉刀为工具,用饭桌做车床精心制成的。直到第 19 世纪初期,在生产过程中发明了一种钢笔专利。只有 3 点关键的发明,却使钢笔成为广泛受欢迎的书写工具。这些发明就是:铱制的金钢笔尖、硬橡胶和自由流动的墨水。

3.1 钢笔结构组成

笔尖

根据笔尖材质的不同,分为钢尖、金尖和钛尖,现在一半的钢笔除了特殊用途,都会有铱粒的,至于很多厂家说的高级铱金笔之类的其实没有统一标准,高不高级不能一概而论,金笔尖根据含金量的不同,分为 8K、10K、12K、14K、18K、21K,还有最高的 23K。

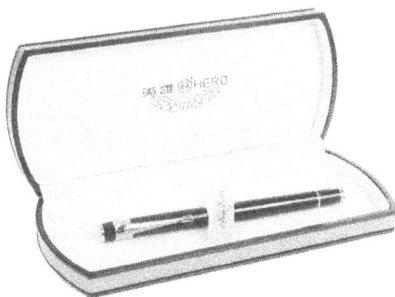

图 10.13 礼品钢笔

根据用途分为普通钢笔和美工笔,美工笔的笔尖是稍微上翘的,主要是书法用的。还有用于英文书写的美工尖,是平头的。

根据笔尖的粗细,一般有 EF 或 XF、F、B、BB、OM、OB、OBB 等。

EF:extra fine,超细。

XF:extra fine,同上,超细。

F:fine,细。

M:medium,中。

B:broad,粗。

L:large,同上,粗。

BB:double broad,双粗。

OM:oblique medium,斜尖,中,一般左撇子,或写特殊字体用。

OB:oblique broad,斜尖,粗,一般左撇子,或写特殊字体用。

OBB:oblique double broad,斜尖,双粗,写特殊字体用。

图 10.14 钢笔和墨水

S:stub,亦称意大利尖,笔尖扁平,适于写西文花体字。

钢笔笔尖,可以说是钢笔最关键的部分,从细到粗,各种变化都有,一般最常见的钢笔笔尖尺寸以"B、M、F 以及 EF"为主,由粗到细是 B>M>F>EF,笔尖尺寸每家笔厂在规格上都有差异。而在相同尺寸单位下,日本钢笔的笔尖会比欧洲钢笔笔尖细。

依通常的书写习惯,西方人在使用钢笔上多以 M 笔尖为主,而签名时选用 B 笔尖。中文书写时因为笔画繁杂,一般采用 M、F 或是更细的 EF 笔尖。

墨囊

名　称	特　征	优　点	缺　点
笔胆式	笔杆内有透明皮囊,中有吸水管	比较接近大家使用习惯,容易上手,只需轻轻捏几下	密封不严,墨囊破损就会漏水
针管式	类如针管,中有阻水珠,后有针管式吸水杆,材质大多为塑料	能一次吸取更多的墨水,不会出现破损情况	密封问题,吸水杆断裂问题
螺旋式	同针管式差不多,但后面有螺纹,使用螺旋吸水方法	吸收针管式优点能吸取95%的墨水,但不如前两种实用	密封问题,螺旋滑丝问题

吸墨原理

把笔囊里的空气挤出去后,笔囊里气压小于外界的气压,外界气压就把钢笔墨水给挤进去了。

3.2　钢笔种类

钢笔的种类和型号很多。根据钢笔笔尖的成分不同,可分为金笔、铱金笔两种。

金笔

笔尖采用黄金合金,笔尖较软,弹性好,手感舒适。但金笔的价格较贵,且笔尖软,不好掌握,初学者不宜使用。

铱金笔

笔尖不含黄金,部分笔尖镀金,笔尖较硬,物美价廉,是初学写字者比较合适的工具。

金笔尖、铱笔尖之所以比钢笔尖耐用,秘密都在钢笔尖上的小圆粒。这小圆粒是由铱钌合金制成的,非常坚硬耐磨。据上海金星金笔厂实验,如果把金笔尖和钢笔尖同时放在油石上磨,一小时后,金笔尖只磨损 0.07 mm,而钢笔尖磨损达 5 mm 之多!

虽然价格相差悬殊,但是笔尖的铱粒都是特种合金"铱和钌"的合金!润滑度相差那么多的原因是打磨方式和精细程度不同。所以,金笔和铱金笔是一样的。但是制作材料和手感不同,这就导致了价格上的差距!

墨水里含有少量硫酸,对金属有腐蚀性,会给钢笔带来严重的威胁。如果钢笔尖是由普通的钢铁做的,易被硫酸腐蚀,寿命短。什么金属能抗腐蚀呢?黄金、铱和不锈钢。黄金是耐腐蚀的金属,人们想到用它制造钢笔尖,不过,纯黄金太软,不能直接用来做笔尖。我们平常说的金笔,笔尖都是合金。比较好的金笔的笔尖上标有 14K 的字样,表示含黄金 58%,另外还有白银和紫铜;标有 12K 的,

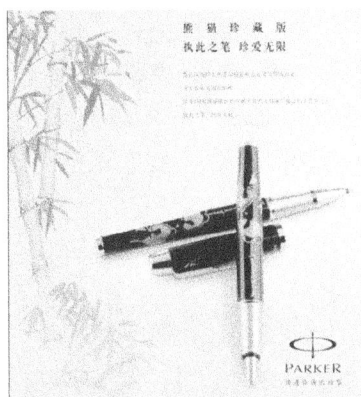

图 10.15　铱金笔和金笔

表示含黄金 50%。这样,不但提高了硬度,弹性还特别好。金笔尖上的那个银白色的小圆粒,叫铱金粒。它是一种合金,以铱为主,还有其他稀有金属,特别耐磨。因为写字的时候全靠它在纸上划过,它的一生往往要"行万里路"。铱金笔尖是用不锈钢做成的,但铱金笔尖上的小圆粒与金笔上的完全相同。因此,铱金笔的使用效果与金笔差不多,价钱却便宜

得多。所以价廉物美的铱金笔十分受欢迎。普通的蘸水笔和钢笔,它们的笔尖上没有镶嵌铱粒,所以使用寿命就短多了。

3.3 使用和保养

1. 钢笔的保养

写字时,应在纸下垫一些稿纸,以增强笔尖的弹性,减少摩擦。笔尖不要在金属等硬质材料上书写,以防损坏笔尖。日常使用中应注意不同墨水不能混用,以免产生沉淀堵塞钢笔。钢笔应每月清洗一次,以保持墨水流畅,如使用碳素墨水更应多清洗,且一定要洗干净。钢笔如长期不用,应洗净后保存。书写时不要过度用力。

2. 钢笔的清洗

一般清洗的时候可反复吸水排水直至排出的水干净,擦干即可。如果间隔较长时间清洗或者打算将钢笔洗净封存,则需将各部分拆开分别清洗。初步拆开后分为五个部分:笔尖,转换器(上墨器及墨囊),握笔,笔帽,笔杆。后两者一般是不必清洗的。而笔尖的金属部分和笔舌(上墨结构)还应进一步拆开,笔尖金属片用水冲洗干净,而整个上墨结构可用旧牙刷小心刷洗,然后放入温水中浸泡一个晚上。所有零件清洗后擦干,等完全干燥即可装好封存。当然不同钢笔结构不同,并非所有钢笔都可拆开,对于难以拆分的钢笔,只能采用第一种方法清洗,切勿强行拆卸损坏钢笔。

第四节 方便实用的圆珠笔

圆珠笔(或称原子笔),使用干稠性油墨,依靠笔头上自由转动的钢珠带出来转写到纸上的一种书写工具,有不渗漏、不受气候影响,并且书写时间较长,无需经常灌注墨水等优点,而价格又比较低廉,是近数十年来风行世界的书写工具。

圆珠笔,在国外人们普遍称它为比克。是近数十年来风行全球的一种书写工具。它具有结构简单、携带方便、书写润滑,且适宜于用来复写等优点,因而,从学校的学生到写字楼的文职人员等各界人士都乐于使用。圆珠笔与自来水笔不同,由于它使用的是干稠性油墨,油墨又是依靠笔头上自由转动的钢珠带出来转写到纸上,因此不渗漏、不受气候影响,并且书写时间较长,省去了需经常灌注墨水的麻烦。

Chemistry in Life

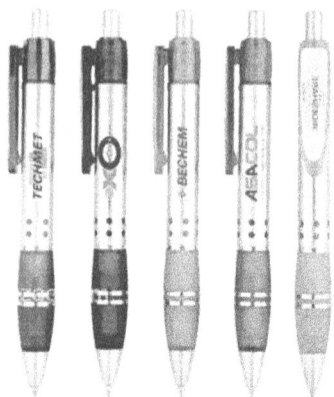

图 10.16 圆珠笔

圆珠笔是一种使用了微小旋转圆珠的笔,这种圆珠由黄铜、钢或者碳化钨制成,在书写时将墨水释放到纸上。圆珠笔与它的前辈们——芦苇笔、羽毛笔、金属笔尖的笔和自来水笔差别很大。

1. 圆珠笔比一般钢笔坚固耐用,但如果使用和保管不当,往往写不出字来。

这主要是干固的墨油黏结在钢珠周围阻碍油墨流出。油墨是一种黏性油,是用胡麻子油、合成松子油(主含萜烯醇类物质)、矿物油(分馏石油等矿物而得到的油质)、硬胶加入油烟等调制成的。

2. 在使用圆珠笔时,不要在有油、有蜡的纸上写字,不然油、蜡嵌入钢珠沿边的铜碗内影响出油而写不出字来,还要避免笔的撞击、曝晒,不用时随手套好笔帽,以防止碰坏笔头、笔杆变型及笔芯漏油而污染物体。如遇天冷或久置未用。笔不出油时,可将笔头放入温水中浸泡片刻后再在纸上划动笔尖,即可写出字来。

3. 圆珠笔有一个很大的缺点:它写出来的字迹起初很清晰;可是却经不起时间的考验,时间一久,字迹就会慢慢地变模糊。

图 10.17　艺术圆珠笔

这是因为圆珠笔的油墨是用染料和蓖麻油制成的。油与水不一样,它不容易干,日子久了,油就会慢慢地在纸上浸润开,字迹就会变得模糊。因此,圆珠笔只能作为一种普通书写用笔。如果想要把字迹长久保存起来,那么就需要用钢笔。

第五节　神奇的碳元素

5.1　神通广大的活性炭

1915 年,第一次世界大战期间,西方战线的德法两军正处在相持状态。德军为了打破僵局,在 4 月 22 日,突然向英法联军使用了可怕的新武器——化学毒气氯气 18 万公斤。英法士兵当场死了五千,受伤的有一万五千。

有"矛"必然就会发明"盾",有化学毒气必然就会发明防毒武器。在两个星期后,军事科学家就发明了防护氯气毒害的武器,他们给前线每个士兵发了一种特殊的口罩,这种口罩里有用硫代硫酸钠和碳酸钠溶液浸过的棉花。这两种药品都有除氯的功能,能起到防护的作用。

可是,令人为难的是敌方并不总是使用氯气,如改用其他毒气,这种口罩就无能为力了。事实也是如此,在使用氯气后不到一年,双方已经用过几十种不同的化学毒气。

所以,必须找到一种能使任何毒气都会失去毒性的物质才好。

这种"万能"的解毒剂在 1915 年末就被科学家找到了,它就是活性炭。

大家也许知道,把木材隔绝空气加强热可以得到木炭。木炭是一种多孔性物质,多孔性物质的表面积必然很大。物质的表面积越大,它吸附其他物质的分子也就越多,吸附作用也就越强烈。如果在制取木炭时不断地通入高温水蒸气,除去沾附在木炭表面的油质,使内部的无数管道通畅,那么木炭的表面积必然更大。经过这样加工的木炭,叫做活性炭。显然,活性炭比木炭有更强的吸附作用。

在 1917 年,交战双方的防毒面具里都已装上了活性炭。

奇怪,活性炭的眼睛为什么那么雪亮,能抓住毒气而放过氧气、氮气呢? 原来,活性炭的吸附作用同被吸附的气体的沸点有关。沸点越高的气体(即越容易液化的气体),活性炭对它的吸附量越大。军事上使用的大多数化学毒气的沸点都比氧气、氮气高得多。

请不要以为活性炭只用在防毒面具里,它还有许多其他用途。

在自来水工厂里,如果水源有臭味,只要让水流过活性炭后就没有臭味了。你也许会说自来水仍然有股异味,这是氯气的气味,因为自来水常用氯来消毒。

在制糖厂里,工人们往红糖水里加一些活性炭,经过搅拌和过滤,可以得到无色的糖液,再减压蒸发水分,红糖就变成晶莹的白糖了。

现代家庭的金鱼缸里,有不少装着电动水泵,让水循环通过滤清器。在滤清器里也用活性炭吸附水中的臭味和杂质。

5.2 铅笔的绝招

谁都知道。铅笔是用来写字的,但它另有绝招——能"医"锈锁。

生锈的锁打不开,在进钥匙的孔内加一点铅笔芯粉末,往往就能打开锈锁。

铅笔芯怎么会有这种绝招呢?原来,铅笔芯里含有石墨,而石墨有润滑性。用手摸摸铅笔芯的粉末,会有一种滑腻的感觉。所以,铅笔芯能润滑锈锁。

石墨熔点很高,达三千多摄氏度。作为润滑剂,它特别适用于在高温状态下工作的机器。在高温下,一般机油会分解,然而,石墨却"安然无恙",继续发挥润滑作用。

有一种轴承,它在成型时加进了石墨粉。这种轴承能长期工作而不必加油滑润,原因是其中的石墨在起润滑作用。这是多么巧妙的轴承啊。

在直升飞机机舱的门钮上,已经大量使用新型高精度的纯石墨轴承。这种轴承既耐低温又耐高温,特别令人惊叹的是,在真空条件下,它仍能保持良好的润滑性。

5.3 手表里的钻

你注意观察过机械手表吗?在它的盘面上,可以看到"17 钻"或者"19 钻"等字样。这是表示在手表里有 17 粒或 19 粒钻石。钻石,原来是指金刚石,也就是金刚钻。后来,人们把其他一些坚硬的宝石也叫做钻石。国外生产的手表盘上标着"17 Jewelsl","Jewel"就是宝石的意思。

手表的钻数越大,质量越好。一般的闹钟没有钻数,标明"5 钻"、"7 钻"的钟就是上好的品种了。钟表里为什么要用宝石呢?拆开钟表,你会看到它的"五脏六腑"是许多小齿轮。齿轮不停地转动,带动秒针、分针和时针准确地向前移动。支架齿轮的轴承必须经受住无数次的磨擦而很少损耗变形,才能保证钟表报时的准确。

这坚硬、耐磨的轴承是由人造红宝石做成的。钟表里有多少个这样的宝石轴承,就标明是多少钻。

自然界的宝石十分珍贵。它们都是在特殊的地质、压强和温度条件下生成的晶体。它们非常稀罕,又晶莹瑰丽,坚硬非凡。宝石之王——金刚石,采掘起来非常困难。在矿区,往往要劈开两吨半岩石,才能获得 1 克拉金刚石。1979 年全世界挖到的金刚石仅一千多万克拉,一辆卡车即可载走。名贵的金刚钻价值连城,成为稀罕的珍宝。金刚钻用在工业上,是无坚不摧的"切割手"。

"没有金刚钻,莫揽瓷器活",玻璃刀上有一小粒金刚石,切割玻璃全靠它。金刚石车刀削铁如泥,金刚石钻头钻探速度大,进尺深。闪烁着星光的红宝石和蓝宝石,也叫刚玉宝石。而做手表需要的钻石却越来越多,于是,人们在想:能不能制造人造宝石呢?要制造宝石,先得知道宝石的化学成分,红、蓝宝石的化学成分是极普通的氧化铝。我们脚下的泥土里就含有不少氧化铝。不过,红宝石、蓝宝石是纯净的氧化铝,微量的铬使它显出漂亮的鲜红色或蔚蓝色。于是,人们从铝矾土中提炼出纯净的氧化铝白色粉未,再将它放在高温单晶炉里熔融、结晶,同时掺进微量的铬盐,这样就得到了人造红宝石和蓝宝石。人造红宝石除了作手表里的"钻",精密天平的刀口和电唱机里的唱针外,还是激光发生器的重要材料,它可以产生深红色的激光。激光的用处可大啦,激光手术刀、光雷达、光纤通信、激光钻孔……都离不开它。最古老的装饰品、稀世的珍宝竟成为工业产品,在现代科技中扮演重要角色。

第十一章
神奇的金属材料

　　我国具有悠久的金属材料发展史,金属材料产业的发展对促进国民经济发展以及工业化进程的加快都起着重要的作用。目前,机械制造业的迅速发展更是为金属材料行业开创了一个前所未有的繁荣局面。金属材料在我们的生活中无处不在,它有着许许多多精妙神奇的作用。

第一节　金属材料与人类文明

　　金属是人类文明,尤其是农业文明和工业文明最重要的物质基础。是人类历史发展中最不可或缺的材料,因为自青铜时代以来,金属一直是人类制造生产工具和兵器的重要材料;金属的生产与应用的状况决定了社会生产力的发展水平。人类社会是按工具和武器的材料划分为石器时代、青铜时代和铁器时代。

　　100万年以前,原始人以石头作为工具,称旧石器时代。1万年以前,人类对石器进行加工,使之成为器皿和精致的工具,从而进入新石器时代。现在考古发掘证明我国在八千多年前已经制成实用的陶器,在六千多年前已经冶炼出黄铜,在四千多年前已有简单的青铜工具,在三千多年前已用陨铁制造兵器。我们的祖先在二千五百多年前的春秋时期已会冶炼生铁,比欧洲要早一千八百多年。18世纪,钢铁工业的发展,成为产业革命的重要内容和物质基础。19世纪中叶,现代平炉和转炉镍管炼钢技术的出现,使人类真正进入钢铁时代。同时,铜、铅、锌也大量得到应用,铝、镁、钛等金属相继问世并得到应用。至今,金属材料在材料工业中一直占有主导地位。金属材料是人类社会发展的全程见证者。

　　金属在人类社会中扮演的角色多为一个时期社会性质的缩影。

　　青铜兵器时期从夏朝算起一直延续到春秋战国。在商朝青铜文化日益繁荣的盛况下,青铜兵器迅速崛起,很快成为奴隶主贵族士大夫阶层掌握的工具,并彻底取代了古老的石兵器,成为车战时代军队中装备的主要兵器。因此金属材料在古代社会中有着举足轻重地位。人们在意识到这点后,也加大了利用的幅度,在一定程度上促进了金属冶炼技术的发展。

　　虽然金属已不再像过去那样有着决定社会性质或国家兴亡的能力,但依然有着自己的一片天地。不同于过去人们长期利用的传统金属,如铜,铁等,现已开发了绝大多数金属的各种用途,现代社会中,由于各种高科技技术的迅猛发展,在交通、武器、文化甚至是艺术等诸多方面都有金属的身影,而且在这些领域中都有着举足轻重的作用。

　　金属具有得天独厚的各种优势,如延展性,耐久性,硬度等,而利用其中的一些特性,恰好能够迎合一些新科技发展的需要,使金属材料在现代社会中的应用更加与时俱进。例如,在航天航空技术的很多方面需要金属的参与,锂是世界上最轻的金属元素。把金属锂作为合金元素加到金属铝中,形成了铝锂合金。加入金属锂后,可以降低合金的密度,增加刚度,同时仍保持较高的强度、较好的抗腐蚀性以及适宜的延展性。这种新型合金受到了航空、航天以及航海业的广泛关注。正是由于这种合金的许多优点,吸引许多科学家对它进行研究,铝锂合金的开发事业犹如雨后春笋般迅速发展起来。目前许多先进的战斗机和民航飞机大都采用这种合金。铝锂合金的成本大约只是碳纤维增强塑料的 1/10。如果采用铝锂合金制造波音飞机,重量可以减轻 14.6%,燃料节省 5.4%,飞机成本将下降 2.1%,每架飞机每年的飞行费用将降低 2.2%。可以预料,随着材料科学的发展,将有越来越多的新型合金进入航空航天业、各个工业部门及千家万户。

那么在未来社会中,金属材料又会扮演什么样的角色呢?可以预见的是,金属材料依然不会被人类忽视,甚至应更受到重视和发展。但是,金属在人类的应用过程中,正呈现一种不断减重的趋势,即人类依赖金属的质量正在逐渐减少。随着科学技术日新月异的变化,几乎越是高端的技术,越是追求精巧别致,如纳米技术,核能开发等。而金属作为传统的常用材料,会渐渐向质量轻的金属去靠拢。从最初的铜铁,到之后的铝,到如今,未来最热门的金属已变为了镁、钛等轻金属,既证明人类社会的不断进步,同时也让金属的价值得到越来越大的发掘和提高。

第二节 神奇的金属

2.1 记忆合金

1932 年,瑞典人奥兰德在金镉合金中首次观察到"记忆"效应,即合金的形状被改变后,一旦加热到一定的温度时,它又可以魔术般地变回到原来的形状,人们把具有这种特殊功能的合金称为形状记忆合金。记忆合金的开发迄今不过 20 余年,但由于其在各领域中的特效应用,正广为世人所瞩目,被誉为"神奇的功能材料"。

1963 年,美国海军军械研究所的比勒在研究工作中发现,在高于室温的某温度范围内,把一种镍钛合金丝烧制成弹簧,然后在冷水中把它拉直或铸成正方形、三角形等形状,再放在 40℃ 以上的热水中,该合金丝会自动恢复成原来的弹簧形状。后来陆续发现,某些其他合金也有类似的功能。这一类合金被称为形状记忆合金。每种以一定元素按一定重量比组成的形状记忆合金都有一个转变温度;在这一温度以上将该合金加工成一定的形状,然后将其冷却到转变温度以下,人为地改变其形状后再加热到转变温度以上,该合金便会自动地恢复到原先在转变温度以上加工成的形状。

1969 年,镍钛合金的"形状记忆效应"首次在工业上应用。人们采用了一种与众不同的管道接头装置。为了将两根需要对接的金属管连接,先用转变温度低于使用温度的某种形状记忆合金,在高于其转变温度的条件下,做成内径比待对接管子外径略微小一点的短管(作接头用),然后在低于其转变温度下将其内径稍加扩大,再把连接好的管道放到该接头的转变温度时,接头就会自动收缩而扣紧被接管道,形成牢固紧密的连接。美国在某种喷气式战斗机的油压系统中使用镍钛合金接头,从未发生过漏油、脱落或破损事故。

1969 年 7 月 20 日,美国宇航员乘坐登月舱在月球上首次留下了人类的脚印,并通过一个直径为数米长的半球形天线传输月球和地球之间的信息。这个庞然大物般的天线是怎样被带到月球上的呢?就是用一种形状记忆合金材料,先在其转变温度以上按预定要求做好，然后降低温度把它压成一团，装进登月舱带上太空。放置于月球后，在太阳光照射下，达到该合金的转变温度时，天线"记"起了自己的本来面貌，又变成一个巨大的半球。

科学家在镍钛合金中添加其他元素，进一步研究开发钛镍铜、钛镍铁、钛镍铬等新的镍钛系形状记忆合金；除此以外，还有其他种类的形状记忆合金，如铜镍系合金、铜铝系合金、铜锌系合金、铁系合金（Fe—Mn—Si，Fe—Pd）等。

形状记忆合金在生物工程、医药、能源和自动化等方面也都有广阔的应用前景。

2.2　热缩冷胀的金属——锑

我们都知道，自然界中的物质绝大多数遵循热胀冷缩的规律。但是，也有例外，大家熟知的例外物质是水。水在4℃时密度最大，4℃以下就是反常膨胀，即热缩冷胀。而变成冰时密度只有0.9。所以冰会浮在水面上。热缩冷胀的金属有锑。

锑是一种银灰色的金属，它共有四种同素异形体，最常见的锑称为灰锑，其他三种依次是黄色的黄锑、黑色的黑锑和爆炸锑。

不过，其他三种锑的化学性质都不稳定。黄锑喜欢低温，当温度超过－80℃时，它变成黑锑。而黑锑只要一加热就会变成常见的灰锑。爆炸锑更是不得了，只要用硬东西碰一碰，就会发生爆炸，同时放出大量的热，很快变成灰锑。

锑还有一个反常的脾气：热缩冷胀。大家知道，一般的物体都是热胀冷缩，然而液态的锑在冷却凝固时，体积反而会变得更大。

过去，人们利用锑的这个怪脾气，制成了铅字。在熔化了的铅字合金中加入一些液态的锑，然而把混合起来的熔液倒入铜模里冷却凝固，固态的铅字合金的体积就会增大，从而使每一个细小的笔划都十分清晰地凸现出来。不仅如此，加入锑后，还能使铅字合金更加坚硬、耐磨。

锑在地壳中的含量很少，约为百万分之一。所以在国外它常被人们称为稀有元素。然而在我国却有大量的锑矿。锑是我国的丰产元素。在湖南、两广和云贵等省，都有大量的锑矿，特别是湖南省新化县锡矿山的锑矿储量最大。这里的锑矿是辉锑矿，有着锡一般的金属光泽，它的化学成分是三硫化二锑。其中含有五分之一的锑，早在明朝时，当地的居民就发现山上有锑矿，不过，由于当时锑还没有被人们发现，而且这种矿石看上去又很像锡，所以人们就把它误以为是锡矿，因此把整座山叫做"锡矿山"，这个名字一直沿用到今天。

2.3　气体能溶解在固体里吗

固体物质溶解在液体里，这是司空见惯的事：如白糖或食盐都能溶解在水里。气体溶解在液体里，这也不是什么稀奇的事：汽水，就是二氧化碳气体溶解在水里制成的；氨水，就是氨气溶解在水里制成的。然而气体能溶解在固体里吗？能！有许多气体，的确能溶解在固体里。

就拿氢气来说吧，它能大量溶解在金属钯（bǎ）中，钯是银白色的金属，它的化学性质很稳定，在空气中不会被氧化，然而，它是抓氢气的能手。据试验，在常温下，钯片能吸收比它的体积大700倍的氢气！它的外表随着也改变了：体积显著膨胀，变脆，并且布满了裂纹。如果把钯捣成细粉，随着它的表面积的增大，溶解气体的本领也不断增大。据测定,钯粉在常温下,可吸收比自己体积大 850 倍的氢气。

氢气,为什么能溶解在钯中呢? 用 X 射线进行研究发现,当氢气溶解到钯中以后,钯的晶格就胀大;当钯中的氢气浓度大到某一程度时,钯的晶格会转变成另一种更疏松的形式。

钯不仅能吸收氢气,而且能吸收氧气、氮气、乙烯等许多气体。除了钯以外,铂也是一个抓气体的能手。据测定,粉末状的铂在常温下,溶解氢气的本领虽然比钯差一些,但是溶解氧气的本领比钯好。

钯与铂的这一奇妙的性质,在化学工业上可作为催化剂。例如,在钯的催化下,可以使液态的油脂加氢变成固态;可使不饱和的烯、炔类化合物,加氢后变成饱合的烷类化合物;可使不饱合的醛、酮、酸变成相应的饱和有机化合物。铂,也可作催化剂。例如,氢气与氧气混合在一起,在室温下,本来就是相处几万年也不会化合。可是,只要把铂粉加入氢、氧混合气体中,立刻会发生爆炸——氢气与氧气猛烈地化合成水,可是,铂依旧是铂,没有一点变化。

目前,虽然还没有彻底弄清楚钯与铂的催化原理,但是,这与它们能大量溶解气体的性质有关:因为在溶解了大量的气体之后,等于把气体浓缩到钯(或铂)中,增加了气体分子相互碰撞,发生化学反应的机会。而当一些气体分子发生化学反应,放出部分热量,使温度升高,这又反过来促进其他气体分子发生化学反应。

钯能吸入比它本身体积大得多的氢气,而在另一条件下,它又能将吸入的氢气全部呼出来。在化学工业中,用钯作催化剂,可使液化的油脂加上氢后变成固态;用钯作还原剂,能使二氧化硫迅速变成硫化氢;钯还能用作电子仪器中的除气剂。除钯外,会呼吸的金属还有钛锰合金粉末、镧镍合金等。

2.4 具有变幻莫测颜色的钴

钴的一些化合物,在不同状态和温度时,具有变化莫测的颜色。据记载,16 世纪著名的化学家兼医生帕拉塞尔萨斯常爱表演他的拿手戏法,每次都博得看客的热烈掌声。他先把一幅上面画有覆盖着积雪的树木和小山的冬季风景的油画拿给观众看,待他们欣赏后,他就在众目睽睽之下把油画中的冬天"变"成了夏天:树上的积雪不见了,变成了成簇的绿叶;白色积雪的山丘则变成了长满绿草的山坡。观众无不赞叹,可就是不知其中的奥秘。其实,这是帕拉塞尔萨斯利用氯化钴变的一个魔术。原来在室温下,氯化钴可以制成一种白色的溶液(溶液中含有一定数量的镍和铁),帕拉塞尔萨斯就用这种溶液作画,在画干后,只要稍微加热,氯化钴就会变成非常漂亮的绿色。帕拉塞尔萨斯表演时,先把氯化钴溶液涂在他的魔画上,然后趁观众欣赏画面而没有注意他的瞬间,麻利地将一支蜡烛悄悄地放在油画背后加热,于是,氯化钴受热后又变成绿色,使人目瞪口呆的季节变化也就发生了。

中世纪时,威尼斯的玻璃工匠用钴颜料制造出各种精致的蓝色玻璃杯,不久就风靡世界各国。威尼斯的工匠为了使自己的玻璃杯在市场保有无可争辩的竞争力,对玻璃杯的制造工艺和钴颜料的配方严守秘密。为了防止泄漏,威尼斯政府把所有的玻璃厂都搬迁到一个小岛上,不经允许,谁也不准参观这个地方。

2.5　怕冻的金属

19 世纪,法国拿破仑军队长途跋涉来到俄罗斯北部地区,那里气候寒冷,有一天夜里,冷空气突然来临,温度骤然下降,天亮时一个士兵身披棉大衣准备出操,突然发现棉大衣上的钮扣不见了,其他士兵也发现自己大衣上的钮扣不翼而飞。衣服上的钮扣为什么会在一夜之间全部神秘地失踪了呢? 当时衣服上的钮扣是用白锡制成的。

1910 年,一艘英国探险船来到南极洲,仅仅过了一夜,船长室里放着的一只漂亮的白锡水壶,壶底竟出现了一个个小洞。

1912 年,一支海洋探险队来到了南极洲,探险队员刚过了一夜,第二天一早他们发现汽油流满了一地。咦! 带去的汽油桶是新的,怎么会漏油呢? 他们仔细一检查,噢! 原来盛放汽油的铁桶是用锡焊接的,一遇冷,焊锡消失了,汽油桶裂开,当然汽油也就全流光了。

白锡为什么会在严寒的地方发生这些奇异现象呢?

原来锡有白锡、灰锡、脆锡三种同素异形体,其中常见的是白锡。但是,白锡有一个特性:当温度剧冷时,白锡就会自发变成粉末状的灰锡,而使白锡面目全非。因此,金属锡制品损坏开始时只是一小点,然后很快蔓延,最终使整个锡制器皿变成粉末而毁坏。

2.6　生活中的不锈钢

不锈钢经历水洗风蚀为何能保持不锈?

不锈钢产品广泛应用于各行各业,并渐成为百姓日常生活用品中的"主角",但大多数并不知道其"不锈"的"秘密"。不锈钢制品能够经历水洗风蚀乃至更恶劣的环境而保持不锈,主要依赖其中的合金元素铬。

不锈钢是不锈钢和耐酸钢的简称或统称,是在空气和淡水中或化学腐蚀介质中能够抵抗腐蚀的一种高合金钢。通俗地说,不锈钢就是不容易生锈的钢,其中铬(Cr)起着决定性作用。

每种不锈钢都必须含有一定数量的铬。迄今为止,还没有不含铬的不锈钢。向钢中添加一定比例的铬作为合金元素后,钢表面会自动形成一层非常薄的无色、透明且非常光滑的富铬的氧化物膜(即钝化膜),这层膜的形成大大减缓了钢的氧化。它同时还具有自我修复的能力,如果一旦遭到破坏,钢中的铬会与介质中的氧重新生成钝化膜,继续起保护作用。

在不锈钢加工过程中,除了添加一定比例的铬元素外,还会添加镍、钼、氮等元素,以强化其耐蚀性,增强其强度、韧度,并使其具备良好的加工工艺能力。在各种元素的共同影响下,才能制造出种类繁多的不锈钢制品。

识别真假不锈钢要有点"数学"头脑

不锈钢制品目前已大量走入寻常百姓家,然而很多消费者在购买时仍存疑惑:究竟该怎样来辨别其真假呢?

社会上流传可以通过"有磁"或"无磁"来识别不锈钢的真假,但这种方法并不可靠。因为现在很多高级别不锈钢制品也是有磁性的,而且目前市场上有很多假冒伪劣不锈钢制品也能做到"无磁"。

在购买不锈钢制品时,可看产品质量保证书,并看一下上面的铬(Cr)含量是否大于等于 10.5%;再按照上面的化学成分,计算一下"铬(Cr)"+3.3 倍的"钼(Mo)"+30 倍的"氮(N)"—"锰(Mn)"的含量是否大于等于 10。小于 10 的是假冒伪劣不锈钢产品。

不锈钢制品也需精心养护

不锈钢制品能永远不锈吗?答案是否定的。不锈钢制品如果使用不当,也会导致其生锈,因此日常用的不锈钢器皿等用品需要精心养护。

不锈钢制品保持不锈的原因在于其表面附着一层致密的保护膜,即富铬的氧化物膜(钝化膜)。如果这层膜受到擦划伤、污染物污染或酸、碱、盐等介质腐蚀,不锈钢制品就会生锈。

2.7 古代宝刀的秘密

我国古代很讲究使用钢刀,优质锋利的钢刀称为"宝刀"。战国时期,相传越国就有人制造"干将"、"莫邪"等宝刀宝剑,那真是锋利无比,"削铁如泥",头发放在刃上,吹口气就会断成两截。当然,传说可能有点夸张,但是"宝刀"锐利却是事实。过去只有少数工匠掌握生产这类"宝刀"的技术。现在通过科学研究知道,制造这类"宝刀"的主要秘密就是其中含有钨、钼等元素。

事实上,往钢里加进钨和钼(那怕只有很少的一点点,百分之几甚至千分之几)就会对钢的性质产生很大的影响。这个事实直到 19 世纪中叶才被人们所认识,接着大大地促进了钨、钼工业的发展。有计划地往普通钢里加进一种或几种像钨、钼一类元素(合金元素),就能制造出各种性能优异的特殊钢材(合金钢)。

2.8 镜子背面是水银还是银

你听说过哈哈镜吗?住哈哈镜前一站,镜子里的像变成了很滑稽的模样。真的,在不同的镜子里,有各式各样的怪相:胖身子、小脑袋、大头娃娃、长脸蛋……

其实,在家里就有哈哈镜。如果你对着热水瓶瓶胆的颈部,也会看到哈哈镜里那种引人发笑的相貌。那是因为镜面凹凸不平,不能平行地反射光线。由于反射的光线有了偏差,反映到我们的眼睛里就不是原来的模样了。我们到百货商店买镜子,首先挑玻璃厚薄均匀,镜面平整的。像哈哈镜那样的镜子,怎么能用呢?

说起镜子,已有很长历史。在三千多年前,我们的祖先就开始使用青铜镜。那时将青铜铸成圆盘,打磨得又平整又光洁。这种青铜镜照出来的人影,并不明亮。它还会生锈,必须经常磨光。

在三百多年前,玻璃镜子问世了。将亮闪闪的锡箔贴在玻璃表面上,然后倒上水银。水银是液态金属,它能够溶解锡,变成黏稠状银白色液体,紧紧地贴在玻璃表面。玻璃镜比青铜镜前进了一大步,很受欢迎,一时竟成了王公贵族竞相购买的宝物。当时只有威尼斯工场会制作这种新式的玻璃镜,欧洲各国都去购买,财富像海潮一般涌向威尼斯。为防泄密,镜子工场被集中到穆拉诺岛上,四周设岗加哨,严密地封锁起来。后来法国政府用重金收买了四名威尼斯镜子工匠,将他们秘密偷渡出国境。从此,水银玻璃镜的奥秘被揭开,它的身价也就不那么高贵了。

不过,涂水银的镜子反射光线的能力还不很强,制作费时,水银又有毒,所以很快被淘汰了。现在的镜子,背面是薄薄的一层银。这一层银不是涂上去的,也不用电镀,它是靠化学上的银镜反应吸附上去的。在硝酸银的氨水溶液里加进葡萄糖水,葡萄糖把看不见的银离子还原成银微粒,沉积在玻璃表面成为银镜,最后再刷一层漆。看到这里,你会说:"镜子背面发亮的东西不是水银,而是银。"

这个结论又落后于时代啦! 近年来,百货商店里已有不少镜子是背面镀铝的。铝是银白色亮闪闪的金属,比银便宜得多。制造铝镜,是在真空中使铝蒸发,铝蒸气凝结在玻璃表面,成为一层薄薄的铝膜,光彩照人。这种铝镜价廉物美。这样,你会说:"想不到小小一面镜子,也在不断发展变化! 单是它背面的化学物质就换了好几种呢。"

2.9　玻璃钢

前面已经分别介绍了玻璃和钢。知道玻璃硬而易碎,具有很好的透明性以及耐高温、耐腐蚀等性能;同时又知道了钢铁很硬并且不易碎,也具有耐高温等特点。如果能制造一种既具有玻璃的硬度、耐高温、抗腐蚀的性质又具有钢铁一样坚硬不碎的特点,这种材料一定会大有用途。

人们经过研究试验,终于制出了符合上述要求的复合材料。即玻璃钢。

我们先来看一个试验,了解一下它的优良性能。

在一个群山环抱、绿树成荫的山谷里,正在进行试验。在 200 米以外的掩体后的人们,眼睛都盯着山谷中央放着的一只氧气瓶。空气压缩机有节奏地转动着,通过合金钢管道向那氧气瓶里不断充气。压强表上的指针牵动着每个人的心。读数从 100—200—400—500 渐渐上升,直到 700 公斤/平方厘米时,才听得一声震天巨响,氧气瓶爆炸了! 周围的人们欢呼着跳了起来:"成功啦!"

氧气瓶是一种耐高压容器。它所承受的工作压强是 150 公斤/平方厘米。为了使用安全,制造时要求它能忍受三倍的工作压强,即 450 公斤/平方厘米。不爆裂,才算合格。上面试验的氧气瓶,远远超出了设计要求。这是用什么钢材制成的呢? 是玻璃钢,更确切说,是玻璃与塑料复合在一起制成的。

玻璃是硬而脆的材料,一摔就碎,这带有玻璃名的玻璃钢经得起摔吗? 于是又进行了新的试验。

将另一只玻璃钢氧气瓶充气到 150 公斤/平方厘米,然后从山顶上滚到山谷下。它与山上的岩石不断碰撞着,一直滚到谷底仍然没有爆裂。玻璃钢氧气瓶通过了质量鉴定考试。

一般玻璃的耐拉强度只有普通钢材的八分之一。把玻璃熔化,拉成只有头发直径的十几分之一细的玻璃纤维,原来又硬又易碎的玻璃就变成了又软又耐拉的玻璃纤维,其耐拉强度可增加十几倍。

大家都知道,水泥块耐压,钢材耐拉。用钢材作筋骨,水泥砂石作肌肉,让它们凝为一体,互相取长补短,变得坚强无比——这就是钢筋混凝土。

同样,如我们用玻璃纤维作筋骨,用合成树脂(酚醛塑料、环氧树脂及聚酯树脂)作肌肉,让它们凝为一体制成的材料,其抗拉强度可与钢材相媲美,因此得名叫做玻璃钢。

玻璃钢是近五十多年来发展迅速的一种复合材料。玻璃纤维的产量的 70% 都是用来制造玻璃钢。玻璃钢坚韧,比钢材轻得多。喷气式飞机上用它作油箱和管道,可减轻飞机的重量。登上月球的宇航员,他们身上背着的微型氧气瓶,也是用玻璃钢制成的。

玻璃钢加工容易,不锈不烂,不需油漆。我国已广泛采用玻璃钢制造各种小型汽艇、救生艇及游艇。节约了不少钢材。化工厂也采用酚醛树脂的玻璃钢代替不锈钢做各种耐腐蚀设备,大大延长了设备寿命。

玻璃钢无磁性,不阻挡电磁波通过。用它来做导弹的雷达罩,就好比给导弹戴上了一副防护眼镜,既不阻挡雷达的"视线",又起到防护作用。现在,许多导弹和地面雷达站的雷达罩都是用玻璃钢制造的。

玻璃钢还为提高体育运动的水平立下汗马功劳。自从有撑竿跳高比赛以来,运动员使用木制撑竿创造的最高纪录是 3.05 米。后来使用竹竿。1942 年,把纪录提高到 4.77 米。竹竿的优点是轻而富有弹性,缺点是下端粗而上端细,再要提高记录有很大困难,于是人们又用铝合金竿代替竹竿,它虽然轻而牢固,但弹性不足。所以,从 1942 年到 1957 年,15 年时间里,撑竿跳高的最高纪录仅仅提高了 1 厘米。但自从新的玻璃钢撑竿出现后,由于它轻而富有弹性,纪录飞速上升,如今的撑杆跳高纪录已经超过了 6 米大关。

玻璃钢也被大量应用于人们的日常生活中,人们亲切地把它叫做玻璃钢,由于它仍能保留许多玻璃的优点,如透明性,人们用它制成窗户玻璃,既能遮挡太阳光中的紫外线,又能使居室明亮。人们还把它用来制作各种坚固耐用的生活日常用品。如浴具、厨房用具、梳洗用具等。

2.10　晶莹多彩的玻璃

日常生活中使用的玻璃制品有很多:窗玻璃、穿衣镜、灯泡、眼镜、茶杯、酒瓶、玻璃工艺品……

它们的共同特点是透明,可以做成各种各样的形状,还不怕腐蚀。

据说,玻璃是古代腓尼基商人偶然发现的。运载天然碱的腓尼基商船队在航行中遇到大风浪,无法继续前进,只好就近抛锚,在沙滩上过夜。他们用碱块当石头,垒起炉灶,烧火做饭。当风平浪静后,他们收拾锅灶,准备扬帆启航,忽然发现沙滩上有一些闪闪发光的明珠似的东西,这就是最早的玻璃。

这个古老的传说告诉我们,玻璃是由砂子为主要原料熔融而成的。砂子的化学成分是二氧化硅。二氧化硅的熔点很高,加进纯碱(碳酸钠)可以大大降低熔制的温度,使熔浆容易流动。不过,这样做出来的玻璃像浆糊一样,能溶解在水里,我们把它叫做水玻璃,化学名称为硅酸钠。

加进石灰石,给水玻璃"吃"钙片,熔融时和水一样流动的玻璃液冷却后就成为常见的玻璃。在古墓里发掘出的古埃及女皇的项链——一串墨绿色的玻璃珠,是四千年前人类历史上最早的玻璃制品,当时比金银首饰还要珍贵呐!只是那时熔炼温度不高,玻璃珠不透明。玻璃在很长时期里,一直是王公贵族厅堂上的摆设和艺术品,如今已成为非常普通的生活用品和建筑材料。用玻璃制作的用具和仪器品种繁多,价钱便宜,很受欢迎。盖房子时,总少不了玻璃做的门窗;法国巴黎的世界博览会大厅由钢筋镶嵌大面玻璃做成,采光很好,号称阳光大厦。普通的窗玻璃、油瓶、酒瓶等带有淡淡的绿色,这是制造玻璃的原料里含有＋2 价亚铁离子带来的绿色。有些药瓶、啤酒瓶、酱油瓶却是棕黄色的,这是里面含有＋3价铁离子。

要制造没有颜色的玻璃,选用的原料里必须不含铁质。可是,自然界的砂子、石灰石以及纯碱中或多或少会有一些含铁元素的化合物。怎样消除玻璃中的绿色呢?化学办法是:往玻璃熔浆里加进一定比例的二氧化锰。二氧化锰是氧化剂,它把绿色的＋2价亚铁离子氧化成黄色的＋3价铁离子,锰变成了紫色的＋3锰。黄色和紫色合成白色,玻璃就变成无色透明了。玻璃里含有不同的金属化合物,会被"染"上各种颜色。加氧化亚铜,得到红色玻璃;加氧化钴得到蓝玻璃;加氧化铬得到绿玻璃……

玻璃也会"老化"。它本是无定形的过冷液体,分子、原子的排列杂乱无章。但是经过长期的分子运动,玻璃里会出现局部排列稍有秩序的微小晶体,使玻璃透光性下降,好像蒙上了一层雾气,怎么擦也擦不掉,人们从擦不亮的老玻璃得到启发,干脆让玻璃经过淬火处理,使内部分子排列整齐,微晶化。这样的微晶玻璃很像金属,不像一般玻璃那么娇脆。微晶玻璃茶杯不怕摔,不炸裂,用来做大型反射望远镜,不胀不缩,在冷热剧变的环境里仍然可以正常工作。微晶玻璃做车刀,削铁如泥;还可以加工成人造骨骼。用微晶玻璃做的炒锅,干净,美观,能直接摆上宴席。

2.11　疯子村之谜

20世纪30年代,在日本一个偏僻的农村小镇里,发生了一件奇怪的事。村子里先后有10多人发了疯病,他们精神错乱,行动反常,时而大哭,时而大笑,四肢僵硬……他们的情况,不仅给各自的家庭带来了灾难,也引起了人们的骚动,还惊动了当地政府和有关医疗部门。

当地医务工作者经过大量的访问调查,并进行了血液化验,发现他们身体中所含有的金属锰离子的浓度要比一般人高得多。

过多的锰离子进入人体后,开始时的症状是头疼、脑昏、四肢沉重无力、行动不便、记忆力衰退,发展到后期四肢僵死,精神反常,时而痛哭流涕,时而捧腹大笑,疯疯癫癫……

上述村子里10多人的症状是典型的金属锰离子中毒的症状。

那么,过多的锰离子又是从何而来的呢?医务工作者经过调查后发现:这个村子里的村民合用一口水井。而村民常常把使用过的废旧干电池随手扔在水井边的垃圾坑里,久而久之,电池中的二氧化锰,在二氧化碳和水的作用下,逐渐变为可溶性的碳酸氢锰,这些可溶性的碳酸氢锰渗透到地下,污染了井水,人们饮用了含有大量金属锰离子的水,引发了金属锰离子中毒事件,造成了在短时间内有10多人发疯的怪事。

2.12　玻尔巧藏诺贝尔金质奖章

玻尔是丹麦著名的物理学家,曾获得诺贝尔物理学奖。第二次世界大战中,玻尔被迫离开将要被德国占领的祖国。为了表示他一定要返回祖国的决心,他决定将诺贝尔金质奖章溶解在一种溶液里,并装于玻璃瓶中,然后将它放在柜面上。后来,纳粹分子窜进玻尔的住宅,那瓶溶有奖章的溶液就在他们的眼皮底下,他们却一无所知。这是一个多么聪明的办法啊!战争结束后,玻尔又从溶液中还原提取出金,并重新铸成奖章。新铸成的奖章显得更加灿烂夺目,因为,它凝聚着玻尔对祖国无限的热爱和无穷的智慧。

那么,玻尔是用什么溶液使金质奖章溶解的呢?原来他用的溶液叫王水。王水是浓硝酸和浓盐酸按 1∶3 的体积比配制成的混合溶液。由于王水中含有硝酸、氯气和氯化亚硝酰等一系列强氧化剂，同时还有高浓度的氯离子。因此，王水的氧化能力比硝酸强，不溶于硝酸的金，却可以溶解在王水中。这是因为高浓度的氯离子与金离子形成稳定的配离子$[AuCl_4]^-$，从而使金的标准电极电位减少，有利于反应向金溶解的方向进行，而使金溶解。

生活中的化学常识100例

1. 医疗上用作收敛剂，可使机体组织收缩，减少腺体的分泌的物质是_____。
    A. 明矾   B. 皓矾   C. 蓝矾   D. 绿矾

2. 洗涤有颜色的衣服时，先用_____浸泡10分钟，然后再洗，不容易掉色。
    A. 漂白水   B. 50％的盐水   C. 5％的盐水   D. 醋

3. 下列物质常用于保护食物，以免被微生物侵蚀而腐败的是_____。
    A. 酒精   B. 食盐   C. 醋酸   D. 硝酸钾

4. 理发吹风前，在头上喷一点_____，洗烫的发式能较长时间保持。
    A. 盐   B. 醋   C. 酒精   D. 酱油

5. 下列说法不正确的是_____。
    A. 猪油、花生油等油脂属于酯类   B. 珂罗酊用于封瓶口
    C. 肥皂的主要成分是高级脂肪酸钠   D. 火棉的成分是纤维素

6. 下列试剂可除去圆珠笔油的是_____。
    A. 丙酮   B. 酒精   C. 盐水   D. 醋

7. 下列食品中，最易霉变产和黄曲霉素的是_____。
    A. 苹果   B. 土豆   C. 花生   D. 猪肉

8. 现代体育运动会火炬中常用的火炬燃料是_____。
    A. 汽油   B. 柴油   C. 丁烷和煤油   D. 重油和酒精

9. 下列选项中的糖按比例混合后甜度最高的是_____。
    A. 蔗糖、葡萄糖   B. 果糖、葡萄糖   C. 果糖、蔗糖   D. 果糖、乳糖

10. 埋木桩前，将埋入地下的一段表面用火微微烧焦，其原因是碳在常温下_____。
    A. 具有吸附性   B. 具有氧化性   C. 具有还原性   D. 化学性质不活泼

11. 煮鸡蛋时不宜用以下容器中的_____。
    A. 银制容器   B. 不锈钢制容器   C. 陶制容器   D. 铝制容器

12. 下列元素中的_____污染大气或饮水时，可引起人的牙齿骨质疏松。
    A. 碘   B. 硫   C. 汞   D. 氟

13. 下面哪个物质可同胡萝卜同食_____。
    A. 酒   B. 橘子   C. 苹果   D. 海味

14. 在生活中常说的"五金"，不包括下列金属中的_____。
    A. 金   B. 铁   C. 锌   D. 锡

15. 营养学家分析了各种蔬菜的养分后发现，下列_____的营养物质最低。
    A. 红色蔬菜   B. 白色蔬菜   C. 绿色蔬菜   D. 黄色蔬菜

16. 以下水果核可以食用_____。
    A. 苹果核   B. 枇杷核   C. 苦杏仁核   D. 桃核

17. 很多人都喜欢吃水果，下列关于水果的选项是正确的是_____。
    A. 水果可以代替蔬菜   B. 削去果皮不能解决农药问题
    C. 水果富含的维生素特别多   D. 多吃水果可以减肥

18. 金饰品常用 K 代表其含金量,18K 金饰品的含金量是_____。

    A. 55%   B. 65%   C. 75%   D. 85%

19. 装订精良的书,书的封面上印着金灿灿的烫金字的组成是_____。

    A. 锌锰合金   B. 铜锌合金   C. 铜锰合金   D. 铜铁合金

20. 钢的主要组成元素是_____。

    A. 铁、铝   B. 铁、碳   C. 铁、锡   D. 铁、铜

21. 黄金与其他金属混合可以制成五颜六色的色金首饰,当黄金与铜按比例混合,能制成_____。

    A. 赤色金   B. 褐色金   C. 红色金   D. 黄色金

22. 下列可以作为鉴别含甲醛水发食品方法的是_____。

    A. 看颜色是否正常   B. 闻是否有刺激性的异味

    C. 手一捏食品就很容易破碎   D. 以上方法均正确

23. 长期使用铝制品作为食品容器会引发的疾病是_____。

    A. 老年痴呆症   B. 甲状腺肿大   C. 肠胃疾病   D. 癌症

24. 绿色蔬菜营养营养丰富,下列不属于绿色蔬菜所含营养物质的是_____。

    A. 钙质   B. 叶酸   C. 维生素 C   D. 维生素 A

25. 下列属于天然纤维的是_____。

    A. 蚕丝   B. 黏胶纤维   C. 醋酸纤维   D. 富强纤维

26. 下列属于人类必需微量元素的是_____。

    A. 磷   B. 铜   C. 溴   D. 银

27. 洗涤有颜色的衣服时,先用_____浸泡 10 分钟,然后再洗,不容易掉色。

    A. 5% 的盐水   B. 50% 的盐水   C. 醋   D. 漂白水

28. 弄破了鱼胆,只要在沾了胆汁的鱼肉上抹些_____,稍等片刻再用水冲洗干净,苦味便可消除。

    A. 纯碱粉   B. 醋   C. 盐   D. 黄酒

29. 在拍摄《西游记》的过程中,云雾是由_____形成的。

    A. 冰   B. 盐酸挥发

    C. 二氧化碳固体(干冰)   D. 氨水

30. 夏天被蚊虫的叮咬时,用_____可以迅速止痒。

    A. 盐   B. 醋   C. 酱油   D. 浓肥皂

31. 柿饼的表面有一层白色粉末,这粉末是_____。

    A. 蔗糖   B. 果糖   C. 葡萄糖   D. 淀粉

32. 铜器生锈或出现黑点,用_____可以擦掉。

    A. 盐   B. 醋   C. 酒精   D. 酱油

33. 下列可除去铁锈的是_____。

    A. 丙酮   B. 酒精   C. 盐水   D. 醋

34. 不粘锅内的涂层是_____。

    A. 聚氯乙烯   B. 聚异戊二烯   C. 聚四氟乙烯   D. 聚苯乙烯

35. 下列哪种糖的甜度最高_____。

A. 蔗糖　　　　B. 乳糖　　　　C. 果糖　　　　D. 葡萄糖

36. 不属于醋在生活中应用的是＿＿＿＿＿＿＿＿。

A. 醋能醒酒

B. 炖骨头汤时促进骨头钙、磷溶解

C. 鲜花插入醋里面,可数日不谢

D. 洗头发时,在水中加一点醋,可防脱发

37. 烧糖醋排骨最好不要用＿＿＿＿＿＿＿＿。

A. 银制容器　　B. 不锈钢制容器　　C. 陶制容器　　D. 铝制容器

38. 下面可搭配在一起食用的是＿＿＿＿＿＿＿＿。

A. 海味与水果同食　　　　　　　　B. 牛奶与橘子同食

C. 鸡蛋与糖精片同食　　　　　　　D. 橘子与苹果同食

39. 三国演义中,诸葛亮七擒孟获时遇哑泉,可致人哑巴,该泉水中含有的物质是＿＿＿＿＿＿＿＿。

A. 硫酸钡　　　B. 硫酸铜　　　C. 硫酸锌　　　D. 碳酸铜

40. 雷雨可使土壤的＿＿＿＿＿＿＿增加。

A. 氮肥　　　　B. 磷肥　　　　C. 钾肥　　　　D. 有机物

41. 燃烧后不会污染空气的燃料是＿＿＿＿＿＿＿＿。

A. 汽油　　　　B. 氢气　　　　C. 一氧化碳　　D. 木炭

42. 下列物质可做汽水原料的是＿＿＿＿＿＿＿＿。

A. 明矾　　　　B. 苏打　　　　C. 大苏打　　　D. 小苏打

43. 医用消毒酒精中酒精的质量分数是＿＿＿＿＿＿＿＿。

A. 90%　　　　B. 75%　　　　C. 50%　　　　D. 25%

44. 常用作食品包装材料的是＿＿＿＿＿＿＿＿。

A. 聚氯乙烯　　B. 聚苯乙烯　　C. 氯丁橡胶　　D. 小苏打

45. 被列入"易燃易爆"危险品而不准旅客携带上车或乘船的是＿＿＿＿＿＿＿＿。
①硝铵 ②硫铵 ③氯酸钾 ④氯化钾 ⑤四氯化碳 ⑥汽油 ⑦硫黄 ⑧黄磷 ⑨电石 ⑩香蕉水

A. ①③⑥⑦⑧⑨⑩　　　　　　　B. ①②⑤⑥⑧⑨

C. ⑥⑦⑧⑨⑩　　　　　　　　　D. ②③⑤⑥⑨

46. "中国铁锅"热销海内外,铁锅具有的特点是＿＿＿＿＿＿＿＿。

A. 价格便宜　　　　　　　　　　　B. 无毒,易保存贮藏

C. 传热快　　　　　　　　　　　　D. 易使被加工的食品中含铁质

47. 下列广告用语在科学性上没有错误的是＿＿＿＿＿＿＿＿。

A. 这种饮料中不含任何化学物质

B. 这种蒸馏水绝对纯净,其中不含任何离子

C. 这种口服液含丰富的氮、磷、锌等微量元素

D. 没有水就没有生命

48. 目前我国许多城市和地区定期公布空气质量报告,在空气质量报告中,一般不涉及的是＿＿＿＿＿＿＿＿。

A. 二氧化硫   B. 二氧化碳   C. 二氧化氮   D. 可吸入颗粒物

49. 下列说法正确的是_____。

　　A. 纳米材料是指一种称为"纳米"的新物质制成的材料

　　B. 绿色食品是指不含任何化学物质的食品

　　C. 生物固氮是指植物通过叶面直接吸收空气中的氮气

　　D. 光导纤维是以二氧化硅为主要原料制成的

50. "摇摇冰"是一种即用即冷的饮料。吸食时将饮料罐隔离层中的化学物质和水混合后摇动即会制冷。该化学物质是_____。

　　A. 氯化钠晶体   B. 硝酸铵晶体   C. 氢氧化钠固体   D. 生石灰

51. 下列说法错误的是_____。

　　A. 配制果树灭菌剂波尔多液时要用硫酸铜

　　B. 自制汽水可用苏打、柠檬酸等

　　C. 瓶装啤酒溶有大量 CO_2 气体

　　D. 医用碘酒是由碘、水、酒精配制而成

52. 为了使鸡蛋保鲜,可在蛋壳上涂上一层水玻璃溶液,这是利用了水玻璃的_____。

　　A. 氧化性   B. 还原性   C. 碱性   D. 水解性

53. 居民使用的石油液化气的主要成分是丁烷。在使用过程中,常有一些杂质以液态沉积于钢瓶中,这些杂质是_____。

　　A. 丙烷和丁烷   B. 乙烷和内烷   C. 乙烷和戊烷   D. 戊烷和己烷

54. 新买的铝锅、铝壶用来烧开水时,凡是水浸到的地方都会变黑,说明水中溶有_____。

　　A. 钾盐   B. 钠盐   C. 钙盐   D. 铁盐

55. 下列生活、生产、科技中的问题,分析说明正确的是_____。

　　A. 使用加酶洗衣粉时,应先用沸水溶解洗衣粉,因为升温可以使酶的活性增强

　　B. 医疗上用放射性钴放出的 γ 射线治疗肿瘤,是利用 γ 射线贯穿本领强,导致基因突变

　　C. 海豚声呐系统远优于无线电定位系统,是因为海豚发出的波比无线电波在水中能量衰减少

　　D. 氯气和二氧化硫均可作漂白剂,使用氯气和二氧化硫的混合气体漂白某一湿润的有色物质,漂白效果会更好

56. 为了防止番茄在长途运输中发生腐烂,常常运输尚未完全成熟的果实,运到目的地后再用一种植物生长调节剂将其催熟。这种植物生长调节剂是下列物质中的_____。

　　A. 乙烷   B. 乙烯   C. 乙炔   D. 乙醇

57. 关于"白色污染",下列叙述正确的是_____。

　　A. 冶炼厂的白色烟尘   B. 石灰窑产生的白色粉尘

　　C. 聚氯乙烯等塑料垃圾   D. 海洛因等毒品

58. 人们生活中使用的化纤地毯、三合板、油漆等化工产品,会释放出某种污染空气的气体,该气体是_____。

A. 甲醛　　　　B. 二氧化硫　　　C. 甲烷　　　　D. 乙醇

59. 下列处理措施不正确的是_____。

A. 被浓碱溶液灼伤后,先用大量水冲洗,再用醋酸溶液冲洗

B. 海产品用福尔马林浸泡进行防腐保鲜

C. 皮肤沾有苯酚时,立即用乙醇擦洗

D. 吸入一氧化碳后,赶快到空气新鲜且流通的地方

60. 酸雨对下列物质的腐蚀作用最强的是_____。

A. 铜制塑像　　B. 大理石雕刻　　C. 水泥路面　　D. 铝制窗框

61. 人的胃液正常 pH 在 1.2~0.3 之间,酸度再高就患胃酸过多症,下列物质不宜用作治疗胃酸过多症药剂成分的是_____。

A. 氧化镁粉　　B. 氢氧化镁粉　　C. 氧化钙粉　　D. 纯碳酸钙粉

62. 食品最佳保持营养,避免产生有损健康的物质的办法是_____。

A. 油炸　　　　B. 熏烤　　　　C. 红烧　　　　D. 清蒸

63. 举重前,运动员把两手伸入盛有白色粉末"镁粉"的盆中,然后互相摩擦掌心。这个助运动员一臂之力的"镁粉"的成分是_____。

A. 镁　　　　　B. 氧化镁　　　C. 氢氧化镁　　D. 碳酸镁

64. 下列液体 pH>7 的是_____。

A. 人体血液　　B. 蔗糖溶液　　C. 橙汁　　　　D. 胃液

65. 用废旧书报包装食品,会引起食品污染,这是由于印刷书报的油墨中含有_____。

A. 汞化物有害物质　　　　　B. 砷化物

C. 铜盐有害物质　　　　　D. 铅的有害物质

66. 下列物质中可作净水剂的是_____。

A. 胆矾　　　　B. 明矾　　　　C. 绿矾　　　　D. 皓矾

67. 下列反应的产物不污染空气的是_____。

A. 硫在空气中燃烧　　　　B. 氢气在空气中燃烧

C. 煤在燃烧　　　　　　D. 香烟点燃

68. 用作食品袋的塑料应是无毒的,这种塑料袋的原料是_____。

A. 聚氯乙烯　　B. 聚乙烯　　　C. 电木　　　　D. 尼龙

69. 化工厂的烟囱里排出的"黄色烟雾"主要成分是_____。

A. 氯化氢　　　B. 二氧化碳　　C. 二氧化硫　　D. 二氧化氮

70. 破坏高空臭氧层的气体是_____。

A. 干冰　　　　B. 氟氯烃　　　C. 液氯　　　　D. 液氮

71. 世界环境日是每年的_____。

A. 6月5日　　B. 5月6日　　C. 6月6日　　D. 5月4日

72. 变色镜中的变色物质是_____。

A. 硝酸银　　　B. 卤化银　　　C. 水银　　　　D. 银粉

73. 食品最佳保持营养,避免产生有损健康的物质的办法是_____。

A. 油炸　　　　B. 熏烤　　　　C. 红烧　　　　D. 清蒸

74. 小明奶奶为他迎接中考制订了如下食谱：米饭、红烧鸡、蛋汤、糖醋鱼、麻辣豆腐。为使营养均衡，你觉得最好还要补充_____。

    A. 牛肉   B. 河虾   C. 青菜   D. 雪糕

75. 小华要参加中考了，他为了给自己增加营养，制订了如下食谱：

主食	米饭		
副食	红烧肉	清蒸鱼	花生米
饮料	牛奶		

为使营养均衡，你建议应该增加的食物是_____。

    A. 烧鸡块   B. 炒萝卜   C. 糖醋鱼   D. 烧豆腐

76. 小京同学今天的午餐食谱是：主食——面包；配菜和副食——炸鸡腿、炸薯片、牛排、奶酪。小京午餐食谱缺乏的营养素是_____。

    A. 糖类   B. 脂肪   C. 蛋白质   D. 维生素

77. 下列连线前后关系不正确的是_____。

    A. 限制使用塑料袋——减少污染   B. 杜绝非法开采矿山——保护资源
    C. 开采海底石油——开发新能源   D. 研制自清洁玻璃——研究新材料

78. 生产生活中的以下想法或做法科学合理的是_____。

    A. 循环用水以节约水资源   B. CO_2会污染环境，溶于雨水形成酸雨
    C. 锈蚀的钢铁不值得回收利用   D. 生活废水不会造成污染，可直接排放

79. 下列对芝麻酱说明书的判断正确的是_____。

    A. 不含微量元素

    B. 不含糖类和油脂

    C. 婴儿最好不食用

    D. 钙铁含量低于豆腐和鸡蛋

> 芝 麻 酱
>
> 每100 g 含有：
> 蛋白质：19.2 g 脂肪：52.7 g 碳水化合物：16.8 g 维生素 A：17 μg
> 铁：50.3 mg 硒：4 μg
> （含钙：相当于 300 g 豆腐；含铁：相当于 800 g 鸡蛋）……（提醒：可引起部分婴儿过敏性皮炎）

80. 下列物质中不含有机物的是_____。

    A. 食盐   B. 花生油
    C. 大米   D. 醋酸

81. 用于加工羽绒的鸭毛主要含有_____。

    A. 糖类   B. 蛋白质   C. 油脂   D. 维生素

82. 化学学习让我们转变了生活态度和观念，形成了更加科学的生活方式。下列有关说法中不正确的是_____。

    A. 糖类食品能为人体提供能量

    B. 食用适量富含维生素 A 的动物肝脏可预防夜盲症

    C. 常食新鲜蔬菜、水果，可获得丰富的维生素

    D. 食用甲醛浸泡的海产品，可提高免疫力

83. 2008 年 6 月 1 日，我国正式实行"限塑令"，开始在全国范围内限制使用塑料购物袋。下列说法不正确的是_____。

    A. "限塑令"有助于控制"白色污染"   B. 提倡生产和使用可降解塑料
    C. 塑料属于有机合成材料   D. 应禁止使用塑料制品

84. 我国政府规定,自 2008 年 6 月 1 日起,所有超市、商场、集贸市场等一律不得免费提供塑料购物袋。据了解,一次性塑料袋大多是聚氯乙烯和聚苯乙烯制成的再生塑料制品,对人体是有害的。下面对一次性塑料袋的说法错误的是_____。

    A. 一次性塑料袋是链状结构的高分子材料

    B. 禁止使用任何塑料制品

    C. 一次性塑料袋是有机物组成的

    D. 一次性塑料袋是"白色污染"之一

85. 生产生活中的下列做法不正确的是_____。

    A. 用洗洁精或纯碱洗涤餐具上的油污

    B. 用甲醛水溶液浸泡水产品以防止腐烂

    C. 使用无铅汽油以减少洗涤含铅物质的排放

    D. 开发利用新能源以减缓能源危机

86. 下列富含糖类的食品是_____。

    ①玉米   ②大米   ③豆油   ④鱼

    A. ①③   B. ①④   C. ②④   D. ①②

87. 下列生活中的做法正确的是_____。

    A. 用厨房清洁剂(洗涤剂)去除水垢

    B. 生活污水不经任何处理,直接排放到河流中

    C. 为了增强人们的环保意识,减少"白色污染",超市实行有偿提供塑料袋

    D. 服用适量的氢氧化钠治疗胃酸过多

88. 造成酸雨的元凶是_____。

    A. 大量使用塑料购物袋   B. 工业和生活污水任意排放

    C. 大量使用煤作燃料   D. 农业生产任意使用农药和化肥

89. 利用化学知识,可以趋利避害。下列说法中错误的是_____。

    A. 合理使用化肥和农药有利于保护水资源

    B. 食品袋内充入氮气能延缓食品变质

    C. 煤气泄漏时向室内洒水能避免一氧化碳中毒

    D. 限制使用塑料袋有利于减轻"白色污染"

90. 汶川大地震后,全国各地为灾区进去了大量白菜、胡萝卜、油菜等蔬菜,这些物质可直接为人体补充的营养素是_____。

    A. 脂肪   B. 维生素   C. 蛋白质   D. 糖类

91. 等质量的下列物质中,蛋白质含量最高的是_____。

    A. 鱼   B. 大米   C. 青菜   D. 苹果

92. 下列做法不会危及人体健康的是_____。

    A. 把霉变大米淘净后继续食用   B. 用甲醛水溶液浸泡水产品

C. 根据医嘱适量服用补钙剂   D. 用聚氯乙烯做食品包装袋

93. 小明对所学知识进行归纳,其中有错误的一组是_____。

    A. 常见干燥剂:石灰石、浓硫酸、生石灰

    B. 常见的合金:不锈钢、焊锡、生铁

    C. 常见营养物质:蛋白质、无机盐、维生素

    D. 常见的材料:金属材料、硅酸盐材料、有机高分子材料

94. 下列日常生活中的做法可行的是_____。

① 大豆、花生和谷物被霉菌污染后,人不可食用,但可喂养家禽

② 由于淀粉有遇碘变蓝的特性,可利用淀粉检验加碘食盐的真假

③ 喝牛奶、豆浆等富含蛋白质的食品可有效缓解重金属盐中毒现象

④ 低血糖病症发作时,吃馒头要比喝葡萄糖水见效快

⑤ 患有夜盲症的病人,多食用动物肝脏有利于视力恢复

    A. ①③④   B. ②④   C. ②③⑤   D. ③⑤

95. 垃圾是放错位置的资源。下列图标中,属于物品回收标志的是_____。

    A   B   C   D

96. 下列食物中,不能转化为人体活动所需能量的是_____。

    A. 淀粉   B. 葡萄糖   C. 食盐   D. 油脂

97. 卫生部颁发的《食品添加剂使用卫生标准》从 2008 年 6 月 1 日起施行。新标准规定,食品添加剂是在食品生产、加工、包装、贮藏和运输过程中,加入的对人体健康没有任何危害的物质。下列食品的处理方法不符合《食品添加剂使用卫生标准》的是_____。

    A. 凉拌干丝时滴入少许麻油   B. 在煲好的骨头汤中放入适量加碘食盐

    C. 用福尔马林溶液保鲜鱿鱼   D. 食用蟹黄汤包时蘸上香醋

98. "关爱生命,拥抱健康"是人类永恒的主题。下列说法不正确的是_____。

    A. 多食水果和蔬菜,给人体补充维生素

    B. 牛奶、豆浆是富含蛋白质的食品

    C. 大米、玉米是富含糖类的物质

    D. 胃酸过多的病人可以多喝碳酸饮料

99. 进行人工降雨时用飞机向云层撒布的试剂是_____。

    A. 干冰   B. 氨水   C. 冰   D. 碘化银

100. 下列方式会导致食品对人体有害的是_____。

    A. 沥青公路上晒粮食   B. 水果上喷洒水玻璃防止变质

    C. 灌装食品中放多量化学防腐剂   D. 稀高锰酸钾溶液洗涤水果

101. 蒸馒头时,在发酵的面团里加入一些纯碱溶液的作用是_____。

    A. 使馒头变白   B. 增加甜味

    C. 除去发酵时生成的酸   D. 产生的二氧化碳使馒头体积膨胀

上海市青少年生活中化学知识竞赛模拟试卷(1)

考试须知

1. 竞赛时间为 60 分钟。迟到超过 15 分钟者不得进场,30 分钟内不得离场。时间到,把试卷和答题纸放在桌面上(背面向上),立即离场。

2. 竞赛答案全部书写在答题纸上,写在试卷纸上无效,必须使用黑色或蓝色的圆珠笔或钢笔答题,用红色笔、铅笔或没有写在答题纸上的所有答案一概作废无效。

3. 姓名、准考证号和所属区(县)、学校名称等必须填写在答题纸上指定的位置,写在它处者按废卷处理。

4. 允许使用非编程计算器及直尺等文具。

5. 本试卷共 6 页。第 1～4 页为试卷,第 5～6 页为答题纸。满分为 100 分。

一、是非题(在下列各小题中,凡叙述的内容全部正确的请在答题纸的相应位置内打"√",否则打"×"。共 24 分)

1. 2013 年世界地球日的主题是"多样的物种,唯一的地球,共同的未来。"因此,为了人类的生存,为了粮食的增产,我们应多施用高效的化肥和农药。

2. "在成名的道路上,流的不是汗水而是鲜血,他们的名字不是用笔而是用生命写成的。"居里夫人的名言激励着一代代有志的青少年献身于科学事业。居里夫人一生获得两次诺贝尔奖,为了纪念她的祖国,她把她发现的一种元素命名为镭。

3. 在理发店的门前常可以看到一种特殊的标志,门口立着一个圆柱形的玻璃灯,灯里有红、白、黄三条在不停地旋转着的倾斜的色带。其表示的意义是纪念理发师在医学方面作出的贡献。

4. 麻醉剂的发明,为人类带来了福音。第一个发现麻醉剂的科学家是戴维,他发现的麻醉剂的化学名称叫一氧化二氮,俗称笑气。

5. 铅笔是一种用于书写和绘画的专用笔类。它的各种造型和功能深受中小学生的喜爱。尤其是它的可擦性是其他笔类望尘莫及的。但是,在使用铅笔时一定要小心,因为铅笔芯是用石墨和铅组成的,使用不当易引起青少年铅中毒。

6. 充填氙气的高压灯在通电时能发出比荧光灯强亿万倍的强光,因此,这种灯被人们称为"人造小太阳"。如果在不同材质的玻璃灯管中充入不同含量的氦、氖、氩的混合气体,就能制成五颜六色的霓虹灯。

7. 酒精的浓度越高,其消毒效果越好。所以,医院里常用 95% 的酒精用于消毒,理化生实验室里常用于加热的酒精灯中酒精的浓度为 75%。

8. 上了科学课后,小王同学知道了酸雨的危害,还知道酸雨是指 pH 小于等于 5.6 的雨、雪或其他形式的大气降水。形成酸雨的主要原因是大量燃烧煤和石油等燃料,在发达国家中机动车尾气也是形成酸雨的另一个重要原因。

9. 食品防腐剂是指能防止由微生物引起的腐败变质、延长食品保藏期的药剂。根据食品防腐剂的定义小王同学认为厨房里使用的调味品食盐、食醋、白砂糖也可以作为食品添加剂使用。

10. 小李同学对生活中化学非常感兴趣，通过学习他知道了很多生活常识。下面是小李对他妈妈说的话："毛织品和丝织品不能用加酶洗衣粉洗涤，原因是加酶洗衣粉中的蛋白酶会破坏毛织品和丝织品中的蛋白质。因此，毛织品和丝织品只能用普通洗衣粉洗涤。"你认为这种观点是否正确。

11. 干冰在常温下会直接变成气态这个过程称为熔化，由于干冰在熔化过程中会吸收大量的热，从而降低了周围环境的温度。所以，干冰常被用做致冷剂、人工降雨和歌舞表演时的云雾。

12. H7N9禽流感事件又给我们敲响了食品安全的警钟。据实验证实病毒在100℃时一分钟可以被消灭，在70℃时需经几分钟才能被灭活。为了防止食物中毒，保证食品卫生，烹饪时必须把食品煮透，以保证其中的病菌全部杀灭。因此，在炒菜时一定要先将油加热到冒浓烟，使油中的细菌被全部杀死后，再将菜投入油中进行烧、炒。

二、选择题（每小题有1～2个正确答案，请把你认为正确的答案填在答题纸的相应位置内，共24分）

1. "仔细观察，认真思考"是21世纪学生应具备的基本素质。日常生活中，你是否注意到开水壶、热水瓶、烧开水的锅炉用久后，会在其内壁上形成一层厚厚的水垢。这水垢的主要成分是（　　　）。

　　A. 碳酸钙　　　　B. 氢氧化镁　　　C. 碳酸镁　　　　D. 氯化钠

2. 常温下，pH等于7的溶液为中性，pH大于7的溶液为碱性（数值越大碱性越强），pH小于7的溶液为酸性（数值越小酸性越强）。某科学兴趣小组在一次活动中测得某次雨水的pH为6.5。则那天的雨水属于（　　　）。

　　A. 弱酸雨　　　　B. 酸雨　　　　　C. 强酸雨　　　　D. 正常雨

3. 日光灯是大家熟知的一种很常用的照明用具，但一定要记住日光灯坏了以后，替换下来的旧的日光灯管千万不能乱丢，更不能随意敲碎。原因是旧的日光灯管中含有对人体有毒有害的（　　　）。

　　A. 铁　　　　　　B. 汞　　　　　　C. 铅　　　　　　D. 铝

4. 医院输液常用的生理盐水中氯化钠的含量与人体中所含的氯化钠的含量以及海水中氯化钠的含量基本相等，所以有科学家认为人类可能是由海洋动物进化而来的。你知道生理盐中氯化钠的质量分数为（　　　）。

　　A. 0.5%　　　　　B. 0.9%　　　　　C. 9%　　　　　　D. 19%

5. 在紧闭门窗的房间里生火取暖或使用燃气热水器洗澡时常会产生一种无色无气味并易与人体中血红蛋白结合的有毒气体。所以，我们一定要注意用气安全。你知道这种有毒气体的化学名称是（　　　）。

　　A. 一氧化碳　　　B. 二氧化碳　　　C. 二氧化硫　　　D. 甲烷

6. 地球大气层的对流层中有一薄层臭氧层，它能吸收太阳光中大部分的紫外线，从而保护了地球表面的人类和动物免受紫外线的伤害。但是，科学家发现臭氧层已出现了空洞。造成臭氧层空洞的主要原因是（　　　）。

　　A. 用干冰作制冷剂　　　　　　B. 用氟利昂作制冷剂
　　C. 用煤和石油等化石燃料作能源　　D. 用汽油作机动车的燃料

7. "化学使我们的生活更美好"，洗涤剂实现了人类的美好愿望。最常用的洗涤剂是肥皂和洗衣粉,它们的去污原理是发生乳化作用而降低了水的表面张力,从而达到去污的目的。其中肥皂的使用有一定的限制,下列不适宜用肥皂洗涤的是(　　)。

  A. 软水　　　　　B. 硬水　　　　　C. 酸性水　　　　　D. 碱性水

 8. 在日常生活中,你是否有这样的感受:当你进行剧烈活动,如运动会上参加长跑比赛、搬运重物等,第二天起床时,感到全身肌肉又酸又疼。产生这种现象的原因是(　　)。

  A. 进行剧烈活动时因缺氧而发生无氧代谢产生乳酸

  B. 进行剧烈活动时因呼吸作用加快产生的二氧化碳不能及时排出体外而形成碳酸

  C. 进行剧烈活动时因呼吸作用加快而产生醋酸

  D. 进行剧烈活动时因缺氧而发生无氧代谢产生盐酸

 9. 联合国确定2013年"世界水日"的宣传主题是"水合作"(Water Cooperation)。我国纪念2013年"世界水日"和"中国水周"活动的宣传主题为"节约保护水资源,大力建设生态文明"。下列应对水短缺的措施中合理的是(　　)。

 ①推广使用无磷洗衣粉 ②加强工业废水的达标排放 ③加快生活污水净化处理的建设 ④合理使用农药和化肥 ⑤提倡节约用水

  A. ①②③　　　B. ①②④⑤　　　C. ②③④⑤　　　D. ①②③④⑤

 10. Everything in the world is made up of substances. Substances are made up of elements. The most abundant element in the air on earth is

  A. Aluminium　　　B. Nitrogen　　　C. Hydrogen　　　D. Oxygen

三、填空题(共52分)

 说明:下列各小题中,每一个须要填充的"空白"均设置一个代号,请将你的答案填写在"答题纸"相应代号的空位上。

 1. 化学与生活息息相关,我们的衣食住行都离不开化学。

 (1) 下列服装所使用的材料中,属于有机合成材料的是　(1)　(填字母序号)。

  A. 纯棉帽子　　　B. 羊毛衫　　　C. 涤纶运动裤

 某服饰公司生产的"天仙"牌服饰以其美观大方、舒适被消费者喜爱。该品牌衬衫的布料成分为"75%苎麻,25%棉",则制作该衬衫的纤维种类属于　(2)　(填"天然纤维"或"合成纤维")。某不法商贩批发了该衬衫后,换了商标后自称是全毛衬衫,加价销售,最简单的判别真假毛织品的方法是　(3)　,具体操作是　(4)　。

 (2) 人们通过食物获取各种营养素。化学与生活密切相关,合理选择饮食、正确使用药物等都离不开化学。

 ① 水果和蔬菜富含的营养素是　(5)　,该营养素可以起到　(6)　等作用。大米和面粉中含有的营养素是　(7)　,该营养素可以起到为人体提供　(8)　作用。鸡蛋、牛奶中含有的营养素是　(9)　,该营养素主要起到构造人的身体和修补　(10)　作用。

 ② 为了防止骨质疏松,人体每日必须摄入足够量的　(11)　元素。人体缺少必需微量元素会得病,如缺　(12)　会引起甲状腺肿大(俗称大脖子病);缺　(13)　会引起贫血症;　(14)　是骨骼和牙齿的正常成分,可预防龋齿,防止老年人骨质疏松。

 2. 食品防腐剂是指能防止由微生物引起的腐败变质、延长食品保藏期的药剂。

 (1) 食品防腐剂按其作用可分为　(15)　和　(16)　;按其来源可分为　(17)　和　(18)　;按其性质可分为有机化学防腐剂和　(19)　。在食品中尽量少用防腐剂,应多

靠　__(20)__ 和腌制等物理方法来延长食品的保藏期。

（2）防腐剂作为重要的食品添加剂之一，在食品工业中被广泛使用。例如，酱油中一般添加的防腐剂是 __(21)__ ，面包和豆制品中添加的防腐剂是 __(22)__ ，酱菜、果酱、调味品和饮料中添加的防腐剂是 __(23)__ ，葡萄酒中传统上添加的防腐剂是 __(24)__ ，大多数消费者认为标有"不含防腐剂"字样的食品更安全，你的观点是 __(25)__ ，原因是 __(26)__ 。

上海市青少年生活中化学知识竞赛模拟试卷(2)

参赛者须知:

1. 竞赛时间为 60 分钟。迟到超过 15 分钟者不得进场。30 分钟内不得离场。时间到,把试卷(背面向上)和答题纸放在桌面上,立即离场。

2. 竞赛答案全部写在答题纸上,必须用黑色或蓝色的圆珠笔或钢笔书写,用红色笔或铅笔或没有写在答题纸上的所有答案一概作废无效。

3. 姓名、准考证号和所属区、学校必须填写在答题纸指定位置,写在它处者按废卷处理。

4. 允许使用非编程计算器及直尺等文具。

5. 本试卷共 5 页,第 1~4 页为试题纸,第 5 页为答题纸。满分为 100 分。

一、是非题(在下列各小题中,凡叙述的内容全部正确的请在答题纸的相应位置内打"√",否则打"×"。共 30 分)

1. 生石灰的化学成分是氧化钙,它非常活泼,一遇到水立即与水结合生成一种叫做氢氧化钙的物质,所以生石灰常用作食品干燥剂。

2. 由于铝的密度比铁小,所以铝制品比铁制品轻,且传热快,节省能源。所以,厨房中一般首选铝锅作餐具而不选铁锅。

3. 21 世纪初,美国科学家首先提出一个与环境保护密切相关的新学科——绿色化学。其目标是在化学品的生产中,尽可能不使用有毒、有害物质,同时将原料中的每一个原子都转化成为产品,即实现废物的"零排放"。

4. 二氧化碳被称为环境的隐形杀手。科学家绞尽脑汁,但收效甚微。其原因是二氧化碳大量排放入空气中,会形成酸雨,对环境造成严重的破坏。

5. 糖是人体必需的营养素之一,它的主要功能是为人体提供能量。糖的种类很多,如蔗糖、葡萄糖、乳糖等,但不是所有的糖都有甜味的。

6. 刷牙时,大家一定会发现牙膏有一丝淡淡的甜味。即在牙膏中添加了糖。小明同学经实验后证实牙膏中添加的糖是葡萄糖或蔗糖。

7. 小明同学为了确定某饮用水是纯净水还是矿泉水。他取少量饮用水于小瓶中加入适量肥皂水并振荡,发现瓶中液体呈清亮,且有较多泡沫,于是他确定是纯净水。

8. 小金同学认为红糖、白糖和冰糖是同一种糖,它们的化学成分都是蔗糖。

9. 天然气使用安全方便,很多家庭都装了天然气热水器。由于天然气中不含有毒的一氧化碳气体,所以使用天然气热水器不会产生中毒事故。

10. 小王同学喜欢看科普读物。所以他经常给同学讲一些科学常识。有一次小王对同学说:"蔗糖是从甘蔗中提取的,麦芽糖是从麦芽中提取的。"很多同学认为小王同学说得有道理。

二、单项选择题(每小题只有 1 个正确选项,共 30 分)

1. 许多金属元素都是人体必需的微量元素,缺少了它们人体就会生病,例如人体中缺少下列某种金属元素,就会患贫血。变得苍白、虚弱,经常感到疲劳、头痛、呼吸急促,该金属元素是( )。

　　A. 铝元素　　　　　B. 硒元素　　　　　C. 铁元素　　　　　D. 钙元素

2. 牙膏中含有多种成分,每种成分都有其特殊的功能。小明通过查阅资料后发现牙膏中的保湿剂是甘油,他想通过简单的实验检验牙膏中是否含有甘油,他所用的试剂是（　　　）。

　　A. 新制氢氧化铜　B. 新制氢氧化钙　C. 新制肥皂水　　D. 食用白醋

3. 淀粉是人类必需的六大营养素之一,它的主要作用是为人体提供能量。检验淀粉的常用试剂是碘。下列物质中所含淀粉遇碘会显紫红色的是（　　　）。

　　A. 土豆　　　　　B. 大米　　　　　C. 豆腐　　　　　D. 糯米

4. 炒菜时锅底常会粘有食物,不仅清洗不方便,还会影响菜肴的味道。如果使用不粘锅进行烹饪,就不会出现这种问题,不粘锅是使用了特殊的涂层才达到不粘的效果,该涂层材料的化学名称是（　　　）。

　　A. 聚乙烯　　　　B. 聚丙烯　　　　C. 聚氯乙烯　　　D. 聚四氟乙烯

5. 有人认为酒精浓度越高,杀菌消毒效果越好。事实上这是一种错误的认识,酒精浓度过高反而会使细菌表面形成一层保护膜,无法彻底杀死细菌。如果要彻底杀死细菌,最好将酒精浓度控制在（　　　）。

　　A. 60%～65%　　B. 65%～70%　　C. 70%～75%　　D. 75%～80%

6. 由于天然气的燃烧热值比煤气高很多,又不含有一氧化碳等有毒有害气体。因此,近几年来随着"西气东输"工程天然气逐渐取代煤气进入居民家中。天然气是由数亿万年前的有机物转化而来的,其主要成分是（　　　）。

　　A. 甲醇　　　　　B. 乙醇　　　　　C. 氢气　　　　　D. 甲烷

7. 大闸蟹是大家非常喜欢吃的。如果你仔细观察,会发现大闸蟹煮熟后外壳的颜色由青色变成了橘红色。其原因是大闸蟹外壳中含有一种鲜红色的色素。这种色素称为（　　　）。

　　A. 胆红素　　　　B. 苏丹红　　　　C. 虾红素　　　　D. 蟹红素

8. 加酶洗衣粉的最大优点是它能去除脏衣服上沾有的一些特殊的污渍,如油渍、血渍等。其原因是加酶洗衣粉中添加了蛋白酶、脂肪酶、淀粉酶。但下列不能用加酶洗衣粉清洗的是（　　　）。

　　A. 棉麻类衣服　　B. 丝绸类衣服　　C. 化纤类衣服　　D. 粘胶类衣服

9. 用酒精灯火焰灼烧砂糖、方糖,它们会变软、变焦;但在砂糖、方糖表面沾一点香烟灰,再用酒精灯火焰灼烧,则马上会燃烧起来。香烟灰在此过程的作用是（　　　）。

　　A. 氧化　　　　　B. 催化　　　　　C. 乳化　　　　　D. 溶化

10. 物质的燃烧过程是一些物质变成另一些物质的化学变化过程。稻草燃烧后留下的灰烬被称为草木灰。草木灰是一种有利于农作物生长的肥料。其中所含的有效成分属于（　　　）。

　　A. 氮肥　　　　　B. 磷肥　　　　　C. 钾肥　　　　　D. 复合肥料

11. 活性碳具有很强的吸附性,它能吸附空气和水中的有害物质,使空气和水质得到净化。活性碳具有吸附性的原因是它的表面积非常大。经测定,1克活性碳的表面积为（　　　）。

　　A. 100 m²～500 m²　　　　　　　　B. 500 m²～1 000 m²

C. 1 500 m² ~ 2 000 m²   D. 2 000 m² ~ 2 500 m²

12. 绿色食品是以环保、安全、无污染、无毒、有营养为首要条件。所以我们应尽量选购绿色食品。绿色食品包装上都贴有专门标志,其组成是(   )。

    A. 上方是太阳,下方是叶片,中间是蓓蕾
    B. 上方是太阳,下方是蓓蕾,中间是叶片
    C. 上方是太阳,下方是叶片,中间是鲜花
    D. 上方是太阳,下方是鲜花,中间是叶片

13. 味精具有强烈的肉鲜味,它能增加食品的鲜味。所以,厨师在做菜时都要加适量的味精。味精的化学名称是(   )。

    A. 苯甲酸钠   B. 碳酸钠   C. 谷氨酸钠   D. 硬脂酸钠

14. 饺子是中国的传统特色食品,深受人们的喜欢,古时饺子又叫"扁食"、"粉角"。为了让饺子皮更有韧性,做饺子皮时应选用的原料是(   )。

    A. 无筋面粉   B. 低筋面粉   C. 中筋面粉   D. 高筋面粉

15. 人造纤维和合成纤维都称为化学纤维。人造纤维是利用天然高分子化合物,如纤维素为原料,经过一系列化学处理和机械加工而制得的纤维,如人造棉。合成纤维是以石油、煤、石灰石、天然气、食盐、空气、水及某些农副产品等不含天然纤维的物质作原料,经化学合成和加工制得的纤维。下列物质中主要成分不是纤维素的是(   )。

    A. 普通纸张   B. 蚕丝   C. 人造棉   D. 棉花

三、不定项选择题(每题有不确定选项,可以是 1 项也可以是 2 项、3 项或 4 项,少选按项给分,但注意选错或多选,则整题不给分,共 40 分)

1. 石油形成需要经过漫长的时间,因此石油属于不可再生能源。如果石油能像稻米一样春种秋收就好了。目前,科学家已经找到了这样的"石油"植物,它们分布在世界各地。下列能产石油的是(   )。

    A. 香胶树   B. 椰子树   C. 鼠忧草   D. 银合欢树

2. 生活中处处有化学。只要你留心就会发现很多现象。例如,家里的热水瓶、茶壶用久了,就会发现其内壁上有一层水垢。水垢的主要成分是(   )。

    A. 碳酸钙   B. 氢氧化钙   C. 氢氧化镁   D. 碳酸铜

3. 随着社会的不断发展,城市生活污水、工农业废水大量排入江河湖泊海水中,造成水体富营养化。造成水体富营养化的元素是(   )。

    A. 氮元素   B. 碳元素   C. 氧元素   D. 磷元素

4. 炎热的夏天是蚊虫出没的季节,被蚊虫叮咬后会出现皮肤发痒、红肿,甚至疼痛的症状。在被蚊虫叮咬后涂抹一些呈弱碱性的溶液会大大缓解这一症状,下列能够用于涂抹被蚊虫叮咬过皮肤的溶液是(   )。

    A. 肥皂水   B. 白醋溶液   C. 烧碱溶液   D. 稀氨水溶液

5. 彩釉小碗上的漂亮图案深爱老人小孩的喜爱。但千万要注意某些食物不能盛放在彩釉小碗中。否则长期食用会发起人体铅中毒。其原因是(   )。

    A. 酸性食物会溶解彩釉中的铅、镉、锰
    B. 中性食物会溶解彩釉中的铅、镉、锰
    C. 碱性食物会溶解彩釉中的铅、镉、锰

D. 食物中的水分会溶解彩釉中的铅、镉

6. 有很多物质能吸收空气中的水分，人们利用其性质开发了干燥剂用于延长食品的保质期等。有些物质很神奇在吸收水分后还会发生颜色的变化。下列物质中具有这种性质的是（　　　）。

  A. 生石灰   B. 硅胶   C. 无水硫酸铜 D. 矿物干燥剂

7. 小明同学用含氟牙膏和肥皂分别做了除铁锈的实验。结果发现含氟牙膏除铁锈的效果要比肥皂好得多。含氟牙膏中能起到除铁锈作用的成分是（　　　）。

  A. 含氟牙膏中含有的摩擦剂   B. 含氟牙膏中含有的氟元素

  C. 含氟牙膏中含有的增稠剂   D. 含氟牙膏中含有的表面活性剂

8. 溶液酸碱性的测定在日常生活中具有非常重要作用。测定溶液酸碱性的方法有酸碱指示剂、pH 试纸和 pH 计等多种。下列物质滴入澄清石灰水中不会显示红色的是（　　　）。

  A. 果导片   B. 咖哩粉   C. 石蕊   D. 酚酞

9. 许多晶体能溶于水，一般来说，在一定的条件下，晶体溶解到一定的量时，溶液就被"填饱"了，这种不能再继续溶解该晶体的溶液就称为这种晶体的饱和溶液，下列属于饱和溶液的是（　　　）。

  A. 在盛有 10 毫升水的试管中加入 1 克食盐，食盐很快消失

  B. 在盛有 10 毫升水的试管中加入 2 克食盐，食盐过了好一会儿才消失

  C. 在盛有 10 毫升水的试管中加入 4 克食盐，过了很长时间还有一点食盐没有消失

  D. 在盛有 5 毫升水的试管中加入 2.5 克食盐

10. 雾霾是近期各类媒体和日常生活中人们谈论最多的一个热词。霾是指由不明原因的大量烟、尘等微粒悬浮而形成的浑浊现象。霾会造成空气质量下降，影响生态环境，给人体健康带来较大危害，所以怎样消除雾霾已成为各级政府和广大科技人员关心的重大课题。下列属于形成雾霾天气因素的是（　　　）。

  A. 水平方向静风现象的增多   B. 二氧化碳的大量排放

  C. 垂直方向的逆温现象   D. 悬浮颗粒物的增加

上海市青少年生活中化学知识竞赛模拟试卷(3)

考试须知

1. 竞赛时间为 60 分钟。迟到超过 15 分钟者不得进场,30 分钟内不得离场。时间到,把试卷和答题纸放在桌面上(背面向上),快速离场。

2. 竞赛答案全部书写在答题纸上,写在试卷纸上无效,必须使用黑色或蓝色的圆珠笔或钢笔答题,用红色笔、铅笔或没有写在答题纸上的所有答案一概作废无效。

3. 姓名、准考证号和所属区(县)、学校名称等必须填写在答题纸上指定的位置,写在它处者按废卷处理。

4. 允许使用非编程计算器及直尺等文具。

5. 本试卷共 5 页。第 1~4 页为试卷,第 5 页为答题纸。满分为 100 分。

一、是非题(在下列各小题中,凡叙述的内容全部正确的请在答题纸的相应位置内打"√",否则打"×"。共 10 分)

1. 水、空气和食物是人类生存的基本条件,缺一不可。所以,我们要保护水资源,做到节约用水;要爱护环境,采取各种措施防止空气被污染。同时要生产足够的粮食。第一个发现钾肥、磷肥和氮肥能增加粮食产量的科学家是中国化学家李比希。

2. 居里夫人在极其简陋的条件下于 1998 年 7 月至 12 月先后发现了两种新元素镭和钋,因此两次获得诺贝尔化学奖。居里夫人的光辉事迹是我们青少年学生学习的楷模,她的名言永远激励着我们献身于科学事业。

3. 化学上把有新物质生成的变化称为化学变化。实现化学变化的过程称为化学反应。化学家通过化学反应研制了很多新物质,使我们的生活变得更美好。所以,通过化学反应也能实现人类"点石成金"的梦想。

4. 小王同学说:"他通过研究后发现对酸雨成分的研究是非常有意义的。它能让我们了解这个地区的其他情况,如发现这个地区下的是硝酸型酸雨,我们能初步判断这个地区的经济比较发达,如果下的是硫酸型酸雨,这个地区的经济比较落后。"你认为小王同学的结论是否正确。

5. 食品防腐剂具有抑菌和杀菌的作用。因此,如果按国家规定的要求添加正规的食品防腐剂的食品可以放心食用,不用考虑食品的保质期问题。

6. 虽然水是大家非常熟悉的物质,但是水的组成问题曾困扰了人们很长时间。直到拉瓦锡在用氢气做趣味实验过程中发现集气瓶有水珠生成的实验现象后才无意中揭开了水组成的秘密。

7. 一般来说,在低温地区和低温季节,植物根的吸水量和叶、茎的蒸腾量很小,反之在高温地区和高温季节,植物根的吸水量和叶、茎的蒸腾量很大。

8. 水在我国不仅形成了寓教于乐的水文化,人们还根据水的特性创造了很多富有哲理的成语,如比喻条件成熟事情就能办成的"水到渠成"。"水滴石穿"不仅包含"奋发图强、坚韧不拔"的内涵,同时也反映了碳酸钙与二氧化碳和水反应生成碳酸氢钙的化学原理。

9. 20 世纪五、六十年代在日本发生的震惊全球的水俣病事件是由于当地人们食用了含镉的鱼虾和贝类及其他水生物而造成近万人中毒的环境污染事件。

10. 有人认为肥皂呈酸性,洗衣粉呈碱性,所以肥皂和洗衣粉不能混合使用。否则会发生酸碱中和反应,而抵消去污作用。你认为这种观点是否正确。

二、选择题(每小题有 1 ~ 2 个正确答案,请把你认为正确的答案填在答题纸的相应位置内,共 22 分)

1. "仔细观察,认真思考"是从事科学研究必需的基本态度。戴维因此而发现了一氧化二氮具有麻醉作用。并使医学尤其是外科手术的发展和普及创造了条件。在 19 世纪已被使用的麻醉剂有(   )。

①笑气 ②乙醚 ③氯仿 ④一氧化氮 ⑤乙醇 ⑥乙酸

A. ①②③   B. ②③④   C. ④⑤⑥   D. ①⑤⑥

2. 1922 年,李比希做了一个化学实验,以海藻灰和氯气为原料发生化学反应后生成一种紫红色液体。已知海藻灰中含有碘元素。这种棕红色液体应是(   )。

A. 氯化碘   B. 碘化氯   C. 溴   D. 碘

3. "孙悟空逃出太上老君炼丹炉"的故事,人人尽知。炼丹炉就是中国古代的反应容器。"仙丹"的主要成分是氧化汞,但汞变成氧化汞的反应很慢。于是太上老君把汞放在炼丹炉中,保持上百度高温,经历七七四十九天加热才在汞的表面生成一层淡红色的"丹粉"(氧化汞)。取出后添加黏合剂(糊精)揉成颗粒,就是"仙丹"。你认为炼丹炉和现在化学实验室中相似的容器是(   )。

A. 蒸发皿   B. 坩埚   C. 烧杯   D. 烧瓶

4. 空气的主要成分是氧气、氮气、二氧化碳、稀有气体和其他气体。发现空气成分经历了很长时期和很多人的努力才完成的。最先用实验制得氧气的科学家和最先发现氧气的科学家分别是(   )。

A. 拉瓦锡;拉瓦锡   B. 舍勒;拉瓦锡

C. 普利斯特里;普利斯特里   D. 普利斯特里;拉瓦锡

5. 随着现代工业的快速发展和人们生活水平的不断提高,煤、石油和天然气等矿物燃料的大量使用,发现全球的平均气温在不断升高。人们把这种现象称为温室效应。能造成温室效应的气体或蒸气有(   )。

①二氧化碳 ②氟利昂 ③甲烷 ④二氧化硫 ⑤氮气 ⑥稀有气体

A. ①②③   B. ①②④   C. ①③⑤   D. ①④⑥

6. 尽管食品防腐剂已成为当前人们争议的一个热点话题,但食品防腐剂能延长食品的保存期是一个不争的事实。你知道最早使用的化学合成的食品防腐剂是(   )。

A. 苯甲酸钠   B. 苯胺紫   C. 山梨酸钠   D. 亚硝酸盐

7. 哪里有水,哪里就有生命;一切生命都起源于水,没有水就没有生命。一个正常成年人体内水的质量占人体总质量的(   )。

A. 50%—60%   B. 60%—70%   C. 70%—80%   D. 80%—90%

8. 世间万物都是由元素组成的,人体也不例外。根据元素在人体中的含量多少分为常量元素和微量元素。微量元素在人体中的含量虽然很少,但作用是非常大的。下列选项是对部分微量元素在人体中作用的描述。其中正确的是(   )。

A. 铝是构成人体血红蛋白的必需元素,缺少铁元素会得贫血

B. 镁元素构成人体内多种酶,缺少镁元素会精神疲惫,面黄肌瘦

C. 氟是合成甲状腺激素的重要元素,缺少氟元素会得大脖子病

D. 铜元素参与造血过程,增强抵抗疾病能力

9. 铅笔是一种大家非常熟悉的用来书写以及绘画素描专用的工具。你是否想过铅笔的笔杆上那些漂亮的金字或银字是用什么原料写的吗?其实,金字是用"金粉"制成的漆印上去的,银字是用"银粉"制成的漆印上去的。其中"金粉"的原料是(　　)。

    A. 铜锌合金磨成的粉　　　　　B. 金属铝磨成的粉

    C. 黄金磨成的粉　　　　　　　D. 金属铜磨成的粉

10. Water is very helpful in our body. We must drink enough water to keep health. And the best drink is cold boiled water. How much water does an adult drink?

    A. 1 000 mL～1 500 mL　　　　B. 1 500 mL～2 000 mL

    C. 2 000 mL～2 500 mL　　　　D. 2 500 mL～3 000 mL

三、填空题(说明:下列各小题中,每一个须要填充的"空白"均设置一个代号,请将你的答案填写在"答题纸"相应代号的空位上,共48分)

1. 纤维根据其来源可分为天然纤维和化学纤维。

天然纤维分为植物纤维和动物纤维。植物纤维主要有　(1)　、(2)　两大类,其主要成分是　(3)　,其中只含有碳、氢、氧三种元素,燃烧后生成的产物是　(4)　和　(5)　,所以燃烧量没有异味,前者纤维的微结构是空心的,所以吸湿性和透气性好。动物纤维常用的有　(6)　、(7)　两类。其主要成分是　(8)　(但没有营养价值),由于动物纤维的主要成分中除碳、氢、氧元素外还含有　(9)　、(10)　等元素,所以放在火焰上燃烧时会产生烧焦毛发的臭味。

2. 肥皂是最古老的洗涤用剂。其主要成分是　(11)　的钠盐或钾盐;普通使用的黄色肥皂中掺有　(12)　,其目的是增加肥皂在水中的　(13)　和增加泡沫的作用;白色肥皂是加入　(14)　和水玻璃。注意普通肥皂不宜在　(15)　和　(16)　中使用,原因是前者会生成　(17)　,后者会生成难溶于水的高级脂肪酸。

3. 防腐剂作为重要的食品添加剂之一,在食品工业中被广泛使用。例如,酱油中一般添加的防腐剂是　(18)　,面包和豆制品中添加的防腐剂是　(19)　,大多数消费者认为标有"不含防腐剂"字样的食品更安全,你的观点是　(20)　,原因是　(21)　。

4. 虽然地球表面约有　(22)　以上为水所覆盖,但能为人类直接利用的水资源不到总水量的　(23)　。所以,我们一定要保护水资源,节约用水,请你说出节约用水的一种行之有效的措施　(24)　。

四、简答题(20分)

1. 小王同学的父亲在某一城市气象站工作,在父亲的影响下,小王同学非常关注城市天气预报。并和班里兴趣相近的同学一起组织了名为"清洁空气挑战"兴趣小组。下表是该小组摘录的我国部分城市空气质量周报的内容:

城市	污染指数	首要污染物	空气质量级别	城市	污染指数	首要污染物	空气质量级别
北京	92	TSP	Ⅱ	济南	76	TSP	Ⅱ

（续表）

城市	污染指数	首要污染物	空气质量级别	城市	污染指数	首要污染物	空气质量级别
天津	82	TSP	Ⅱ	武汉	83	NO₂	Ⅱ
哈尔滨	96	TSP	Ⅱ	重庆	98	SO₂	Ⅱ
上海	74	NO₂	Ⅱ	贵阳	69	TSP	Ⅱ

注：TSP—空气中的飘尘；NO₂—氮的氧化物；SO₂—硫的氧化物。

根据上表数据回答下列问题。

（1）哪个城市最容易形成酸雨？并说明原因。为减少城市酸雨的产生的几率，你认为可采取哪些措施。

（2）PM2.5 是近期各类媒体上出现最多的一个热词。请简述 PM2.5 表示的含义。

（3）今年上半年，在我国许多城市发生了空气浑浊、水平能见度降低的天气现象，这种天气现象称作什么？简要说明其形成的原因（从来源和气象条件两方面来说明）。

上海市青少年生活中化学知识竞赛模拟试卷(4)

参赛者须知:

1. 竞赛时间为 60 分钟。迟到超过 15 分钟者不得进场。30 分钟内不得离场。时间到,把试卷(背面向上)和答题纸放在桌面上,立即离场。

2. 竞赛答案全部写在答题纸上,必须用黑色或蓝色的圆珠笔或钢笔书写,用红色笔或铅笔或没有写在答题纸上的所有答案一概作废无效。

3. 姓名、年级、准考证号、学校必须填写在答题纸指定位置,写在它处者按废卷处理。

4. 允许使用非编程计算器及直尺等文具。

5. 本试卷共 4 页,第 5 页为答题纸。满分为 100 分。

一、**选择题**(每小题有 1 ~ 2 个正确答案,请把你认为正确的答案填在答题纸的相应位置内,共 28 分)

1. 人体的健康生长,离不开营养素。人体必需的六大营养素在人体正常生长中起着各自的作用。其中,相同单位质量经人体消化后发热量大,在人体胃肠道中停留时间长,使人体有一种饱腹感的营养素是(　　)。

  A. 糖类   B. 蛋白质   C. 油脂   D. 维生素

2. 青菜、萝卜中含有丰富的维生素和纤维素。在霜降后,你会发现青菜、萝卜吃起来味道更甜美,其原因是青菜、萝卜中的淀粉在植物体内酶的作用下发生水解反应生成了糖类物质。该糖类物质的名称是(　　)。

  A. 麦芽糖   B. 葡萄糖   C. 蔗糖   D. 果糖

3. 在超市里各种各样的食用油琳琅满目,如菜籽油、化生油、豆油……食用油中含有人体必需的不饱和脂肪酸甘油酯。所以,食用油是厨房必需品。根据你知道的化学常识判断,制作盛放食用油的容器的材料最好是(　　)。

  A. 透明塑料   B. 有机玻璃   C. 玻璃   D. 陶瓷

4. 洗衣粉和肥皂是最常用的洗涤用品。肥皂的主要成分是硬脂酸钠;洗衣粉中含有对十二烷基苯磺酸钠、三聚磷酸钠、羧甲基纤维素钠、过碳酸钠,有的洗衣粉中还含有淀粉酶、脂肪酶、蛋白酶。其中都具有除垢作用的是(　　)。

  A. 硬脂酸钠、十二烷基苯磺酸钠、淀粉酶、脂肪酶、蛋白酶

  B. 三聚磷酸钠、羧甲基纤维素钠、过碳酸钠、淀粉酶、脂肪酶、蛋白酶

  C. 硬脂酸钠、十二烷基苯磺酸钠、三聚磷酸钠、淀粉酶、脂肪酶、蛋白酶

  D. 硬脂酸钠、三聚磷酸钠、羧甲基纤维素钠、过碳酸钠

5. 酸奶和鲜牛奶是两种深受人们喜爱的风味特独的奶制品。奶制品中含有人体生长必需的蛋白质。大家知道酸奶比鲜牛奶更有营养价值。其原因是酸奶是在鲜牛奶中添加乳酸菌经发酵后制得的。添加乳酸菌的作用是(　　)。

  A. 乳酸菌可以使鲜牛奶中的乳糖转化为乳酸

  B. 乳酸菌可以使鲜牛奶中的 β 酪蛋白转化为 γ 酪蛋白

  C. 乳酸菌可以使鲜牛奶中的 γ 酪蛋白转化为 β 酪蛋白

D. 乳糖经乳酸菌作用生成的乳酸可以使肠道保持酸性

6. 金的化学性质非常稳定。俗话说"真金不怕火炼"表示的就是这个意义。但是,世界上的万物都是相辅相成的,有了"矛"就有"盾"。所以,世界上也有溶解金的物质存在。下列各组物质中能溶解金的是(   )。

    A. 浓硝酸   B. 王水   C. 浓硫酸   D. 碱水

7. 有规律进食非常重要。但是,由于各种原因,很多人不能做到有规律一日三餐,更严重的是还有暴饮暴食。这种无规律的饮食习惯对人体健康非常不利。如不幸得了胃病,做胃检查前喝的"钡剂"的化学成分是(   )。

    A. 碳酸钡   B. 氯化钡   C. 硫酸钡   D. 硝酸钡

8. 钢铁是应用最广泛的建筑材料,在国民经济中起着非常重要的作用。但是,有一个非常大的不足,钢铁很容易生锈。因钢铁生锈造成的损失达钢铁总产量的10%。下列属于造成钢铁生锈的原因的是(   )。

    A. 氧气   B. 水分   C. 甲烷   D. 二氧化碳

9. 金属有许多特性,如导电性、传热性、延展性、金属光泽……科学家根据普通光照射金属会放出电子的性质制成的光电管,已被广泛用于电影机、录像机中。可用于制造光电管的金属是(   )。

    A. 铯   B. 锂   C. 铝   D. 金

10. 活着的甲壳类动物,同于生存的环境的差异,会有不同的体色。但是,在一定条件下,它们的体色都会变成红色。这一定条件是(   )。

    A. 高温加热后使蛋白质变性使色素游离出来而显红色
    B. 高温加热后使蛋白质凝聚使色素游离出来而显红色
    C. 死亡后由于蛋白质凝聚使色素游离出来而显红色
    D. 死亡后由于蛋白质变性使色素游离出来而显红色

二、选择题(共46分)

说明:下列各小题中,每一个须要填充的"空白"均设置一个代号,请将你的答案填写在"答题纸"相应代号的空位上。

1. 干燥剂在我们日常生活中的应用越来越广泛,且具有各种性能的干燥剂越来越多。常用的干燥剂主要有三类。第一类是___(1)___,如___(2)___;第二类是___(3)___,如___(4)___;第三类是___(5)___,如___(6)___。它们的共同特点是___(7)___。其中使用最多最广的是生石灰,它是一种常见的食品的干燥剂,生石灰的化学名称叫___(8)___,它遇到水会生成___(9)___(化学名称),俗称___(10)___,并放出大量的热。在食品包装袋中放入干燥剂的目的是___(11)___,防止食品___(12)___。有一种干燥剂还具有变色的特性,即在没有吸收水分时呈蓝色,当吸足水分后变成粉红色,如果把吸足水分后的干燥剂放在微波炉里加热后,又会变成蓝色,可反复使作,这种干燥剂的名称是___(13)___。

2. 由于人们不注意用牙卫生,常让牙齿受到不同程度的损害。如小学生喜欢吃糖果等甜点,成年人吸烟、饮茶等嗜好等。牙膏是人们日常生活中的必需品,主要用于保持口腔清洁和保护牙齿。牙膏中含有多种成分,且每种成分都有其特殊的功能,含氟牙膏中的氟化物会在牙齿表面形成一层稳定的惰性物质,抑制口腔中细菌的生长。牙膏中的甜味剂是___(14)___,不用蔗糖或果糖作甜味剂的原因是___(15)___;牙膏中的保湿剂是___(16)___,

检验的方法是　(17)　；牙膏中的摩擦剂是　(18)　或磷酸钙,检验前者的方法是　(19)　。牙膏除铁锈的效果比肥皂　(20)　(选填"好"或"差"),原因是牙膏中含有　(21)　。肥皂水显　(22)　性,检验的方法是加入酚酞试液,肥皂水呈　(23)　色。

三、简答题(共 26 分)

1. 蜡烛点燃后可发出明亮的火焰,常用于照明。此外,蜡烛在生日宴会、节日等活动中也有重要用途。蜡烛还可以做很多有趣的小实验,通过这些小实验不仅让我们学到了很多科学知识,还让我们学会怎样观察和分析。试回答以下问题。

(1) 蜡烛是怎样制成的?其主要原料是从哪里提取的?其中含有的主要元素有哪几种?

(2) 小明同学点燃一支蜡烛,把一根玻璃导管以 45°角插入蜡烛火焰中,不一会儿,看到在蜡烛的另一端冒出缕缕"白雾"。如果用火柴引燃"白雾",则会在玻璃导管口产生明亮的小火焰。分析其产生的原因。

(3) 小英同学用蜡烛做了三个小实验:

A. 将一只大玻璃杯罩(即倒扣)住一支点燃的蜡烛(大玻璃杯口与水平桌面紧贴)。

B. 将一支点燃的蜡烛放在一只大玻璃杯中。

C. 将一只没有底的大玻璃杯罩(即倒扣)住一支点燃的蜡烛(大玻璃杯口放在水平桌面上的三块小木块上,使大玻璃杯口与水平桌面之间有较大的空隙)

写出上述三个小实验中观察到的现象,并说明原因。

(4) 根据上述小实验,燃烧必须具备哪些条件?

图书在版编目(CIP)数据

生活中的趣味化学 / 张平著. —上海：上海教育出版社，2015.4
(爱科学丛书/张平主编)
ISBN 978-7-5444-6169-6

Ⅰ.①生…　Ⅱ.①张…　Ⅲ.①化学—青少年读物　Ⅳ.①06-49

中国版本图书馆CIP数据核字(2015)第058957号

责任编辑　徐建飞
封面设计　王　捷

爱科学丛书

生活中的趣味化学

张　平　著

_____

出　　版　上海世纪出版股份有限公司
　　　　　　上 海 教 育 出 版 社
　　　　　　易文网 www.ewen.co
发　　行　中国图书进出口上海公司

版　　次　2015 年 4 月第 1 版

书　　号　ISBN 978-7-5444-6169-6/G·5036

www.ingramcontent.com/pod-product-compliance
Lightning Source LLC
Chambersburg PA
CBHW051212200326
41519CB00025B/7085